U0264990

TURING

图灵教育

站在巨人的肩上
Standing on the Shoulders of Giants

TURING

图灵教育

站在巨人的肩上

Standing on the Shoulders of Giants

TURING 图灵原创

MACHINE

LEARNING

机器学习极简入门

李烨 ◎ 著

人民邮电出版社

北 京

图书在版编目（CIP）数据

机器学习极简入门 / 李烨著. -- 北京：人民邮电
出版社，2021.10
　（图灵原创）
　ISBN 978-7-115-57326-1

　Ⅰ. ①机… Ⅱ. ①李… Ⅲ. ①机器学习 Ⅳ.
①TP181

中国版本图书馆CIP数据核字(2021)第184365号

内 容 提 要

本书从机器学习的基本原理入手，以经典模型为驱动，配以精心设计的实践案例，为大家呈现了机器学习理论知识和应用方法。书中运用 Python 语言及 scikit-learn 库实现了几大经典机器学习模型的训练程序和预测程序，让读者能够理论联系实际，在学习、工作中应用机器学习。

本书适合打算入门机器学习的人阅读。

◆ 著　　　李 烨
　责任编辑　王军花
　责任印制　周昇亮
◆ 人民邮电出版社出版发行　　　北京市丰台区成寿寺路11号
　邮编　100164　电子邮件　315@ptpress.com.cn
　网址　https://www.ptpress.com.cn
　北京鑫丰华彩印有限公司印刷
◆ 开本：800×1000　1/16
　印张：21
　字数：469千字　　　　　　　　　　2021年10月第 1 版
　印数：1 – 3 000册　　　　　　　　2021年10月北京第 1 次印刷

定价：99.80元
读者服务热线：(010)84084456　印装质量热线：(010)81055316
反盗版热线：(010)81055315
广告经营许可证：京东市监广登字 20170147 号

序

2017 年，李烨在 GitChat 上开讲《机器学习极简入门》，用生活中的例子帮助大家理解算法的原理，课程深入浅出，广受好评。后来她在给小孩子讲算法课的时候，发现他们很容易理解我们通常认为比较复杂的树的遍历算法，这给了她很大的启发。

经过四年的沉淀与打磨，李烨在 2021 年拿出这本心血之作。我问她这本书和课程有什么不同？李烨回答说整体内容更加系统，结构也更清晰。我看过之后觉得李烨过谦了，这本书读起来很过瘾，也给了我很多思考。

为什么要学机器学习？什么人要学机器学习？如何去学？学了有什么用？本书的绪论中给出了极其精彩且简明扼要的回答。

"机器学习最直接的应用就是利用模型解决实际问题。本书所讲解的多个经典模型，均是前辈在机器学习发展的几十年间总结出的解决特定问题的固定模式，并且已经在实践中得到了证明。"

"当我们知道机器是怎样通过学习事物特征的概率分布和转换来掌握事物规律的时候，就有可能反过来审视自己看待世界的方法，发现其中不合理的部分，并主动优化自己的思维模型。"

"学习机器学习原理和公式推导，并非只是做一些无聊的数字变换。很可能由此为我们打开一扇窗，让我们从新的角度看待世界，并为日常的思考过程提供更加可量化的方法。"

绪论中作者的这些论述和洞见深刻打动了我，世界是可以被机器学习量化的吗？

其实，我们就处在这样的世界里。软件吞噬世界，人人都是开发者，家家都是技术公司的时代已经来临。我们的衣食住行、学习工作、人际关系都逐渐被算法统治了，数据是我们经历和见过的万事万物，而算法是我们的思辨能力。理解人工智能、机器学习到底是什么，不仅仅是工程师的需要，也是我们认识这个世界和在这个世界成长的需要，深刻掌握这一认知的人才拥有打开新时代人生价值和财富的密码。

最近我在读《征服市场的人》，写的是顶尖数学家、大奖章基金创始人西蒙斯。他在1987年就采用最原始的机器学习模型来预测金融市场数据，做决策，开创了所谓宽客时代，在随后三十余年中，大奖章基金持续取得巨大成功，总业绩超过巴菲特和达利欧。这就是新技术的革命价值，改变和创造行业。

每个行业都在数字化，没有应用机器学习的行业还处在数字化的马车时代。数据是数字化时代的石油，模型和机器学习是数字化时代的汽车。谁掌握了哪个行业最适用的机器学习模型，谁就会成为新时代这个行业的领头羊。抖音靠顶尖算法成为成功的短视频平台，西蒙斯靠独特算法模型成为顶尖投资家。

新时代的竞争就是每个行业算法模型和数据占有量的竞争。新时代人才的竞争也是对理解机器学习人才的竞争。当前市场上最缺的是人工智能的应用工程师、人工智能的产品经理、人工智能的运营人才，以及理解人工智能的商业人才。

这本书虽然号称极简，但实际上极其全面，覆盖了机器学习各个方面，梳理了要解决的问题有哪些，不同机器学习算法模型的来龙去脉和实际应用范围，这对于有编程能力，想成为人工智能人才的技术工程师来说极其有用。其实对于大部分行业面临的应用场景和范围来说，应用好经典算法模型，就足够你超越竞争对手去创造新的价值了。

如何学好机器学习？

本书建议从最简单的原理着手，逐层推进，比从一个已经很复杂的状态入手，一下子纠缠在各种不得要领的细节中高效得多。这是对市场上各种人工智能学习课程的纠正，真正创造价值的，从来都是解决实际问题的人。

对于非技术背景的人来说，技术讲解部分的内容可能有难度，我建议你忽略那些数学公式和算法细节，用这本书了解不同机器学习模型的原理和应用范围。

我相信这本书会帮助更多人成为人工智能时代创造价值的人才，期待更多读者参与互动。另外，我还有两个建议：一是李烨再写一本人工智能的书，真正面向非技术背景的人，让商业人才、产品人才、市场人才都能更充分理解人工智能的真正应用价值，而不是被媒体过度宣传而焦虑，也不会对工程师提出盲目要求；二是丰富每个经典机器学习算法模型的应用案例，经典模型的应用范围广，也就意味着在不同场景下还需要对其进行适度调整，提供更多案例可以帮助读者更好地了解它们的应用价值。

蒋涛

CSDN 创始人、董事长

极客帮创投创始合伙人

前　　言

随着人工智能技术的发展，机器学习已成为软件/互联网行业的常用技能，并开始向更多行业渗透。对越来越多的 IT 技术人员及数据分析从业者而言，机器学习正在成为必备技能之一。

本书针对机器学习初学者，从机器学习最基本的原理及学习意义入手，以模型为驱动，带领大家吃透几大经典机器学习模型，学习其原理、数学推导、训练过程和优化方法。配合精心设计的数据量较小的"极简版"实例，读者可以直观了解模型的运行原理，还可以将自己变身为"人肉计算机"，口算、笔算每一步的推导，模拟算法全过程，进而彻底理解每个模型的运作方式。

结合实践经验，作者总结了构建数据集、选择特征、调参、验证模型的多种高效方法，希望可以辅助大家快速拥有机器学习产品开发的基本能力。

本书结构

第一部分：绪论

授人以鱼不如授人以渔。本部分从学习机器学习的意义和作用出发，给出相应的学习方法与配套的编程练习。

第二部分：基本原理

深谙其理，才能灵活应变。本部分带大家了解什么是机器学习，机器如何自己学习，以及机器学习三要素——数据、模型和算法之间的关系。

模型是机器学习的核心，那么模型是怎么得到的呢？本部分将讲解模型的获取（训练）和评价（验证/测试）过程、相应数据集合的划分以及具体的评价指标。

将这部分知识和后面讲述的具体模型结合起来，就可以实践了！

第三部分：有监督学习（基础）

抓住关键，各个击破。本部分重在详细讲解有监督学习中经典的线性回归、朴素贝叶斯（Naïve Bayes）、逻辑回归（logistic regression，LR）和决策树（decision tree）等模型。这几个模型不仅基础、经典、常用，而且其数学工具特别简单。

第四部分：有监督学习（进阶）

百尺竿头，更进一步。本部分主要讲述 SVM（support vector machine，支持向量机）、SVR（support vector regression，支持向量回归）、HMM（hidden markov model，隐马尔可夫模型）和 CRF（conditional random field，条件随机场）。从学习 SVM 开始，我们对数学工具的需求较之前上了一个台阶，难度明显加大。

第五部分：无监督学习

无须标注，方便运行。本部分重点讲解无监督学习中的聚类、GMM（gaussian mixture model，高斯混合模型）及 PCA（principal component analysis，主成分分析）等。训练数据无须人工标注是这些模型的特点，因而非常方便在各种数据上随时进行尝试。在现实中，它们经常用来作为有监督学习的辅助手段。

第六部分：机器学习应用

在这部分中，我们将运用之前学习的机器学习知识开发一款智能聊天机器人。

第七部分：从机器学习到深度学习

超越自我，实现蜕变。本部分重点讲解深度学习的基本原理、深度学习与机器学习的关联与衔接，以及深度学习目前的应用领域，为读者进一步学习深度学习奠定基础。

整本书以经典模型为驱动，讲述每一个模型所解决的问题域、模型原理和数学推导过程。第三部分、第四部分、第五部分讲解的每个模型，都附有实例和相应的 Python 代码。每个例子的数据量都非常小，这样设计是为了让读者可以用人脑模拟计算机，根据刚刚学到的算法对这些极小量数据进行模拟训练 / 预测，以此来加深对模型的理解。

你将收获什么

人工智能技术岗位求职知识储备

如果大家真的有意投身到人工智能（artificial intelligence，AI）领域，从事相关技术性工作，通过技术笔试、面试则是必要条件。在面试中，面试官一般会要求从头解释某一个机器学习模型的运行原理、推导过程和优化方法，这是目前非常常见的一种测试方法。机器学习模型虽然很多，但是经典、常用的很有限。如果能学会本书所讲解的经典模型，你将足以挑战这些面试题。

抓住共性，触类旁通，了解各大模型与算法

各种机器学习模型的具体形式和推导过程虽然有很大差别，但在更基础的层面上有许多共性。掌握共性之后，再去学新的模型、算法，就会高效得多。虽然本书的第二部分集中描述了模型的共同点，但真要理解个中含义，还需要以若干具体模型为载体，从问题发源，到解决方案，再到解决方案的数学抽象，以及后续数学模型求解的全过程，逐层深入，透彻掌握。这也就是本书以模型为驱动的出发点。

极简版实例体验实际应用

运用到实践中去，是我们学习一切知识的目的。机器学习本身更是一种实操性很强的技术，学习它，原本就是为了应用。反之，应用也能够促进对知识的深化理解和吸收。本书虽然以原理为核心，但也同样介绍了划分数据集、从源数据中提取特征、训练模型、测试模型和评估等过程中的方法和工具。

通过"配套数据 + 代码"快速上手

大家可以到图灵社区（iTuring.cn）下载本书中各实例的 Python 代码及相应的数据，方便大家参考、改写、运行。

作者寄语

希望读者在掌握知识和技巧之外，能够将学习到的基本规律运用到日常生活中，更加理性地看待世界。在遇到人工智能产品时，能够根据自己的知识去推导其原理与实现方式。

(1) 它背后有没有用到机器学习模型？如果有的话，属于有监督学习还是无监督学习？是分类模型还是回归模型？

(2) 选取的特征是哪些？

(3) 如果由你来解决这个问题，有没有更好的方法？

我们对万事万物的"观点""看法""洞察"，实际上都是我们头脑中一个个"模型"对所闻所见（输入数据）进行"预测"的结果。这些模型自身的质量，直接决定了预测结果的合理性。

在从机器学习认识客观规律的过程中，我们可以知道，模型是由数据和算法决定的。对应到人脑，数据是我们经历和见闻的万事万物，而算法则是我们的思辨能力。

作为人类，我们不必被动等待一个外来的主宰者，完全可以主动训练自己的思维模型，通过改进算法、增大数据量及丰富特征来提升模型质量。如果能在这方面给读者朋友们带来些许启发，我实在不胜荣幸。

目　　录

第四部分　有监督学习（进阶）

第一部分

绪　论

第 1 章
为什么要学原理和公式推导

机器学习最直接的应用就是利用模型解决实际问题。本书所讲解的多个经典模型，均是前辈在机器学习发展的几十年间总结出的解决特定问题的固定模式，并且已经在实践中得到了证明。

学会这些模型，一则可以以它们为载体理解机器学习是一种怎样的机制；二则掌握了模型，也就掌握了当前许多实际问题的有效解决方案。

1.1 学模型就要学公式推导吗

在实际工作中，我们要运用一种模型，其实有很多现成的算法库和学习框架。只要将相应的数据输入工具、框架中，用几行代码指定模型的类型和参数，就能自动计算出结果。

既然如此，何必再去学其中的原理，一步步推导让人头晕的数学公式呢？

对于这个问题，首先给出我的意见：机器学习的原理和数学推导一定要学！下面我们举个直观的例子。

如果将机器学习类比成一门武功，那么学会使用某种计算框架，只是学会了这门武功最基本的招式和套路。而理论学习即策略学习，决定了在未来的真实对战中，遇到对手攻击时，你选取哪些招式和套路，如何将它们组合起来去迎敌。

反过来讲，如果根本不学模型的原理，只是把一个个应用场景背下来，需要的时候直接把模型当黑盒使用，这样做我们能学到什么？

我们将学到：

- □ 算法库的安装；
- □ 库函数的调用；
- □ 数据的 I/O 转换。

这和调用任何一个封装好的 API（无论其功能）有什么区别？和调用同事撰写的模块接口又有什么不同？

学会这几件事能让你相对他人产生什么样的壁垒？作为一个原本非人工智能领域的开发者，难道因为会安装几个支持库，会调用几个接口就身价倍增，就成为机器学习工程师了？

1.2 学习原理的必要性

回过头来，我们从功利层面和实用层面来看一下学习原理的必要性。

1. 功利层面

我们先来看看最直接的用处。

• 面试会考

但凡稍微靠谱点儿的企业，在面试机器学习工程师时，一定会问到模型的原理和推导过程！所问到的模型，随着时间推移会越来越复杂。

七八年前甚至更早，企业进行技术面试时，大多会问线性回归。到了五六年前，已经基本从逻辑回归开始问了。这两年会问 SVM、决策树等，理论考查势必会越来越难。

真想入这行，为了面试也得学其中的原理。

• 老板会问

在日常编码中，可能确实只是调用 API 而已。

很多时候，在决定使用哪个工具、框架，调用哪个模型算法后，你还需要向老板、合作方甚至客户解释其中的缘由。

- □ 模块负责人都是自己搞定所有事，难道你还想让别人给你标注数据？
- □ 花费这么多时间和人力训练出的模型，怎么连 DSAT 都修复不了啊？

❑ 既然再多投入几倍的资源也达不到 95% 以上的正确率，为什么不干脆直接用 Rule-Based 来解决？

......

项目经理、技术专家、产品经理都可能会围绕机器学习、深度学习的投入产出比提出各种问题。要在工作中运用这些技术，首先要说服他们。这个时候，原理就派上用场了。

- **同事会质疑**

对你应用机器学习、深度学习的疑问，不仅会来自上司，很多时候也来自同级别的同事。

相对于老板对性价比的关注，同事可能更关心技术细节，他们会质疑新的框架、工具、模型、算法。

❑ 别人都用 TensorFlow，你为什么要用 Caffe 呢？

❑ 以前这个分类器，我们用逻辑回归挺好的，你为什么非要换成 RNN 呢？

❑ 用这个谱聚类（详见第 19 章）做数据预处理，归根到底不还是利用词袋模型算词频，比直接计算 TF-IDF（详见 25.4 节）做排序能好多少呢？

......

到了这个层面，简单说说原理已经不够了，需要深入细节做对比。

❑ 不同模型的特质、适用场景对当前数据的匹配程度。

❑ 不同算法对算力和时间的消耗。

❑ 不同框架对软硬件的需求和并行化的力度。

只有了解了这些，才有资格讨论技术。

2. 实用层面

当然，在日常工作中，可以完全不理会同事的质疑，对于老板的决定也可以照单全收，绝无二话。工程师嘛，只要埋头干活就好了，但总得把活儿干好吧。

作为一个机器学习工程师，把活干好的基本标准是：针对技术需求，提供高质量模型。

再高一个层次则是：针对业务需求，提供高质量的解决方案。

- **优化模型**

机器学习工程师又被戏称为"调参工程师",所要做的工作就是在限定的数据和规定的时间内,为具体技术需求(比如训练一个分类器)提供性能尽量高、消耗尽量少的模型。

选特征、调超参、换模型,称为"调参工程师"的三板斧。要想有章法地使用它们,理论基础是必不可少的。

至此,前面我们说的功利层面的内容就不再是和他人论战的"弹药",而成了工作步骤的指导。

- ☐ 评价模型性能的指标有哪些,如何计算?
- ☐ 正在使用的模型是怎么工作的?
- ☐ 这些超参数的含义是什么,调整它们会产生哪些影响?
- ☐ 特征选取有哪些原则和方法可运用?

如果连以上问题都不了解,又怎么优化模型?

- **针对实际问题定向建模**

一名合格的"调参工程师"固然可以在人工智能领域占据一席之地,但对于业务和团队而言,仍然是个可有可无的角色。

真正创造价值的,从来都是解决实际问题的人。

这些经典的模型、算法,是前人在解决实际问题的过程中所研究出的具备通行性的解决方案。它们之所以被广泛应用,是因为所解决的目标问题总会持续出现。

然而新问题也会随着新需求不断涌现,现有成果可能无法解决这些新问题,这时"调参工程师"将束手无策。

但对于理论知识扎实的机器学习工程师来说,他们完全有可能针对具体业务问题,构造出目标函数,甚至开发出符合自身软硬件资源特点的求解算法。

到了这一步,即使还使用现成工具,也不是靠搜索一下最佳实践,以及复制和粘贴代码就能解决的了,此时必须具备理论基础和数学层面的建模能力。

第 2 章
学习机器学习原理，改变看待世界的方式

学习机器学习，除了实实在在的好处外，在"务虚"方面同样受益。

学习模型的运作原理，可以了解现实事物如何转化为数字并被计算，计算结果又如何映射回现实世界来影响我们的生活。

掌握机器学习相关知识，能为我们客观认识现实带来下面这些帮助。

2.1 破除迷信

在这个看起来人工智能要席卷一切的年代，不光是正在或立志于在人工智能领域做技术工作的人，任何人都有必要从原理层面了解机器学习、深度学习是干什么的，以及如何发挥它们的作用。

作为一个带有神秘色彩的热点概念，人工智能被热炒、歪曲，神圣化或妖魔化是难免的。

人工智能是一个学术研究领域，目前在工业界有一定的应用。人工智能归根到底是个技术问题，可学、可用、可研究，亦可质疑，而不是只能顶礼膜拜的"法术神功"。

具备最基本的判断能力，才有可能不会被"神话"迷惑，不被"鬼话"恐吓。

知道机器学习模型和深度学习模型是如何工作的，就不至于做出看了篇《人工智能专业毕业生年薪 50 万》，就慌慌忙忙报个了 2 万元的培训班这样的事。学了 pip install tensorflow，通过复制和粘贴代码可以运行几个习题数据集，就想找到年薪 50 万元的工作，算是痴人说梦。

知道人工智能有哪些落地点和局限，就不至于瞭了几篇关于"某某职业要消失了""某某岗位将被人工智能取代"的文章，就骤然开始自我怀疑，好像自己明天就没有活路了似的。

除了判断事，判断人可能更重要一些。

了解一件事的原理，自己有了基本的是非标准，再去看别人对这件事的评论，就不难看出评论者的"斤两"，也就不至于被其所说内容之外的语气、措辞或者态度所误导。

2.2　追本溯源

人工智能从提出到现在已有几十年，几经沉浮。模型、算法、实现技术已更迭了好几代，如今和当年已是天壤之别。

任何进步都不是凭空出现的，新方法、新技术都是在原有的基础上创新得来的。每一次进步，都仅仅是向前一小步而已。

最容易创新的是技巧和细节，越"大"的创新，出现的频率越低。而原理所揭示的，就是这种"大"的、相对稳定的东西。

机器学习最经典的几个模型，历史都不短，长则半世纪，短的也快 20 年了。

深度学习早年从属于机器学习的神经网络，因为数据量和运算能力不够而被束之高阁多年，近些年借助计算机硬件、分布式计算和大数据技术的发展而大放异彩。

虽然技术本身和应用结果产生了巨大的飞跃，但从根本的原理层面，却有着紧密的传承。

想要了解一件事是如何运行的，从最简单的原理着手逐层推进，比从一个已经很复杂的状态入手，一下子纠缠在各种不得要领的细节中要高效得多。有了这样的认识，也就不会被一些名词所局限，不会仅仅因为人家做了一些细节改变，或者换了个说法就以为天翻地覆了。

具体到人工智能领域，真的了解了支柱技术的基本原理，就不至于看了一篇《当这位 70 岁的 Hinton 老人还在努力推翻自己积累了 30 年的学术成果……》，便宣布再也不学 CNN、DNN、RNN 了（好像真的学过一样）；或者因为"深度学习已死，可微分编程万岁！"刷屏，就以为目前在语音处理、图像处理、自然语言处理等领域已经在创造价值的深度学习工具瞬间消失无用了。

2.3 精进看待世界的方法

相较于仍然处于经验（"炼丹"）阶段的深度学习，传统的统计学习模型和方法已经具备了相对完善的理论基础。

我强烈建议那些目标岗位是"深度学习工程师"的同学，也从统计学习方法学起。一方面，深度学习与机器学习具有传承的关系，学习后者对于直观理解前者有极大帮助。另一方面，统计学习方法建立在将概念"数字化"（向量化）的基础上，以数学公式和计算来表达概念之间的关联及转化关系。机器学习是一种认识世界的工具，借助它，我们可以从一个新的角度来看待世间万物。

换句话说，当我们知道机器怎样通过学习事物特征的概率分布和转换来掌握事物规律的时候，就有可能反过来审视自己看待世界的方法，发现其中不合理的部分，并主动优化自己的思维模型。

比如，我在学习机器学习原理的过程中，对人类的思维方式做了一些思考。

- 人类的道德标准实际上是一种社会层面的极大似然估计。
- 遗忘是学习的一个步骤，是一种过滤信息的方法，也是人类在脑力有限的情况下对自身大脑的一种保护机制。
- 人类的偏见是一种长期训练的结果。信息极其匮乏对人们做决定往往是有正向帮助的。信息越丰富，偏见的负面影响也就越严重。
- 大多数人最常用的思维模型是键值对，有些人似乎终身只有这一种思维模型。一般人往往默认一类事物的所有个体在概率空间上是均匀分布的。在考虑某一事物个体时，通常对其在同类事物中所处的位置（是小概率事件还是常态？发生概率相对之前是稳定、上升还是下降？）毫不在意，而一概认为被提及的个体很重要。
- 对于原因和结果的关系，多数人根本没想过去探究其转换模型，而直接默认是线性关系。比如：在听说 A 地的年均 PM2.5 指数是 B 地的 10 倍，并且 PM2.5 与肺癌发病率有关时，很多人会想当然地以为 A 地的肺癌发病率是 B 地的 10 倍，而实际上，PM2.5 指数与发病率并无线性关系。
- 当一件事物比较复杂，涉及多个方面的时候，要对它进行全面评价，目前最常用的方法是构建一个线性回归模型：选定一些特征，针对每个特征独立打分，最终加权求和。这样做的主要原因往往并不是线性回归能够精确预测结果，而是它足够简单。

❑ 面对一项事物，大多数人既不能列举出其主要特征，也不知道如何评估每个特征，更不用提加权求和了。当这些人基于一手资料评价事物时，一般以某（几）个个例的某个特征来代替全集；如果是二手资料，则一般选择相信自己最先接触到的他人结论。

以上这些仅是一些很初级的想法，并没有进一步的研究验证。我分享出来只是想说明：学习机器学习原理和公式推导，并非只是做一些无聊的数字变换。很可能由此为我们打开一扇窗，让我们从新的角度看待世界，并为日常的思考过程提供更加可量化的方法。

第 3 章
如何学习机器学习

学习机器学习这件事，我走过很长一段弯路，有一些心得、体会和方法，在此和大家分享一下。

3.1 以模型为驱动，了解机器学习的本质

本书力图引导大家以模型为驱动进行学习。为此我选择了几种经典模型，例如线性回归、逻辑回归、决策树、SVM、SVR、K-means 等。

初次学习模型，不必贪多。但就这些选定的模型，一定要搞清楚其问题域、模型函数、目标函数、训练算法……深入数学公式推导的层面，理解每一步的公式变换和对应的物理意义，然后去实践。

这一个个的模型，就是机器学习的"肌肉"，我们要通过观察学习这一块块肌肉，以其为载体来了解机器学习的核心——将事物转化为数值，将关系、变换转化为运算，以事实（数据）为依据，以规章（算法）为准绳，通过计算来掌握事物的客观规律（模型）。

要知道，这些模型固然经典，但是到了实际应用中，它们并非神圣不可改变。

只有掌握了机器学习精髓的人，才可能灵活运用现有模型去解决实际问题，甚至进一步针对具体问题得出自己的模型和算法。

3.2 反复学习，从记忆到掌握

当然，达到掌握机器学习精髓的程度并非一蹴而就，总要从最简单的模型开始。

根据我的经验，即使是掌握最简单的模型，也需要反复学习。有可能第一遍看完有点似懂非懂，或者感觉自己明白了，但要从头推导又卡壳了。就像刚学完又忘掉的生字，或是背了一半，后半部分怎么也想不起来的九九乘法口诀。这都是非常正常的现象。究其原因，就是还没有真正掌握。

多学几遍，从头到尾掌握整件事情的逻辑，知道一个模型是怎么从最初设定目标，一步步实现目标的。当真正掌握了这个过程之后，再回头看一个个具体的模型，每一步都是顺理成章的。

掌握了事物内在的逻辑，再去记忆，就容易多了。

学习标准设置得不必太高，比如可以这样：第一遍学，只要求自己能完全掌握机器学习数据、模型、算法相互作用的基本关系、训练过程和评价标准。至于具体的模型，掌握最简单的线性回归就可以。

这里要明确"掌握"的标准，即能够从模型函数推导出目标函数，再用梯度下降算法求解，用（伪）代码实现梯度下降的求解过程。

第一遍学习掌握一个模型，第二遍学习就不难掌握两三个模型，第三遍就有可能掌握本书列出的大部分模型……如此由易到难，螺旋式推进。

对于一些本身就比较复杂的数学模型，比如 CRF、HMM 这类涉及场论和势函数的模型，如果直接入手，往往会卡在模型函数本身上。但是当有了前面几个模型的基础，了解了更抽象层面的原理，掌握起来就容易多了。

3.3 数学需要多精深

很多同学，想学机器学习，但是一上来就看模型，看到一大堆炫酷的公式，难免感觉很吓人。有些人因此萌生退意，要么放弃，要么只用现成工具把模型当作黑盒使用。

其实，学习经典模型，并不需要多么深厚的数学功底，只要掌握本科阶段所教授的数学知识就基本够用了。

3.4 基本的数学概念

在学习的最初阶段，只要满足以下几个条件，就可以对本书中的经典机器学习模型有一定深度的感性认识了。

- ❏ 学过坐标系。
- ❏ 了解函数、向量和矩阵的概念。
- ❏ 能从直观角度对求导、求微与函数的关系有所理解。
- ❏ 掌握基础矩阵运算。

本书中的公式都是经过精简的，请务必掌握。如果数学工具实在掌握得太少，最起码也要读懂一组公式推导中的第一个和最后一个式子。

- ❏ 读懂它们都针对哪些变量进行了怎样的运算。
- ❏ 这些变量和运算的物理意义是什么。
- ❏ 第一个式子是对哪种真实场景的数学描述。
- ❏ 最后推导的结果又具备怎样的特征。

初次学习者，可以暂且掌握到以上程度，想要灵活运用机器学习，还需要进一步学习数学知识。

1. 两条路径反刍数学知识

掌握基本的数学概念，可以套用现成的模型，却不能达到灵活运用的程度。所以，大家应力求理解每一步推导过程。

如果有可能，可以事先复习一下大学学的高等数学（或者数学分析）、概率统计和线性代数。或者，在学习模型的过程中，一旦遇到了数学上的阻碍，就回过头去查找相应知识。

2. 制作数学知识速查手册

很多数学问题，之所以让人头大，其实并不是真的有多难，而是符号系统比较复杂，运算繁复，或者运算所表达的物理意义多样。

很多时候造成困扰是因为想不起来这里用到了什么定理、哪个公式，或者这样操作表达的含义是什么。

可以把常用的细小知识点都记录下来，按主题整理成速查手册（小字典），需要用的时候快速查找对应的知识点，这样我们学习机器学习的过程会顺畅不少。

3.5 学机器学习，编程是必须的吗

对于这个问题，答案是肯定的！

虽然我们学习的是机器学习原理，但是这并不等于我们就可以停留在原理层面。为了学好原理，我们需要具备基本的编程能力，原因如下。

- 在讲述过程中，对于原理细节的展现，经常会以代码的形式出现。在这个时候，就算是仅仅为了理解，也得能读懂代码。
- 想要真的理解原理，就会涉及动手实践的问题。一般来说，需要学习者自己训练一个模型，测试一些数据，进一步去编写一个算法，这样那些公式、函数和算法才能真的在头脑中留下印象。

既然非编程不可，学哪种语言好呢？

如果你在开始学习的时候已经有了编程基础，那么继续使用自己擅长的语言就可以。如果你还不会编程，或者觉得自己之前学的、用的语言不好，想换一种更适合机器学习的编程语言，那么我的建议是 Python。

我并不是 Python 粉，做了十几年程序员，工作中最开始用 C，后来用 Java，现在用 C#。但我不得不承认，在日常工作中，Python 所占的比例越来越大了。

即使不是开发最终提供给用户的产品，开发产品原型会用到 Python，处理数据会用到 Python，验证论文也会用到 Python……

Python 在机器学习中拥有这样的地位，和它自身的特性分不开。Python 不仅简明易读，而且无须编译，可以直接运行。特别是，Python 在机器学习、深度学习领域拥有了各种语言中堪称最强的公共 AI 支持库。其中最著名的是 NumPy 和 sklearn（scikit-learn），它们是现在每一个有志于入行人工智能的人都不可能忽略的（本书所讲述的全部内容，都用这两个库来进行实践）。

3.6 日常学习小提示

- **关联**

把新学到的东西和日常的工作、生活联系起来进行思考，比如将理论代入现实，将不同领域间的事物进行类比，将相似的内容进行对比等。

以身边的实例来检验理论，不仅能够加深对理论知识的理解，而且有助于改进日常事务的处理方法。

- **记录**

准备一个笔记本，纸质版或电子版均可，将发现、感想、疑问、经验等全都记下来。

如果是对某个话题、题目有比较完整的想法，最好能够及时整理成文，至少记录下要点。

隔一段时间把笔记整理一下，把分散的点整理成块，一点点填充自己的"思维地图"。

- **分享**

知识技能这种东西，学了就得"炫耀"——把学习到的新知识、理论、方法，分享给更多的人。如此一来，就能督促自己整理体系、记忆要点。这可以说是"与人方便，与己方便"的最佳实例。

把自己的感想、体会、经验分享出来的同时，也锻炼了自己的逻辑思维能力和归纳总结能力。一举多得，何乐而不为？

第二部分
基本原理

第 4 章
机器是如何学习的

什么是机器学习？按照字面意思理解，就是让机器自己学会某种东西。更准确一点就是：让计算机程序（机器）不是通过人类直接指定的规则，而是通过自身运行，习得（学习）事物的规律和事物间的关联。

对于人类而言，一个概念对应的是具体的事物，我们认知的事物都不是孤立的，互相之间有着各种各样的关联。比如：当我们对一个人说"苹果"的时候，他可能马上会想到那个圆圆的、香甜的、有皮有核的水果；也许还会想到香蕉、菠萝等其他水果；或是想到美味的苹果派、伊甸园里的故事、咬了一口苹果的白雪公主，等等。

如果我们将"苹果"这两个字输入计算机，计算机并不会幻视出一个水果，也不会像人那样"意识到"这个单词的含义。

计算机程序能够处理的只有数值和运算。计算机程序不过是一段存储在硬盘上的 0、1 代码，运行时被读进内存，CPU 根据代码转换成的指令来做一组特定的操作，让这些 0、1 数字通过逻辑电路进行若干运算后，生成计算结果。

要让一段程序了解客观世界变化万千的事物，则必须将这些事物转化为数值，将事物的变化和不同事物之间的关联转化为运算。

当若干现实世界的事物转换为数值后，计算机通过在这些数值之上的一系列运算来确定它们之间的关系，再根据一个全集之中个体之间的相互关系来确定某个个体在整体（全集）中的位置。

继续前面的举例，很可能我说"苹果"的时候，有些人首先想到的不是苹果，而是乔布斯创立的科技公司。但是我继续说："苹果一定要生吃，蒸熟了再吃就不脆了。"在这句话里，"苹果"一词确定无疑指的是水果，而不是公司。因为在我们的知识库里，都知道水果可以吃，但是公司不能吃。出现在同一句话中的"吃"对"苹果"起到了限定作用，这是人类的理解。

对于计算机，"苹果"被输入进去的时候，就被转化为一个数值 Va。经过计算，这个数值和对应"吃"的数值 Ve 产生了某种直接的关联，而同时和 Ve 产生关联的还有若干数值，它们对应的概念可能是"香蕉"（Vb）、"菠萝"（Vp）、"猕猴桃"（Vc）等。据此，计算机就会发现 Va、Vb、Vp、Vc 之间的某些关联（怎么利用这些关联，就要看具体的处理需求了）。

说到数值，大家可能本能地想到 int、double、float……但实际上，如果将一个语言要素对应成一个标量的话，太容易出现两个原本相差甚远的概念经过简单运算后相等的情况了。

假设"苹果"被转化为 2，而"香蕉"被转化为 4，难道说两个苹果等于一个香蕉吗？

因此，一般在处理时会将自然语言转化成 n 维向量。只要转化方式合理，规避向量之间因为简单运算而引起歧义的情况还是比较容易的。

这种现实世界和计算机之间从概念到数值，从关系到运算的映射，造就了机器可以通过自主学习获得事物规律的可能。

4.1 机器学习的基本原理

既然机器有可能自己学习事物的规律，那么如何才能让它学到规律呢？我们先来看一个故事。

> 猫妈妈让小猫去捉老鼠，小猫问："老鼠是什么样子啊？"
>
> 猫妈妈说："老鼠长着胡须。"结果小猫找来一头大蒜。
>
> 猫妈妈又说："老鼠有 4 条腿。"结果小猫找来一个板凳。
>
> 猫妈妈再说："老鼠有一条尾巴。"结果小猫找来一个萝卜。

在这个故事里，小猫就是一个基于规则的（rule-based）计算机程序，它完全按照"开发者"猫妈妈的指令行事。但是因为 3 次指令都不够全面，结果 3 次都得出了错误的结果。

如果要把小猫变成一个基于机器学习模型的（model-based）计算机程序，猫妈妈该怎么做呢？

猫妈妈应该这样做，给小猫看一些照片，并告诉它有些是老鼠，有些不是，如图 4-1 所示。

图　4-1

猫妈妈可以先告诉小猫：要注意老鼠的耳朵、鼻子和尾巴。小猫通过对比发现：老鼠的耳朵是圆的，别的动物耳朵不是圆形的；老鼠都有长而细的尾巴，别的动物有的尾巴短，有的尾巴粗；老鼠的鼻子是尖的，别的动物不一定是这样的。这时小猫就学习到一个规律——老鼠是圆耳朵、细长尾巴、尖鼻子的动物，通过这个规律来抓老鼠，那么小猫就成了一个"老鼠分类器"。

小猫（此处将其类比为一个计算机程序）是机器（machine），让它成为"老鼠分类器"的过程叫作学习（learning）。猫妈妈给小猫看的那些照片是用于学习的数据（data）。猫妈妈告知小猫要注意的几点，是这个分类器的特征（feature）。学习的结果"老鼠分类器"是一个模型（model）。小猫思考的过程就是算法（algorithm）。

4.2　有监督学习与无监督学习

无论是有监督学习，还是无监督学习，都离不开数据、模型和算法这三要素。那么，什么叫有监督学习？什么叫无监督学习？我们来解释一下。

4.2.1 有监督学习

小猫通过学习成为"老鼠分类器",就属于典型的有监督学习(supervised learning)。

图 4-1 列举了老鼠和其他动物的照片,而且在每张老鼠照片的下面还有一个对钩,说明这是一只老鼠;而其他动物的照片下是一个叉,说明这不是一只老鼠。每一张照片是一个数据样本(sample)。下面的对钩或者叉,就是这个数据样本的标签(label)。而给样本打上标签的过程,就叫作标注(labeling)。

标注这件事情,机器学习程序自己是完成不了的,必须依靠外力。这些对钩和叉都是猫妈妈打上去的,而不是小猫。

小猫通过学习过程获得的,就是给图片打钩打叉的能力。如果小猫已经能够给图片打钩或者打叉了,就说明它已经是一个学习成的模型了。

这种通过标注数据进行学习的方法,就叫作有监督学习或直接叫监督学习(supervised learning)。

4.2.2 无监督学习

反过来,如果用于学习的数据只有样本,没有标签,那么通过这种无标注数据进行学习的方法,就叫作无监督学习(unsupervised learning)。

比如说,我们有如图 4-2 所示的 6 个样本。

图 4-2

猫妈妈让小猫根据小马的体貌特征区分它们的种族。

如果小猫可以通过观察学习发现小马的特征（feature）：独角和翅膀。从而将小马归为 3 个小马种族：两个有独角的一组（它们叫独角兽），两个有翅膀的一组（它们叫飞马），另外两个很正常的一组（它们叫陆马）。那么说明小猫拥有了给小马分组的能力，小猫学习分类的过程就是一种无监督学习，称为"小马种族聚类"。

4.3 机器学习的三要素：数据、模型和算法

数据、模型和算法是机器学习的三要素，它们之间的关系用一句话来说就是算法通过在数据上进行运算产生模型。

4.3.1 数据

关于数据，其实我们之前已经给出了例子。图 4-1 和图 4-2 就是现实中的两份样本集合，我们训练"老鼠分类器"或者进行"小马种族聚类"分析，就用它们作为训练数据。

不过，我们之前也说了，计算机能够处理的是数值，而不是图片或者文字。此时我们就需要构建一个向量空间模型（vector space model，VSM），将各种格式的文档（文字、图片、音频或视频）转化为一个个向量。然后开发者把这些转换成的向量输入机器学习程序，数据才能够得到处理。

我们已经知道，可以用独角和翅膀两个特征来对图 4-2 中的 6 位主角进行聚类。那么我们就可以定义一个二维向量 $A = \begin{bmatrix} a_1 \\ a_2 \end{bmatrix}$。其中，$a_1$ 表示是否有独角，如果有，则 $a_1 = 1$，否则 $a_1 = 0$。而 a_2 表示是否有翅膀。

按照这个定义，我们的 6 匹小马最终会被转化为下面 6 个向量：

$$X_1 = \begin{bmatrix} 1 \\ 0 \end{bmatrix}$$

$$X_2 = \begin{bmatrix} 0 \\ 1 \end{bmatrix}$$

$$X_3 = \begin{bmatrix} 0 \\ 0 \end{bmatrix}$$

$$X_4 = \begin{bmatrix} 1 \\ 0 \end{bmatrix}$$

$$X_5 = \begin{bmatrix} 0 \\ 1 \end{bmatrix}$$

$$X_6 = \begin{bmatrix} 0 \\ 0 \end{bmatrix}$$

这样计算机就可以对数据 X_1，…，X_6 进行处理了，这 6 个向量也叫作这份数据的特征向量（feature vector）。这是无标注数据。

和无标注数据对应的是有标注数据。简单而言，数据标注就是给训练样本打标签，这个标签是依据我们的具体需要给样本打上的。比如，我们要给一系列图片做标注，这些图片分为两类——"是猫"或者"不是猫"，那么就可以标注成图 4-3 这样。

数据　　　　标签

是猫

不是猫

图　4-3

我们把样本的标签用变量 y 表示，y 可以是一个离散的标量值。

标注数据当然也要提取出特征向量 X。每一个标注样本既有无标注样本拥有的 X，同时还比无标注样本多了一个 y。例如我们用三维特征向量 X 表示老鼠分类器的源数据，每一维分别对应"圆耳朵""细长尾巴""尖鼻子"。同时用一个整型值 y 来表示是否为老鼠，是的话 $y = 1$，否则 $y = 0$，那么图 4-1 中老鼠和其他动物对应的数据就是这样的：

$$X_1 = \begin{bmatrix} 1 \\ 1 \\ 1 \end{bmatrix}; \ y = 1$$

$$X_2 = \begin{bmatrix} 1 \\ 1 \\ 1 \end{bmatrix}; \; y = 1$$

$$X_3 = \begin{bmatrix} 1 \\ 1 \\ 1 \end{bmatrix}; \; y = 1$$

$$X_4 = \begin{bmatrix} 0 \\ 0 \\ 0 \end{bmatrix}; \; y = 0$$

$$X_5 = \begin{bmatrix} 0 \\ 0 \\ 0 \end{bmatrix}; \; y = 0$$

在数据转换到向量空间模型之后，机器学习程序要做的就是把它们交给算法，通过运算获得模型。

大家已经看到了，我们之所以能把具体的一系列动物图片转化为二维向量或者三维向量，是因为我们已经确定了对哪些动物用哪些特征。

这里其实有两步：

(1) 确定用哪些特征来表示数据；
(2) 确定用什么方式表达这些特征。

这两步做的事情就叫作特征工程。有了特征工程，才有下一步的向量空间模型转换。

在机器学习中，特征工程是非常重要的。

4.3.2 模型

模型是机器学习的结果，而学习过程称为训练（train）。

一个已经训练好的模型，可以理解成一个函数：$y = f(x)$。我们把数据 x 输入模型，可以得到输出结果（对应其中的 y）。输出结果既可能是一个数值（回归），也可能是一个标签（分类），它会告诉我们一些事情。

比如，我们用老鼠和非老鼠数据训练出了老鼠分类器。这个分类器就是一个函数。

当这个分类函数被确定了以后，又有一个新数据出现了，比如输入图 4-4 所示的小马。

图　4-4

这时预测程序（将训练好的模型应用到数据上的过程叫预测）会先将小马转化到向量空间模型，变成 $\boldsymbol{x} = \begin{bmatrix} 0 \\ 0 \\ 0 \end{bmatrix}$，然后将它输入模型，得到结果 $y' = f(\boldsymbol{x})$。如果 $y' = 0$，则说明我们的分类模型对小马的判断是：不是老鼠。若 $y' = 1$，则老鼠分类器把小马当成了老鼠。

当然，我们都喜欢把小马分成"不是老鼠"的分类器，这里涉及模型性能（performance）的衡量问题，我们先不考虑。下面我们介绍一下是怎么得到模型的。模型的训练和预测如图 4-5 所示，模型是由训练数据生成的，生成的模型会针对需要预测的数据给出预测结果。

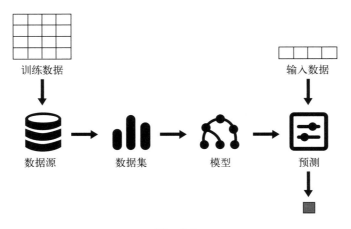

图　4-5

模型是基于数据经由训练得到的, 那么训练又是怎么回事呢? 模型是函数 $y = f(x)$, 其中 x 是自变量, y 是因变量。从 x 计算出 y 要看 $f(x)$ 的具体形式是什么, 它有哪些参数, 这些参数的值都是什么。

在开始训练的时候, 我们有一些样本数据。如果是标注数据, 那么这些样本本身既有自变量 x (特征) 也有因变量 y (预期结果), 否则就只有自变量 x。它们对应于 $y = f(x)$ 中 x 和 y 的取值。

这时因为已经选定了模型类型, 所以我们已经知道了 $f(x)$ 的形式, 比如是一个线性模型 $y = f(x) = ax + b$, 但我们不知道参数 a 和 b 的值。

训练就是根据已经被指定的 $f(x)$ 的具体形式——模型类型, 结合训练数据, 计算出其中各个参数的具体取值的过程。

训练过程需要依据某种章法进行运算, 这个章法就是算法。

4.3.3 算法

有监督学习和无监督学习的算法差别很大。因为我们比较常用的还是有监督学习模型, 所以先以此为重点进行讲解。

有监督学习的目标就是让所有训练数据 x 经过 $f(x)$ 计算后获得的 y', 与它们原本对应的 y 的差别尽量小。

能够描述 y' 与 y 之间差别的函数叫作损失函数 (loss function), 即 $L(y, y') = L(y, f(x))$。我们用损失函数描述一个训练数据的损失, 用代价函数 (cost function) 来描述整体的损失。

代价函数一般写作 $J(\theta)$。注意, 代价函数的自变量不再是 y 和 $f(x)$, 而是变成了 θ, θ 表示 $f(x)$ 中所有待定的参数 (θ 也可以是一个向量, 每个维度表示一个具体的参数)!

至此, 我们终于得到了一个关于我们真正要求取的变量 (θ) 的函数。$J(\theta)$ 被称为代价函数, 顾名思义, 它的取值代表了整个模型付出的代价, 这个代价自然是越小越好。

因此, 我们也就有了学习的目标——最小化 $J(\theta)$。能够让 $J(\theta)$ 达到最小的 θ, 就是最好的 θ。当找到最好的 θ 之后, 我们把它代入原来的 $f(x)$ 中, 使得 $f(x)$ 成为一个完整的关于 x 的函数, 也就是最终的模型函数。

怎样找到让 $J(\theta)$ 最小的 θ 呢？这就需要用到优化算法了。具体的优化算法有很多，比如：梯度下降法（gradient descent）、共轭梯度法（conjugate gradient）、牛顿法、拟牛顿法和模拟退火法（simulated annealing）等。其中最常用的是梯度下降法，我们将在第 7 章讲解它。

这里需要强调一点：要得到高质量的模型，算法很重要，但更重要的往往是数据（尤其是在应用经典模型时）。

有监督学习需要标注数据。因此，在进入训练阶段前，必须经过一个步骤：人工标注。标注的过程烦琐且工作量颇大，却无法避免。

人工标注的过程看似简单，但实际上标注策略和质量对最终生成模型的质量有直接影响。能够决定有监督模型质量的，往往不是高深的算法和精密的函数，而是高质量地标注数据。

第 5 章
模型的获取和改进

在第 4 章中,我们从直观的角度讲解了机器学习的基本原理,并且解释了机器学习的三要素:数据、算法和模型。"应用机器学习技术"这件事情具体到微观的行为,其实就是:使用机器学习模型来预测数据,得到预测结果。而预测结果可能会作为下一步业务逻辑的依据。

要使用机器学习模型,首先要获得它。在有了数据和算法的情况下,我们需要通过一个过程来获得模型,这个过程就叫作训练。

5.1 获取模型的过程

获得模型的过程——训练,是将算法应用到数据上进行运算的过程。笼统而言,为了构建一个模型,我们需要经历以下步骤。

(1) 数据准备阶段:数据准备过程中要进行下面 3 个操作。

① 数据预处理:收集数据、清洗数据和标注数据。
② 构建数据的向量空间模型(将文本、图片、音频或视频等格式的数据转换为向量)。
③ 将构建好向量空间模型的数据分为训练集、验证集和测试集。

(2) 训练:将训练集输入训练程序进行运算。训练程序输出的结果就是模型。
(3) 测试:将测试集数据输入训练获得的模型,得到预测结果,再将预测结果与这些数据原本预期的结果进行比较。然后按一定规则计算模型质量的评价指标,比如精确率、召回率和 F1 分数等,根据指标的数值来衡量当前模型的质量。

5.2 训练集、验证集和测试集

前面我们提到，在数据准备阶段，要将全部数据分割成训练集、验证集和测试集，那么这些集合都是做什么的呢?

❑ 训练集：用来做训练的数据的集合。

❑ 验证集：在训练过程中，每个训练轮次结束后用来验证当前模型性能的数据的集合。它为进一步优化模型提供参考。

❑ 测试集：用来测试的数据的集合，用于检验最终得出的模型的性能。

每个集合都应当是独立的，和另外两个没有重叠。

训练集是训练过程的基础，而验证集和测试集是在不同阶段用来评价训练结果的。

验证可以理解为对于已经生成模型的一个小规模的测试，只不过已生成模型处理的数据不是测试集而是验证集。

这 3 个集合可以从同一份标注数据中随机选取。三者的比例可以是训练集∶验证集∶测试集 = 8∶1∶1，也可以是 7∶1∶2。总之，训练集占大头。在有些情况下，比如整体数据量不大，模型又相对简单时，验证集和测试集可以合二为一。

5.3 训练的过程

训练又可以细化为以下几个步骤。

(1) 编写训练程序。

    ① 选择模型类型。

    ② 选择优化算法。

    ③ 根据模型类型和算法编写程序。

(2) 经过一轮训练，获得临时模型。

(3) 在训练集上运行临时模型，获得训练集预测结果。

(4) 在验证集上运行临时模型，获得验证集预测结果。

(5) 综合参照上面第 (3) 步和第 (4) 步的预测结果，改进模型。

(6) 反复迭代第 (2) 步至第 (5) 步，直至获得让我们满意或者已经无法继续优化的模型。

我们来看看改进模型，即上面的第 (5) 步。

对照机器学习三要素，模型的优化可以从 3 个方面来进行：数据、算法和模型。

1. 数据

机器学习的模型质量往往和训练数据有直接的关系。这种关系首先表现在数量上。同一个模型在其他条件完全不变的情况下，用 1000 条训练数据和 100 000 条训练数据来训练，正常情况下结果差异会非常明显。

使用大量高质量训练数据，是提高模型质量的最有效手段。

当然，对于有监督学习而言，标注是一个痛点，所以通常我们可以用来训练的数据量相当有限。

在有限的数据上，我们能做些什么来尽量提高质量呢？大概有如下手段。

❑ 对数据进行归一化（normalization）等操作。
❑ 采用 Bootstrap 等采样方法处理有限的训练数据和测试数据，以达到更好的运算效果。
❑ 根据业务进行特征选取：从业务角度区分输入数据包含的特征，并理解这些特征对结果的贡献。

2. 调参（算法）

很多机器学习工程师被戏称为"调参工程师"，这是因为调参是模型训练过程中必不可少又非常重要的一步。

大家已经知道，我们训练模型就是为了得到模型对应公式中的若干参数。这些参数是训练过程的输出，并不需要我们来调。

除了这些参数外，还有一类被称为超参数的参数，例如用梯度下降法学习逻辑回归模型时的步长（α）、用 BFGS 方法学习线性链 CRF 时的权重（w）等。

超参数是需要模型训练者自己来设置和调整的。

调参本身有点像一个完整的项目，需要经历以下步骤：

(1) 制定目标

(2) 制定策略

(3) 执行

(4) 验证

(5) 调整策略

其中第 (3) 步至第 (5) 步往往要迭代多次。

调参有许多现成的方法可循（比如 Grid Search），这些方法使得制定和调整"调参策略"有章可循，也可以减少许多工作量。

算法库本身对于各个算法的超参数也都有默认值，第一次上手尝试训练模型时，可以从默认值开始，一般也能得出结果。

训练机器学习模型时，得出结果容易，得出优质结果（高质量的模型）就比较难。调参这一步很多时候没有确定的规律，特别是在超参数比较多的时候，如何组合调参简直可以称为一门艺术。此时只能具体情况具体分析，很多时候其实就是尝试，能否试出一个好结果确实有一定运气的成分存在。但是，乱调一气得到好结果的可能性几乎为零。

只有当调参工程师对于模型的原理和算法的执行细节有深入了解的时候，才有可能找到正确的调参方向。方向对了即使找不到最优解，也总能找到次优解。这也就是我们要特别认真地学习理论的原因。

3. 选择模型类型

有的时候，训练数据已经确定，而某个模型再怎么调参，都无法满足在某个特定指标上的要求，此时就只好换个模型类型试试了。比如，对于某个分类问题，逻辑回归不行，可以试试决策树或者 SVM。

现在，还有很多深度学习模型在逐步投入使用。不过一般情况下，深度学习模型对于训练数据的需求比我们今天讲的统计学习模型至少要高一个量级。在训练数据不足的情况下，深度学习模型的性能很可能更差。

而且深度学习模型的训练时间普遍较长，可解释性极弱，一旦出现问题，很难调试。因此再次建议大家：不要迷信前沿技术，无论工具还是方法，选对的，别选贵的。

第 6 章

模型的质量和评价指标

通过训练得到模型后，我们就可以用这个模型来预测了（也就是把数据输入模型，让模型"吐"出一个结果）。预测肯定能出结果，至于这个预测结果是不是你想要的，就不一定了。一般来说，没有任何模型能百分之百令人满意，但我们总是追求尽量好。那么，什么样的模型算好呢？

当我们训练出了一个模型以后，为了确定它的质量，可以用一些知道预期结果的数据来执行预测过程，把预测结果和预期结果进行对比，以此来评价模型的优劣。

由此，我们需要一些评价指标来衡量预测结果和预期结果的相似程度。

6.1 分类模型评价指标：精确率、召回率和 F1 分数

对于分类而言，最简单也是最常见的评价指标为精确率（precision）和召回率（recall），为了综合这两个指标并得出量化结果，又发明了 F1 分数。

对于一个分类模型而言，给它一个输入，它就会输出一个标签，这个标签就是它预测的当前输入的类别。

假设数据 data1 被模型预测的类别是 ClassA，那么对于 data1 就有两种可能性：data1 本来就是 ClassA（预测正确），data1 不是 ClassA（预测错误）。

当一个测试集全部被预测完之后，相对于 ClassA，会有一些实际是 ClassA 的数据被预测为其他类，也会有一些其实不是 ClassA 的被预测成 ClassA，这样的话就导致了如表 6-1 所示的结果。

表 6-1 二分类问题评测指标

实际 / 预测	预测类为 ClassA	预测类为其他类
实际类为 ClassA	TP：实际为 ClassA，也被正确预测的测试数据条数	FN：实际为 ClassA，但被预测为其他类的测试数据条数
实际类为其他类	FP：实际不是 ClassA，但被预测为 ClassA 的数据条数	TN：实际不是 ClassA，也没有被预测为 ClassA 的数据条数

下面简要介绍一下分类模型的评价指标。

- 精确率：**precision=TP/ (TP+FP)**，即在所有被预测为 ClassA 的测试数据中预测正确的比率。
- 召回率：**recall=TP/ (TP+FN)**，即在所有实际为 ClassA 的测试数据中预测正确的比率。
- **F1 分数 = 2 × (precision × recall) / (precision + recall)**。

显然上面 3 个值都是越大越好，但在实际中，精确率和召回率往往是矛盾的，很难保证双高。此处需要注意的是，精确率、召回率和 F1 分数在分类问题中都是对某一个类而言的。也就是说，假设这个模型总共可以分 10 个类，那么对于每一个类而言，都有一套独立的精确率、召回率和 F1 分数。衡量模型的整体质量，要综合看所有的 10 套指标，而不是只看一套。

同时，这套指标还和测试数据有关。同样的模型，换一套测试数据后，精确率、召回率和 F1 分数可能会有变化，如果这种变化超过了一定幅度，就要考虑是否存在偏差或者过拟合的情况。

提示

这几个指标也可以用于序列预测（Seq2Seq）模型的评价。序列预测实际上可以看作一种位置相关的分类，因此也同样适用精确率、召回率和 F1 分数。

6.2 指标对应的是模型和数据集

上面我们讲了精确率、召回率和 F1 分数这一套指标，无论是这套，还是 ROC、PR、AUC 或者是任意的评价指标，必须同时指向一个模型和一个数据集，两者缺一不可。

同样一套指标，用来衡量同一个模型在不同数据集上的预测成果，最后的分值可能不同（几乎可以肯定是不同的，关键是差别大小）。

上面我们一直以测试集为例。其实，在一个模型被训练结束后，它可以先用来预测一遍训练集中所有的样本。比如，我们训练了一个分类模型。一次训练过程完成后，我们可以先用当前结果在训练集上预测一遍，算出训练集的精确率、召回率和 F1 分数；再在验证集上跑一下，看看验证集的精确率、召回率和 F1 分数。几轮训练后，再在测试集上跑一下，得出测试集的相应指标。

6.3 模型的偏差和过拟合

为什么明明是用训练集训练出来的模型，却要再在训练集上做预测呢？

首先，我们要知道一点，一个模型用来预测训练数据，并不能保证每一个预测结果都和预期结果相符。

一个机器学习模型的质量从对训练集样本拟合程度的角度来说，可以分为两类：欠拟合（underfitting）和过拟合（overfitting）。

严格定义欠拟合还是过拟合，还要涉及几个概念：偏差（bias）、误差（error）和方差（variance）。这里先建立一点感性认识，如图 6-1 所示。

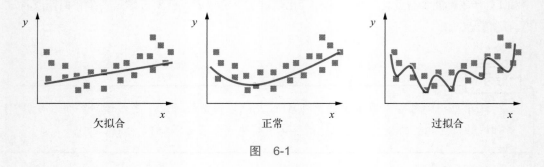

图 6-1

如果一个模型在训练集上的预测结果就不佳，指标偏低，那一般是欠拟合的问题；如果在训练集上指标很好，而在验证集/测试集上指标偏低，则很可能是过拟合问题。甚至有时候，在训练集和验证集/测试集上效果都不错，一到真实环境却预测误差较大，这种情况一般也是过拟合。

对于不同的问题，解决方法各不相同。欠拟合在多数情况下是因为选定的模型类型太过简单，特征选取不够导致的。而过拟合则相反，可能是模型太过复杂，特征选择不当（过多或组合不当）造成的。相应的解法当然是有针对性地选择更复杂 / 简单的模型类型，增加 / 减少特征等。

但需要说明的是，无论哪种问题，增大训练数据量都可能会有所帮助。

第 7 章
最常用的优化算法——梯度下降法

在这里，我们有必要从抽象角度先好好解释一下优化算法。

7.1 学习目标

每一个机器学习模型都有一个目标函数，比如 4.4.3 节中提到的代价函数，就是一种目标函数，而学习的目标就是最小化目标函数。

直观而言，当我们已经获得了一个函数，最小化该函数其实就是在其自变量的取值范围内，找到使因变量最小的那个自变量。

是不是所有函数都能够在自变量取值范围内找到最小的因变量呢？显然不是。比如多项式函数 $y = x$，x 属于实数，这样的函数就没有最小值。

> **提示**
>
> 这是因为 x 的取值范围是整个实数域，x 越小 y 也就越小，x 取值可以无限小下去，一直到负无穷，y 同样可以小到负无穷。可惜负无穷并不是一个数值，y 实际上是没有最小值的。

连最小值都没有的函数，我们怎么求它的最小值呢？

别急，这里我们并不用担心这个问题。这是因为我们要学习的几个经典机器学习模型的目标函数都是凸函数，函数的凸性保证了它有最小值。

7.2 凸函数

什么叫作凸函数？这里有一套严格的数学定义：某个向量空间的凸子集（区间）上的实值函数，如果在其定义域上的任意两点 x_1 和 x_2，有 $f\left(\dfrac{x_1+x_2}{2}\right) \leqslant \dfrac{f(x_1)+f(x_2)}{2}$，则称其为该区间上的凸函数。

> **注意**
>
> 此处说的凸函数对应英语中的 convex function。在有些数学教材中（例如同济大学数学系编写的《高等数学》教材）把这种函数称为凹函数，而把 concave function 称为凸函数，与我们的定义正好相反。
>
> 另外，也有些教材会把凸定义为上凸，凹定义为下凸。如果遇到，一定要搞清楚"凸函数"这个词指的是什么。

将这一定义用一元函数在二维坐标轴里表现出来，如图 7-1 所示。

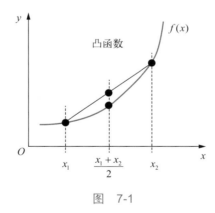

图　7-1

直观理解就是二维空间中的一条曲线，有个"弯儿"冲下，那个"弯儿"里面的最低点，就是该函数在自变量取值区间内的最小值。

如果自变量的取值区间是整个实数域，那么可以想象这条曲线所有向下的"弯儿"里面有一个低到最低的，叫全局最低点，而所有的"弯儿"的最低点，都可以叫作局部最低点，如图 7-2 所示。

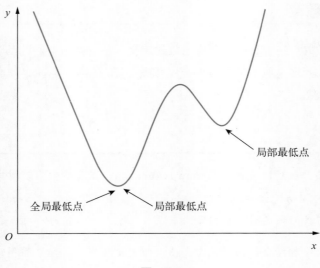

图　7-2

如果自变量本身是二维的（二元函数），则凸函数在三维空间中的图像如图 7-3 所示。同样有个"弯儿"，只不过这个弯儿不再是一段曲线，而是成了一个碗状的曲面，"碗底儿"就是区域内的极值点。在三维空间中，我们要找的最小值就是最深的那个碗底儿（如果不止一个的话）。

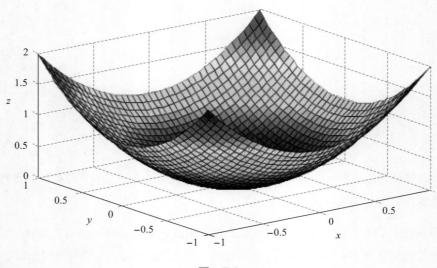

图　7-3

7.3 梯度下降法

既然已经知道了学习的目标就是最小化目标函数的取值，而目标函数又是凸函数，那么学习的目标自然转化成了寻找某个凸函数的最小值。其中最常用的一种方法叫作梯度下降法。

> **注意**
>
> 判定一个函数是否为凸函数是一件比较复杂的事情，我们在此不多讲。因为本书讲解的都是经典机器学习模型，所以前人的工作已经保证我们用到的目标函数都是凸函数。如果未来在应用中构建自己的目标函数，那么千万记得在直接应用任何优化算法之前，应该先确定它是凸函数。

梯度下降法非常容易理解，我们还是先以一元函数为例。假设我们的目标函数是一个一元凸函数，那么只要给定一个自变量的取值，就一定能够得到相应的因变量的取值。

因此我们可以采用如下步骤来获得最小值。

(1) 随机取自变量 x_0。

(2) 计算对应该自变量的目标函数的因变量的值 $f(x_0)$。

(3) 计算目标函数 $f(x)$ 在 $f(x_0)$ 点处的梯度。直观而言，梯度就是 $f(x)$ 函数曲线在 $f(x_0)$ 点处的切线的斜率。

(4) 从 $f(x_0)$ 开始，沿着该处目标函数梯度下降的方向，按指定的步长 α 向前"走一步"，走到位置对应的自变量的取值为 x_1。

(5) 继续重复步骤 (2) 步骤至 (4)，直至退出迭代（达到指定迭代次数，或 $f(x)$ 近似收敛到最优解）。

如图 7-4 所示，在曲线 $f(x)$ 上任取一点，放一个没有体积的"小球"，然后让这个小球沿着该处曲线的切线向下的方向"跨步"，每一步的步长就是 α ，一直跨到最低点位置。

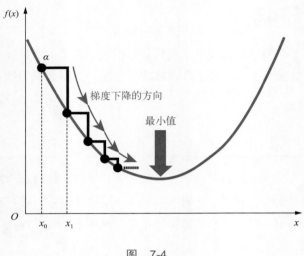

图　7-4

对应三维的情况，可以想象在一个很大的碗的内壁上放上一个小球，每次我们都沿着当时所在点的切线方向（此处的切线方向是一个二维向量）向前走一步，直到走至碗底。

7.4　梯度下降法的超参数

上面讲了梯度下降法，其中的 α 又叫作步长，它决定了为了找到最小值的点而尝试在目标函数上前进的步伐到底有多大。

步长是算法自己学习不出来的，它必须由外界指定。像这样，算法不能自己学习，需要人为设定的参数就叫作超参数。

步长参数 α 是梯度下降算法中非常重要的超参数。如果步长的大小设置得不合适，很可能导致最终无法找到最小值点。

比如图 7-5 中的左图就是因为步幅太大，几个迭代后反而取值越来越大，改成右图那样的小步伐就可以顺利找到最低点了。

不过大步伐也不是没有优点。步伐越大，每一次前进得越多。步伐太小，虽然不容易"跨过"极值点，但需要的迭代次数也多，需要的运算时间也就越多。

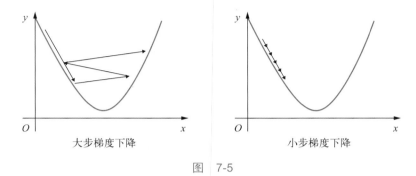

图 7-5

为了平衡大小步伐的优缺点，也可以在一开始的时候先大步走，当所到达点的梯度逐渐减小时（函数梯度下降的趋势越来越缓和），逐步调整，缩小步伐，比如像图 7-6 这样。

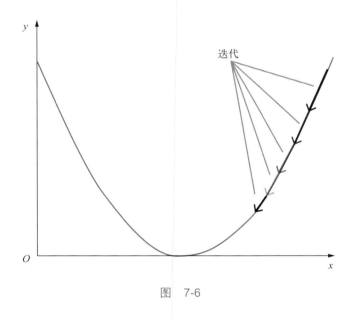

图 7-6

7.5 梯度下降的难点

是不是只要步伐合适，就一定能找到最小值点呢？也不一定。如果目标函数有多个极小值点，那么开始位置不妥就很可能导致走到一个局部极小值点后无法继续前进，比如图 7-7 中的位置 1 和位置 2。这种情况确实很难克服，是梯度下降法的一大挑战。

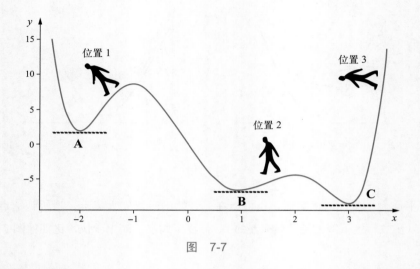

图   7-7

如果不能确定目标函数只有一个极小值，且获得的模型结果又不令人满意，就该考虑是否是在学习的过程中，优化算法进入了局部最小值而非全局最小值。

第三部分

有监督学习（基础）

第 8 章

线性回归

在本章中，我们将详细讲解被称为"机器学习的 Hello World"的线性回归模型。这一模型简单、直观，其背后的数学公式及推导过程也相对浅显，非常适合初学者学习。

8.1 第一个机器学习模型

所有的机器学习模型都是为了应用而生的，让我们从一个实际问题出发，开始学习第一个模型。

8.1.1 从数据反推公式

假设我们获得了表 8-1 这样的一张表格，其中列举了纽约若干程序员职位的年薪。

表 8-1

	特 征				标 签
职 位	经 验	技 能	国 家	城 市	年薪（美元）
程序员	0	1	美国	纽约	103 100
程序员	1	1	美国	纽约	104 900
程序员	2	1	美国	纽约	106 800
程序员	3	1	美国	纽约	108 700
程序员	4	1	美国	纽约	110 400
程序员	5	1	美国	纽约	112 300
程序员	6	1	美国	纽约	114 200
程序员	7	1	美国	纽约	116 100
程序员	8	1	美国	纽约	117 800
程序员	9	1	美国	纽约	119 700
程序员	10	1	美国	纽约	121 600

大家可以看到，表 8-1 中列举了职位、经验、技能、国家、城市和年薪几项特征。除了经验一项，其他都是一样的。不同工作经验（工作年限）的人年薪不同。而且看起来，工作时间越久，年薪越高。

那么，我们把前 6 条记录的经验与年薪抽取出来，分别用 x 和 y 来指代，如表 8-2 所示。

表　8-2

x	y
0	103 100
1	104 900
2	106 800
3	108 700
4	110 400
5	112 300

它们是不是成正比呢？y 与 x 没有比例关系，y 没法整除 x。那么有没有可能是 $y = a + bx$ 这样的线性相关关系呢？我们可以先在二维坐标系里来看一下 x 与 y 的关系，如图 8-1 所示。

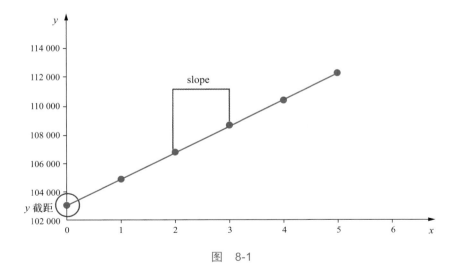

图　8-1

当我们用 6 个点在坐标系里标注工作年限从 0 到 5 的年薪后，我们发现把这 6 个点连起来，基本上就成了一条直线。因此，假设存在 $y = a + bx$ 是合理的。

既然是一条直线，又有现成的 $x = 0$ 的情况 103 100 $= a + b \times 0$，我们可以直接得出 $a =$ 103 100，将其代入 104 900 $=$ 103 100 $+ b$，得出 $b =$ 1800。

a 和 b 的值代入 $x =$ 1、2、3、4、5 这几项，发现结果与真实值不完全一样，但真实值和预测值的差别不大，只有 0.1% ~ 0.2% 的差距。那么我们将 $x = 6$ 代入 $y =$ 103 100 $+$ 1800 $\times x$，得出 $y =$ 113 900 ，虽然它和实际的 114 200 并不完全一样，但差距也不到 0.3%。

8.1.2　综合利用训练数据，拟合线性回归函数

8.1.1 节中获得 a、b 参数取值的方法很直接，但并不具备通用性，原因如下。

❑ 不是所有的数据都会提供 $x = 0$ 的情况，让我们直接得到 a 的取值。

❑ 获取 a 和 b 都只用到一个数据，这样做带有很大的偶然性，不仅浪费了多个数据综合求取参数的机会，而且很可能无法得到真正合理的结果。

既然我们认为 x 和 y 满足线性相关关系，那么线性函数:$y = a + bx$ 就是我们的模型函数，其中 y 也可以用 $f(x)$ 来表示。

我们要做的是综合利用所有的训练数据（工作年限为 0 ~ 5 的部分）求出 $y = a + bx$ 中常数 a 和 b 的值。

8.1.3　线性回归的目标函数

综合利用的原则是什么呢？我们要求出 a 和 b，使训练样本的 x 逐个代入后，得出的预测年薪 $y' = a + bx$ 与真实年薪 y 的差距最小，这个差距我们用 $(y' - y)^2$ 来表示。

怎么衡量这个整体差距呢？可以用下面的公式，我们把它叫作代价函数（cost function），其中 m 为样本的个数，本例中 m 的取值为 6：

$$J(a,b) = \frac{1}{2m} \sum_{i=1}^{m} (y'^{(1)} - y^{(i)})^2 = \frac{1}{2m} \sum_{i=1}^{m} (a + bx^{(1)} - y^{(i)})^2$$

在模型函数 $y = a + bx$ 中，a 和 b 是常量参数，x 是自变量，y 是因变量。$J(a, b)$ 中，$x^{(i)}$ 和 $y^{(i)}$ 是常量参数（也就是 m 个样本各自的 x 和 y 值），而 a 和 b 成了自变量，$J(a, b)$ 是

因变量。能够让因变量 $J(a, b)$ 取值最小的自变量 a 和 b，就是最好的 a 和 b。我们要做的就是找到最好的 a 和 b。

但是在讲如何求解 a 和 b 之前，我们先要特别强调一个概念——线性。

8.1.4　线性 = 直线?

很多人简单地认为"线性回归模型的输入数据和预测结果遵循一条直线的关系"。

确实，从 8.1 节的例子来看，x 和 y 的关系的确拟合成了一条直线，如图 8-2 所示。

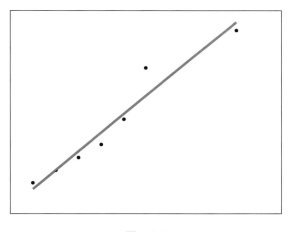

图　8-2

大家回顾一下初中数学，在我们刚学坐标系的时候，学习的就是如何在直角坐标系里构造一条直线：$y = a + bx$。

也难怪有同学常常把线性回归片面地理解成自变量（特征 x）和因变量（结果 y）的关系是一条直线。

事实上，线性回归模型是指利用线性函数对标量或向量（x 或 $\begin{bmatrix} x_1 \\ x_2 \\ \vdots \\ x_k \end{bmatrix}$）形式的自变量和因变量（$y$）之间的关系进行拟合的模型。也就是说，线性回归模型构建成功后，这个模型可以用线性函数的形式表示。

线性函数的定义是：一阶（或更低阶）多项式或零多项式。当线性函数的自变量为一元时，$y = f(x)$。$f(x)$ 的函数形式有如下 3 种。

❑ $f(x) = a + bx$ （a 和 b 为常数，且 $b \neq 0$），这是一阶多项式。

❑ $f(x) = c$ （c 为常数，且 $c \neq 0$），这是零阶多项式。

❑ $f(x) = 0$，这是零多项式。

如果自变量为多元，则函数可以表示为：

$$y = f\left(\begin{bmatrix} x_1 \\ x_2 \\ \vdots \\ x_k \end{bmatrix}\right) = f(x_1, x_2, \cdots, x_k) = a + b_1 x_1 + b_2 x_2 + \cdots + b_k x_k$$

也就是说，只有当训练数据集的特征是一维的时候，线性回归模型才可能在直角坐标系中展示，其形式是一条直线。

换言之，在直角坐标系中，除了平行于 y 轴的那些直线，所有的直线都可以对应一个一维特征（自变量）的线性回归模型（一元多项式函数）。但如果样本特征本身是多维的，则最终的线性模型函数是一个多维空间内的多项式（一阶、零阶、零）。

总结一下，特征是一维的，线性模型在二维空间中构成一条直线；特征是二维的，线性模型在三维空间中构成一个平面；若特征是三维的，则最终模型在四维空间中构成一个三维体，以此类推。

8.1.5　用线性回归模型拟合非线性关系

在输入特征只有一个的情况下，是不是只能在二维空间拟合直线呢？其实也不一定。

线性模型并非完全不可能拟合自变量和因变量之间的非线性关系。也许你会觉得有点矛盾，但其实这是一个操作问题。

比如，有一些样本只有一个特征，我们把特征和结果作图后发现，是图 8-3 这个样子的。特征和结果的关系走势不是直线，更像二阶曲线。

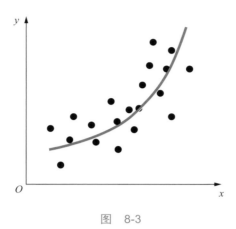

图　8-3

这个时候我们完全可以把特征从一个"变成"两个。设 $\boldsymbol{X} = \begin{bmatrix} x_1 \\ x_2 \end{bmatrix}$，其中 $x_1 = x^2$，$x_2 = x$，于是有：

$$f(x_1, x_2) = a + b_1 x^2 + b_2 x = a + b_1 x_1 + b_2 x_2$$

这就相当于拟合了一条二阶多项式对应的曲线。

再设 $\boldsymbol{B} = \begin{bmatrix} b_1 \\ b_2 \end{bmatrix}$，则：

$$f(\boldsymbol{X}) = a + \boldsymbol{B}^{\mathrm{T}} \boldsymbol{X}$$

这样一来，我们只需要在二维向量空间里训练 $f(\boldsymbol{X}) = a + \boldsymbol{B}^{\mathrm{T}} \boldsymbol{X}$ 就可以了。

当然，这种操作也不限于在一维到二维之间的转换，一维也可以转为三维、四维、n 维；或者原本的 k 维也可以将每一维求平方后作为新特征引入，转为 $2k$ 维，按需操作就好。

8.2　梯度下降法求解目标函数

在上一节中，我们解释了线性。在本节中，我们回到求解线性回归目标函数的问题上。已知线性回归的目标函数为：

$$J(a, b) = \frac{1}{2m} \sum_{i=1}^{m} (a + b x^{(i)} - y^{(i)})^2$$

$J(a, b)$ 是一个二元函数。我们要求的是：参数 a 和 b 的值。要满足的条件是：a 和 b 取这个值的时候，$J(a, b)$ 的值达到最小。

8.2.1 确定目标函数的凸性

要想找到目标函数值域区间内使因变量最小的自变量，首先就要找到最小的因变量，也就是全局最小值。要求这个最小值，首先要确定它是存在的。对于任意函数而言，我们在它的特定有限值域区间内找到一个局部极小值是没问题的，但是这个局部极小值是否就是全局的最小值呢？不一定！

我们知道，凸函数是有最小值的，且凸函数的任何极小值也是最小值。如果 $J(a, b)$ 是凸函数，那么在理论上可以确认它存在最小值。

如何证明一个函数是凸函数呢？

根据 7.2 节的定义，凸函数是具有如下特性的一个定义：在某个向量空间的凸子集 C（区间）上的实值函数 f，对其定义域 C 上的任意两点 x_1、x_2，总有 $f\left(\dfrac{x_1 + x_2}{2}\right) \leqslant \dfrac{f(x_1) + f(x_2)}{2}$。

也就是说，如果能够证明下列式子成立，那么也就能够证明 $J(a, b)$ 是凸函数，存在最小值：

$$J\left(\frac{a_1 + a_2}{2}, \frac{b_1 + b_2}{2}\right) \leqslant \frac{J(a_1, b_1) + J(a_2, b_2)}{2}$$

那还等什么，这就算起来吧：

$$\frac{J(a_1, b_1) + J(a_2, b_2)}{2}$$

$$= \frac{1}{4m} \sum_{i=1}^{m} (y^{(i)} - (a_1 + b_1 x^{(i)}))^2 + (y^{(i)} - (a_2 + b_2 x^{(i)}))^2$$

$$= \frac{1}{4m} \sum_{i=1}^{m} 2y^{(i)2} - 2(a_1 + b_1 x^{(i)}) y^{(i)} + (a_1 + b_1 x^{(i)})^2 - 2(a_2 + b_2 x^{(i)}) y^{(i)} + (a_2 + b_2 x^{(i)})^2$$

$$= \frac{1}{2m} \sum_{i=1}^{m} y^{(i)2} - (a_1 + a_2) y^{(i)} - (b_1 + b_2) x^{(i)} y^{(i)} + \frac{1}{2} ((a_1 + b_1 x^{(i)})^2 + (a_2 + b_2 x^{(i)})^2)$$

$$J(\frac{a_1 + a_2}{2}, \frac{b_1 + b_2}{2})$$

$$= \frac{1}{2m} \sum_{i=1}^{m} (y^{(i)} - (\frac{a_1 + a_2}{2} + \frac{b_1 + b_2}{2} x^{(i)}))^2$$

$$= \frac{1}{2m} \sum_{i=1}^{m} (y^{(i)} - \frac{1}{2}((a_1 + a_2) + (b_1 + b_2)x^{(i)}))^2$$

$$= \frac{1}{2m} \sum_{i=1}^{m} y^{(i)^2} - (a_1 + a_2)y^{(i)} - (b_1 + b_2)x^{(i)}y^{(i)} + \frac{1}{4}((a_1 + a_2) + (b_1 + b_2)x^{(i)})^2$$

$$\frac{J(a_1, b_1) + J(a_2, b_2)}{2} - J(\frac{a_1 + a_2}{2}, \frac{b_1 + b_2}{2})$$

$$= \frac{1}{2m} \sum_{i=1}^{m} \frac{1}{2}((a_1 + b_1 x^{(i)})^2 + (a_2 + b_2 x^{(i)})^2) - \frac{1}{4}((a_1 + a_2) + (b_1 + b_2)x^{(i)})^2$$

$$= \frac{1}{8m} \sum_{i=1}^{m} [2(a_1^2 + a_2^2) - (a_1 + a_2)^2] + [(4a_1 b_1 x^{(i)} + 4a_2 b_2 x^{(i)}) - 2(a_1 + a_2)(b_1 + b_2)x^{(i)}]$$

$$+ [2(b_1^2 + b_2^2)x^{(i)^2} - (b_1 + b_2)^2 x^{(i)^2}]$$

$$= \frac{1}{8m} \sum_{i=1}^{m} [a_1^2 + a_2^2 - 2a_1 a_2] + [2(a_1 b_1 + a_2 b_2)x^{(i)} - 2(a_1 b_2 + a_2 b_1)x^{(i)}] + [(b_1^2 + b_2^2 - 2b_1 b_2)x^{(i)^2}]$$

$$= \frac{1}{8m} \sum_{i=1}^{m} (a_1 - a_2)^2 + 2(a_1 - a_2)(b_1 - b_2)x^{(i)} + (b_1 - b_2)^2 x^{(i)^2}$$

$$= \frac{1}{8m} \sum_{i=1}^{m} [(a_1 - a_2) - (b_1 - b_2)x^{(i)}]^2$$

$$\geqslant 0$$

由此证明：$J(a, b)$ 是凸函数。

有了这样的理论依据，我们就可以放心地求解其最小值了。具体方法就是之前讲过的算法——梯度下降法。

8.2.2 斜率、导数和偏微分

前面我们讲过梯度下降法，其步骤总结起来就是：从任意点开始，在该点对目标函数求梯度，沿着梯度下降方向"走"一个给定步长，如此循环迭代，直至"走"到梯度为 0 的位置，此时达到极小值。

梯度怎么求呢？可微函数 f 在某点的梯度，就是 f 在该点上的偏导数为分量的向量。当 f 为一元可微函数时，该向量的维度只有一个。此时求梯度就是求那唯一一元导数。

导数表现的是函数 $f(x)$ 在 x 轴上某一点 x_0 处，沿着 x 轴正方向的变化趋势，记作 $f'(x_0)$。

在 x 轴上某一点处，如果 $f'(x_0) > 0$，说明 $f(x)$ 的函数值在 x_0 点沿 x 轴正方向是趋于增加的；如果 $f'(x_0) < 0$，说明 $f(x)$ 的函数值在 x_0 点沿 x 轴正方向是趋于减少的。

一元函数在某一点处沿 x 轴正方向的变化率称为导数。从图 8-4 中可以看到：曲线表示一个一元函数，曲线上某点的导数就是函数曲线在这个点处切线的斜率。

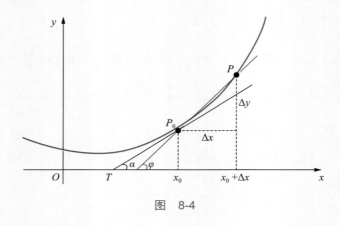

图　8-4

但如果是二元或更多元的函数（自变量的维度大于等于 2），则某一点处沿某一维度坐标轴正方向的变化率称为偏导数。

导数和偏导数表现的是变化率，而变化本身用另一个概念来表示，这个概念就是微分（对应偏导数，二元及以上函数有偏微分）。

（偏）导数是针对函数上的一个点而言的，是一个值。而（偏）微分则是一个函数，其中每个点表达的是原函数上各点沿着（偏）导数方向的变化。

直观而不严格地来说，（偏）微分就是沿着（偏）导数的方向产生了一个无穷小的增量。

想想我们的梯度下降算法，我们要做的不就是在一个个点上沿着导数方向或者其反方向向前走一小步吗？

当我们求出了一个函数的（偏）微分函数后，将某个变量代入其中，得出的（偏）微分函数对应的函数值，就是原函数在该点处对自变量求导的导数值。

所以，只要我们求出了目标函数的（偏）微分函数，那么目标函数自变量值域内每一点的导数值也就都可以求了。

这里需要说明一下，如果函数图像上某点的导数是正数，那么沿着此处导数的方向前进，自变量会增大，因变量会随之增大，于是我们就要沿着导数的反方向前进，即减小自变量的取值。反之，如果某点的导数是负数，则说明沿着导数方向走，函数值会减小。因此，我们要想达到函数因变量取值下降的目的，就要增大自变量的取值。

如何求一个函数的（偏）微分函数呢？只需要记住最基本的求导规则，函数（整体，而非在某点处）求导的结果就是微分函数了。

本书用到的仅仅是常用规则中最常用的几条。

- ❑ 常数的导数是零：$(c)' = 0$。
- ❑ x 的 n 次幂的导数是 x 的 $n–1$ 次幂的 n 倍：$(x^n)' = nx^{n-1}$。
- ❑ 对常数乘以函数求导，结果等于该常数乘以函数的导数：$(cf)' = cf'$。
- ❑ 两个函数 f 和 g 的和的导数为：$(f + g)' = f' + g'$。
- ❑ 两个函数 f 和 g 的积的导数为：$(fg)' = f'g + fg'$。

8.2.3　使用梯度下降法求解目标函数

对于 $J(a, b)$ 而言，有 a 和 b 两个参数。函数 J 对自变量 a 和 b 分别取偏微分的结果是：

$$\frac{\partial J(a, b)}{\partial a} = \frac{1}{m} \sum_{i=1}^{m} ((a + bx^{(i)}) - y^{(i)})$$

$$\frac{\partial J(a, b)}{\partial b} = \frac{1}{m} \sum_{i=1}^{m} x^{(i)} ((a + bx^{(i)}) - y^{(i)})$$

所以我们要做的事情具体如下。

(1) 给定 a 和 b 任意的初值：

$$a = 0, \quad b = 0$$

(2) 用梯度下降法求解 a 和 b，其伪代码如下：

```
repeat until convergence {
    a = a - a ∂J(a,b)/∂a

    b = b - a ∂J(a,b)/∂b
}
```

当下降的高度小于指定的阈值（近似收敛至最优结果）时，停止下降。

将伪代码中的式子进一步展开：

```
repeat until convergence {
    sumA = 0
    sumB + 0
    for i = 1 to m {
        sumA = sumA + (a + bx⁽ⁱ⁾) - y⁽ⁱ⁾)
        sumB = sumB + x⁽ⁱ⁾(a + bx⁽ⁱ⁾) - y⁽ⁱ⁾)
    }
    a = a - a sumA/m

    b = b - a sumB/m
}
```

8.2.4　通用线性回归模型的目标函数求解

$y = a + bx$ 是一个线性回归模型，这个没问题。不过反过来，线性回归模型只能是 $y = a + bx$ 的形式吗？当然不是。

$y = a + bx$ 又可以写作 $f(x) = a + bx$，实际上它是线性回归模型的一个特例——自变量只有一个维度的特例。在这个模型中，自变量 x 是一维向量，可写作 $[x]$。

通用的线性回归模型是接受 n 维自变量的，也就是说自变量可以写作 $\begin{bmatrix} x_1 \\ x_2 \\ \vdots \\ x_n \end{bmatrix}$ 的形式。于是，相应的模型函数写出来就是这样的：

$$f(x_1, x_2, \cdots, x_n) = a + b_1 x_1 + b_2 x_2 + \cdots + b_n x_n$$

　　这样写参数有点混乱，我们用 θ_0 来代替 a，用 θ_1 到 θ_n 来代替 b_1 到 b_n，并且设 $x_0 = 1$，那么写出来就是这样的：

$$f(x_0,\ x_1,\ x_2,\ \cdots,\ x_n) = \theta_0 x_0 + \theta_1 x_1 + \theta_2 x_2 + \cdots + \theta_n x_n$$

对应的 n 维自变量的线性回归模型对应的目标函数就是：

$$J(\theta_0,\ \theta_1,\ \cdots,\ \theta_n) = \frac{1}{2m}\sum_{i=1}^{m}(y'^{(i)} - y^{(i)})^2 = \frac{1}{2m}\sum_{i=1}^{m}(\theta_0 + \theta_1 x_1^{(i)} + \theta_2 x_2^{(i)} + \cdots + \theta_n x_n^{(i)} - y^{(i)})^2$$

　　再设：

$$\boldsymbol{X} = \begin{bmatrix} x_0 \\ x_1 \\ x_2 \\ \vdots \\ x_n \end{bmatrix},\quad \boldsymbol{\Theta} = \begin{bmatrix} \theta_0 \\ \theta_1 \\ \theta_2 \\ \vdots \\ \theta_n \end{bmatrix}$$

　　然后将模型函数简写成：

$$f(\boldsymbol{X}) = \boldsymbol{\Theta}^{\mathrm{T}}\boldsymbol{X}$$

　　根据习惯，这里将 $f(\boldsymbol{X})$ 写作 $h(\boldsymbol{X})$，模型函数可写作：

$$h(\boldsymbol{X}) = \boldsymbol{\Theta}^{\mathrm{T}}\boldsymbol{X}$$

　　相应的目标函数就是：

$$J(\boldsymbol{\Theta}) = \frac{1}{2m}\sum_{i=1}^{m}(h_\theta(X^{(i)}) - y^{(i)})^2$$

　　同样应用梯度下降法，实现的过程是：

```
repeat until convergence{
```
$$\boldsymbol{\Theta} = \boldsymbol{\Theta} - \alpha\frac{\partial J(\boldsymbol{\Theta})}{\partial \boldsymbol{\Theta}}$$
```
}
```

　　将其细化为针对 θ_j 的形式，就是：

```
repeat until convergence{
    for j = 1 to n{
        sumj = 0
        for i = 1 to m{
            sum_j = sum_j + (θ_0 + θ_1x_1^(i) + θ_2x_2^(i) + ⋯ + θ_nx_n^(i) − y^(i))x_j^(i)
        }
        θ_j = θ_j − α (sum_j / m)
    }
}
```

这就是梯度下降法的通用形式。

8.2.5 线性回归的超参数

作为一个线性回归模型，本身的参数是 Θ。在开始训练之前，Θ（无论是多少维）的具体取值未知，训练过程就是求解 Θ 中各维度数值的过程。

当我们使用梯度下降法求解时，梯度下降法中的步长参数 α 就是训练线性回归模型的超参数。

训练程序通过梯度下降法的计算，自动求出了 Θ 的值。而 α 却是无法求解的，必须人工指定。反之，如果没有指定 α，梯度下降运算则根本无法进行。

对于线性回归而言，只要用到梯度下降法，就会有步长超参数 α。如果训练结果偏差较大，可以尝试调小步长；如果模型质量不错但是训练效率太低，可以适当放大步长。此外，我们也可以尝试使用动态步长：开始步长较大，随着梯度的缩小，步长同样缩小。

如果训练程序是通过人工指定迭代次数来确定退出条件，则迭代次数也是一个超参数。如果训练程序以模型结果与真实结果的整体差值小于某一个阈值为退出条件，则这个阈值就是超参数。

在模型类型和训练数据确定的情况下，超参数的设置成了影响模型最终质量的关键。一个模型往往会涉及多个超参数，如何制定策略在最少尝试的情况下让所有超参数设置的结果达到最佳，是一个在实践中非常重要又没有"银弹"的问题。

在实际应用中，能够在调参方面有章法，而不是乱试一气，有赖于大家对于模型原理和数据的掌握。

8.3 编写线性回归训练 / 预测程序

如果我们要用代码实现线性回归程序，应该怎样做呢？当然，你可以按照上面的描述，自己从头用代码实现一遍。

但其实不必，我们已经有很多现成的方法库可以直接调用了，最常见的是 sklearn 库。

下面的例子就对应本章最开始的经验和年薪的问题。我们用前 7 个数据作为训练集，后面 4 个作为测试集，来看看结果：

```
import matplotlib.pyplot as plt
import numpy as np
from sklearn import datasets, linear_model
from sklearn.metrics import mean_squared_error, r2_score

experiences = np.array([0,1,2,3,4,5,6,7,8,9,10])
salaries = np.array([103100, 104900, 106800, 108700, 110400, 112300,
    114200, 116100, 117800, 119700, 121600])

# 将特征数据集分为训练集和测试集，除了最后 4 个作为测试用例，其他都用于训练
X_train = experiences[:7]
X_train = X_train.reshape(-1,1)
X_test = experiences[7:]
X_test = X_test.reshape(-1,1)

# 把目标数据（特征对应的真实值）也分为训练集和测试集
y_train = salaries[:7]
y_test = salaries[7:]

# 创建线性回归模型
regr = linear_model.LinearRegression()

# 用训练集训练模型
regr.fit(X_train, y_train)

# 用训练得出的模型进行预测
diabetes_y_pred = regr.predict(X_test)

# 将测试结果以图标的方式显示出来
plt.scatter(X_test, y_test, color='black')
plt.plot(X_test, diabetes_y_pred, color='blue', linewidth=3)

plt.xticks(())
plt.yticks(())

plt.show()
```

最终的结果如图 8-5 所示。

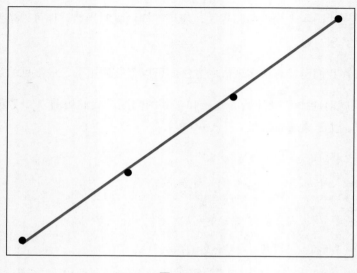

图　8-5

第 9 章

朴素贝叶斯分类器

在第 8 章中,我们介绍了一个回归模型,现在来介绍一个分类模型:朴素贝叶斯分类器。

9.1　分类与回归

分类模型与回归模型(如图 9-1 所示)最根本的不同在于前者是预测一个标签(类型、类别),后者则是预测一个数值。

分类模型

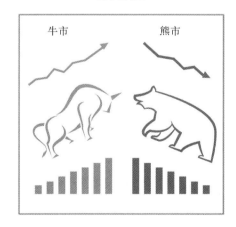

回归模型

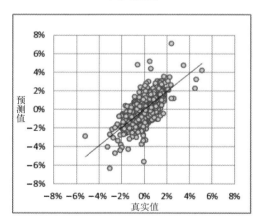

图　9-1

换一个角度来看,分类模型输出的预测值是离散值,而回归模型输出的预测值是连续值。也就是说,给模型输入一个样本,回归模型给出的预测结果是在某个值域(一般是实数域或其子集)上的任意值,而分类模型则是给出特定的某几个离散值之一。

9.2 贝叶斯定理

在介绍模型之前，我们先来看看概率统计中一个非常重要的定理：贝叶斯定理。贝叶斯定理是关于随机事件 A 和 B 的条件概率和边缘概率的定理。

9.2.1 贝叶斯公式

在事件 A 已经发生的条件下，贝叶斯公式可用来寻找导致 A 发生的各种原因 B 的概率。贝叶斯公式本身一目了然：

$$P(A \mid B) = \frac{P(B \mid A)P(A)}{P(B)}$$

用语言解释就是：在 B 出现的前提下 A 出现的概率，等于以 A 为前提 B 出现的概率与 A 出现概率的面积除以 B 出现的概率。换句话说，就是后验概率和先验概率的关系。

下面举例说明一下。

> **例子 1**
>
> 假设目前的全集是一个小学的一年级学生。这个小学一年级共有 100 人，其中男生有 30 人。穿白袜子的人共有 20 个，这 20 个人中，有 5 个是男生。那么请问，男生穿白袜子的概率是多少？

一共 30 个男生，5 个穿白袜子，男生穿白袜子的概率是 5/30=1/6 啊。用得着贝叶斯公式吗？

如果我已经把人数都告诉你了，当然没必要算先验概率和后验概率。如果不告诉你人数，这个例子就变为下面这样。

> 在一年级学生中，男生的出现概率是 0.3，穿白袜子的人出现的概率是 0.2，穿白袜子的人是男生这件事出现的概率是 0.25。请问，一个人是男生又穿白袜子的出现概率是多少？

需要说明的是，这里用 A 指代"穿白袜子"，B 指代"是男生"，此时就该贝叶斯公式出场啦：

$$P(A \mid B) = \frac{P(B \mid A)P(A)}{P(B)} = \frac{0.25 \times 0.2}{0.3} = \frac{1}{6}$$

如果你问我，明明都知道人数了，为什么还要绕弯去算概率？我们把场景转换为某个大饭店的门口，来看另一个例子。

例子 2

所有来吃饭的客人中，会有 10% 的人喝酒；

所有客人中，会有 20% 的人驾车前来；

开车来的客人中，会有 5% 喝酒；

那么请问，在这个饭店喝过酒的人里，仍然会开车的比例是多少？

我们根据以往数据可以计算出：

$$P(A \mid B) = \frac{P(B \mid A)P(A)}{P(B)} = \frac{5\% \times 20\%}{10\%} = 10\%$$

9.2.2 常见的贝叶斯公式

更常见的情况是，假设事件 A 本身又包含多种可能性，即 A 是一个集合：$A = \{A_1, A_2, \cdots, A_n\}$，那么对于集合中任意的 A_i，贝叶斯定理可用下式表示：

$$P(A_i \mid B) = \frac{P(B \mid A_i)P(A_i)}{\sum_j P(B \mid A_j)P(A_j)}$$

它和之前的简化版公式：

$$P(A \mid B) = \frac{P(B \mid A)P(A)}{P(B)}$$

在使用上有什么区别呢？

例子 3

某人工智能公司招聘工程师，来了 8 名应聘者。这 8 个人里，有 5 个人是 985 院校的毕业生，另外 3 个人不是。

面试官拿出一道算法题考他们。根据以前的面试经验，面试官知道：985 院校的毕业生做对这道题的概率是 80%，非 985 院校的毕业生做对的概率只有 30%。

现在，面试官从 8 个人里随手指了小甲，让他出来做题。结果小甲做对了，那么请问，小甲是 985 院校的毕业生的概率有多大？

我们来分析一下，在这道题中，小甲的毕业院校有两种可能，也就是 $A = \{A_1, A_2\}$，A_1 表示被选中的人是 985 院校毕业的，A_2 表示被选中的人不是 985 院校毕业的。我们用 B 表示被选中的人做对了面试题，可以知道：

$$P(A_1) = \frac{5}{8}$$

$$P(A_2) = \frac{3}{8}$$

$$P(B \mid A_1) = 80\% = \frac{4}{5} \quad (\text{985 院校的毕业生做对该道面试题的先验概率})$$

$$P(B \mid A_2) = 30\% = \frac{3}{10} \quad (\text{非 985 院校的毕业生做对该道面试题的先验概率})$$

因此有：

$$P(A_1 \mid B) = \frac{P(B \mid A_1)P(A_1)}{\sum_j P(B \mid A_j)P(A_j)} = \frac{\frac{4}{5} \times \frac{5}{8}}{\frac{4}{5} \times \frac{5}{8} + \frac{3}{10} \times \frac{3}{8}} = \frac{40}{49} \approx 0.8163$$

所以，小甲是 985 院校毕业的概率是 81.63%。

注意

在上面的几个例子中，先验事件、后验事件的概率都是离散的。

事实上，贝叶斯定理一样可以应用于连续概率的情况。假设上面事件的概率不是一个确定值，而是一个分布函数，那么也是一样的。只不过求和部分变为对应函数的积分而已。

连续概率的贝叶斯定理的公式化表达为（下面所说的 A 和 B 对应之前贝叶斯公式中的 A 与 B）：

$$f(x \mid y) = \frac{f(y \mid x)f(x)}{\int_{-\infty}^{\infty} f(y \mid x)f(x)\mathrm{d}x}$$

其中，$f(x \mid y)$ 是给定 $B = y$ 时 A 的后验分布，对应地，$f(y \mid x)$ 是给定 $A = x$ 时 B 的后验分布，$f(x)$ 则是 A 的先验分布概率函数。

9.3 用朴素贝叶斯算法进行分类

朴素贝叶斯既可以是一种算法——朴素贝叶斯算法，也可以是一种模型——朴素贝叶斯分类模型（分类器）。

9.3.1 朴素贝叶斯算法

首先，我们来看作为算法的朴素贝叶斯，它可以直接利用贝叶斯定理来实现。先来看简洁版的贝叶斯定公式：

$$P(A \mid B) = \frac{P(B \mid A)P(A)}{P(B)}$$

在之前的几个例子中，为了便于理解，当 B 作为 A 的条件出现时，我们假定它总共只有一个特征。但在实际应用中，很少有一件事只受一个特征的影响，往往影响一件事的因素有多个。假设影响 B 的因素有 n 个，分别是 b_1，b_2，$\cdots$，b_n，则 $P(A \mid B)$ 可以写为：

$$P(A \mid b_1, b_2, \cdots, b_n) = \frac{P(A)P(b_1, b_2, \cdots, b_n \mid A)}{P(b_1, b_2, \cdots, b_n)}$$

A 的先验概率 $P(A)$ 和多个因素的联合概率 $P(b_1, b_2, \cdots, b_n)$ 都是可以单独计算的，与 A 和 b_i 之间的关系无关，因此这两项都可以被看作常数。

要求解 $P(A \mid b_1, b_2, \cdots, b_n)$，最关键的是 $P(b_1, b_2, \cdots, b_n \mid A)$。根据链式法则可得：

$$P(b_1, b_2, \cdots, b_n \mid A) = P(b_1 \mid A)P(b_2 \mid A, b_1)P(b_3 \mid A, b_1, b_2) \cdots P(b_n \mid A, b_1, b_2, \cdots, b_{n-1})$$

上面的求解过程看起来好复杂，但是如果 $b_1, b_2, \cdots, b_n$ 这些特征所对应的随机变量两两独立，也就是说每个特征 b_i 与其他特征不相关，那么当 $i \neq j$ 时，有 $P(b_i \mid A, b_j) = P(b_i \mid A)$，即无关条件被排除到条件概率之外。因此，当 $b_1, b_2, \cdots, b_n$ 中的每个特征与其他 $n-1$ 个特征都不相关时，就有：

$$P(A \mid b_1, b_2, \cdots, b_n) = \frac{1}{Z} P(A) \prod_{i=1}^{n} P(b_i \mid A)$$

注意，此处的 Z 对应 $P(b_1, b_2, \cdots, b_n)$。

9.3.2　一款极简单的朴素贝叶斯分类器

前面的 b_1 到 b_n 是特征（feature），而 A 是最终的类别（class），这里我们换一个写法：

$$P(C \mid F_1, F_2, \cdots, F_n) = \frac{1}{Z} P(C) \prod_{i=1}^{n} P(F_i \mid C)$$

其中，F_i 表示样本的第 i 个特征，C 为类别标签，这个公式也就是我们的朴素贝叶斯分类器的模型函数！

用它来做预测时是这样的。

(1) 有一个朴素贝叶斯分类模型，它能够区分出 k 个类 $\{c_1, c_2, \cdots, c_k\}$，用来分类的特征有 n 个：$\{F_1, F_2, \cdots, F_n\}$。

(2) 现在有一个样本 s，我们要用朴素贝叶斯分类模型对它做预测，则需要先提取这个样本的所有特征值 f_1 到 f_n，将其代入下式中进行 k 次运算：

$$P(C = c_j) \prod_{i=1}^{n} P(F_i = f_i \mid C = c_j)$$

(3) 比较这 k 次的结果，选出运算结果达到最大值的那个 $c_j (j = 1, 2, \cdots, k)$，这个 c_j 对应的类别就是预测值。

假设当前有一个模型，它总共只有两个类别：c_1 和 c_2。有 3 个特征：F_1、F_2 和 F_3。F_1 有两个可能的取值：f_{11} 和 f_{12}。F_2 有 3 个可能的取值：f_{21}、f_{22} 和 f_{23}。F_3 也有两个可能的取值：f_{31} 和 f_{32}。

那么对于这个模型，我们要做的就是通过计算获得下面这些值：

$$P(C = c_1)$$
$$P(C = c_2)$$
$$P(F_1 = f_{11} \mid C = c_1)$$
$$P(F_1 = f_{12} \mid C = c_1)$$
$$P(F_2 = f_{21} \mid C = c_1)$$
$$P(F_2 = f_{22} \mid C = c_1)$$
$$P(F_2 = f_{23} \mid C = c_1)$$
$$P(F_3 = f_{31} \mid C = c_1)$$
$$P(F_3 = f_{32} \mid C = c_1)$$
$$P(F_1 = f_{11} \mid C = c_2)$$
$$P(F_1 = f_{12} \mid C = c_2)$$
$$P(F_2 = f_{21} \mid C = c_2)$$
$$P(F_2 = f_{22} \mid C = c_2)$$
$$P(F_2 = f_{23} \mid C = c_2)$$
$$P(F_3 = f_{31} \mid C = c_2)$$
$$P(F_3 = f_{32} \mid C = c_2)$$

把这些概率值都算出来以后，就可以做预测了。

比如我们有一个需要预测的样本 x，它的特征值分别是 f_{11}、f_{22} 和 f_{31}，那么样本 x 被分为 c_1 的概率是：

$$P(C = c_1 \mid x) = P(C = c_1 \mid F_1 = f_{11}, F_2 = f_{22}, F_3 = f_{31}) \propto P(C = c_1)P(F_1 = f_{11} \mid C = c_1)$$
$$P(F_2 = f_{22} \mid C = c_1)P(F_3 = f_{31} \mid C = c_1)$$

样本 X 被分为 c_2 的概率是：

$$P(C = c_2 \mid x) = P(C = c_2 \mid F_1 = f_{11}, F_2 = f_{22}, F_3 = f_{31}) \propto P(C = c_2)P(F_1 = f_{11} \mid C = c_2)$$
$$P(F_2 = f_{22} \mid C = c_2)P(F_3 = f_{31} \mid C = c_2)$$

两者都算出来以后，对比 $P(C = c_1 \mid x)$ 和 $P(C = c_2 \mid x)$ 谁更大，这个样本的预测值就是谁的对应类别。假设 $P(C = c_2 \mid x) > P(C = c_1 \mid x)$，则 x 的预测值为 c_2，这个样本被分类器分为 c_2。

如何得到上面那些先验概率和条件概率呢？通过在训练样本中做统计，就可以直接获得了！

现在让我们把上面那个抽象的例子具象化。

例子 4

假设有一家小公司招收机器学习工程师，为了在更广泛的范围内筛选人才，他们写了一个简单的分类器来筛选他们感兴趣的候选人。

这个分类器是朴素贝叶斯分类器，训练数据是现在公司里的机器学习工程师和之前来面试过这一职位没有被录取的人员的简历。全部数据集如表 9-1 所示。

表 9-1　数据集

编号	毕业学校是否是 985 院校	学历	技能	是否被录取
1	是	本科	C++	否
2	是	本科	Java	是
3	否	硕士	Java	是
4	否	硕士	C++	否
5	是	本科	Java	是
6	否	硕士	C++	否
7	是	硕士	Java	是
8	是	博士	C++	是
9	否	博士	Java	是
10	否	本科	Java	否

请问一位 985 硕士毕业生，掌握 C++ 技能，他经过分类器的筛选，是否会被预测为录取呢？

我们用符号与表格中的信息对应，可以有如下结果。对应符号的含义如下。

- ❏ c_1：被录取；c_2：不被录取。
- ❏ f_{11}：是 985 院校毕业的；f_{12}：不是 985 院校毕业的。
- ❏ f_{21}：本科；f_{22}：硕士；f_{23}：博士。
- ❏ f_{31}：技能为 C++；f_{32}：技能为 Java。

通过表 9-1 中的数据，可以得到：

$$P(C = c_1) = 0.6$$
$$P(C = c_2) = 0.4$$
$$P(F_1 = f_{11} \mid C = c_1) = 0.67$$
$$P(F_1 = f_{12} \mid C = c_1) = 0.33$$
$$P(F_2 = f_{21} \mid C = c_1) = 0.33$$
$$P(F_2 = f_{22} \mid C = c_1) = 0.33$$
$$P(F_2 = f_{23} \mid C = c_1) = 0.33$$
$$P(F_3 = f_{31} \mid C = c_1) = 0.17$$
$$P(F_3 = f_{32} \mid C = c_1) = 0.83$$
$$P(F_1 = f_{11} \mid C = c_2) = 0.25$$
$$P(F_1 = f_{12} \mid C = c_2) = 0.75$$
$$P(F_2 = f_{21} \mid C = c_2) = 0.5$$
$$P(F_2 = f_{22} \mid C = c_2) = 0.5$$
$$P(F_2 = f_{23} \mid C = c_2) = 0$$
$$P(F_3 = f_{31} \mid C = c_2) = 0.75$$
$$P(F_3 = f_{32} \mid C = c_2) = 0.25$$

假设该毕业生为样本 x，那么他的特征值为 f_{11}，f_{22}，f_{31}，则有：

$$P(C = c_1 \mid x) \propto P(C = c_1)P(F_1 = f_{11} \mid C = c_1)P(F_2 = f_{22} \mid C = c_1)P(F_3 = f_{31} \mid C = c_1)$$
$$= 0.6 \times 0.67 \times 0.33 \times 0.17 = 0.022$$
$$P(C = c_2 \mid x) \propto P(C = c_2)P(F_1 = f_{11} \mid C = c_2)P(F_2 = f_{22} \mid C = c_2)P(F_3 = f_{31} \mid C = c_2)$$
$$= 0.4 \times 0.25 \times 0.5 \times 0.75 = 0.038$$

可以得知 $P(C = c_2 \mid x) > P(C = c_1 \mid x)$，所以预测值为 c_2：不能被录取。

上面体现的思路是：在训练样本的基础上做一系列运算，然后用这些算出来的频率当作概率按朴素贝叶斯公式"拼装"成分类模型，就成了朴素贝叶斯分类器。

这也太简单了吧！朴素贝叶斯分类器的训练过程都不需要先从模型函数推导目标函数，再优化目标函数求代价最小的解吗？朴素贝叶斯公式就是朴素贝叶斯分类器的训练算法？

上述例子之所以简单，是因为我们简单地将频率当成了概率。但在现实应用中，这种方法往往不可行。因为这种方法实际上默认"未被观测到"的就是"出现概率为 0"的。这样做显然是不合理的。

比如，在上面的例子中，由于样本量太小，"博士"候选人只有两位，而且全部被录取。对于"未被录用"的情况而言，学历是博士的条件概率就变成了 0。这种情况使得学历是否是博士成了唯一决定因素，显然不合理。

虽然我们可以靠一些简单的变换（比如加一平滑法）来规避除以 0 的情况，但是这样做的"准确性"仍然非常不可靠。那么有没有更加精准的方法呢？当然有！

9.4 条件概率的参数

已知朴素贝叶斯公式：

$$P(C \mid F_1, F_2, \cdots, F_n) = \frac{1}{Z} P(C) \prod_{i=1}^{n} P(F_i \mid C)$$

其中，F_i 表示样本的第 i 个特征，C 为类别标签。$P(F_i \mid C)$ 表示样本被判定为类别 C 的前提下，第 i 个特征的条件概率。

之前，对于 $P(F_i \mid C)$，我们用频率来作为概率的估计，就如同 9.3 节那样。现在我们要采用另外一种方式，通过该特征在数据样本中的分布来计算该特征的条件概率。

首先明确一下各个符号的含义。

- D：训练集。
- D_c：训练集中最终分类结果为 c 的那部分样本的集合。
- $x_i^{(j)}$：第 j 个样本的第 i 个特征的特征值。
- m：D 中样本的个数。
- m_c：D_c 中样本的个数，一般 $m_c < m$。

下面我们假设：

❑ $P(x_i|c)$ 具有特定的形式，这个具体的形式是事先就已经认定的，不需要求取；
❑ $P(x_i|c)$ 被参数 $\theta_{c,i}$ 唯一确定。

我们现在所拥有的是：

❑ $P(x_i|c)$ 的形式；
❑ 数据集合 D，其中每个样本的第 i 个特征都符合上述假定。

我们要做的是：利用 D 求出 $\theta_{c,i}$ 的值。

这里举例说明一下，比如 $P(x_i|c)$ 符合高斯分布，则：

$$P(x_i|c) = \frac{1}{\sqrt{2\pi\sigma_{c,i}^2}}\exp(\frac{-(x_i-\mu_{c,i})^2}{2\sigma_{c,i}^2})$$

我们知道，高斯分布又名正态分布（在二维空间内形成钟形曲线），每一个高斯分布由两个参数——均值和方差（即上式中的 $\mu_{c,i}$ 和 $\sigma_{c,i}$）决定，也就是说 $\theta_{c,i}=(\mu_{c,i},\sigma_{c,i})$。

如果我们认定特征 x_i 具有高斯分布的形式，又知道了 $\mu_{c,i}$ 和 $\sigma_{c,i}$ 的取值，那么也就获得了对应的 x_i 的具体概率分布函数。

直接代入 x_i 的值计算相应条件概率，再进一步计算所有特征条件概率的积，就可以得出当前样本的后验概率了。

现在的问题在于，我们不知道 $\theta_{c,i}$ 的值，因此首先需要求出 $\mu_{c,i}$ 和 $\sigma_{c,i}$。

$\theta_{c,i}$ 是我们要以 D 为训练数据，通过训练过程得到的结果。这个训练过程要用到概率统计中参数估计的方法。

9.4.1 两个学派

统计学界有两个学派：频率学派和贝叶斯学派。这两个学派对于最基本的问题——世界的本质是什么样的——看法不同。

❑ 频率学派认为：世界是确定的，有一个本体，这个本体的真值不变。我们的目标就是要找到这个真值或真值所在的范围。具体到"求正态分布的参数值"问题，他们认为：这两个参数虽然未知，但是在客观上存在固定值，我们要做的是通过某种准则，根据观察数据（训练数据）把这些参数值确定下来。

□ 贝叶斯学派认为：世界是不确定的，本体没有确定真值，真值符合一个概率分布。我们的目标是找到最优的、可以用来描述本体的概率分布。具体到"求正态分布的参数值"问题，他们认为：这两个参数（均值和方差），本身也是变量，也符合某个分布。因此，可以假定参数服从一个先验分布，然后再基于观察数据（训练数据）来计算参数的后验分布。

这里我们讲的是朴素贝叶斯模型，那到了需要估计条件概率参数的时候，应该是用贝叶斯学派的方法吗？还真不是！

这里让我们来见识一下最常用的参数估计方法：频率学派的极大似然估计。

具体讲解之前，我们先梳理一下。我们正在学习的是朴素贝叶斯分类器，它是一个分类模型，它的模型函数是朴素贝叶斯公式——贝叶斯定理在所有特征全部独立情况下的特例。

贝叶斯定理的名称来自 18 世纪的英国数学家托马斯·贝叶斯（如图 9-2 所示），因为他证明了贝叶斯定理的一个特例。

图　9-2

还有一群自称"贝叶斯学派"的统计学家，他们认为世界是不确定的，这一点和他们的同行冤家"频率学派"正好相反。

在估计概率分布参数这件事情上，贝叶斯学派和频率学派各自有一套符合自身对世界设想的参数估计方法。在构造朴素贝叶斯分类器的过程中，当遇到需要求取特征的条件概率分布时，我们需要估计该特征对应的条件概率分布的参数。

这时，通常情况下，我们会选用频率学派的做法——极大似然估计法，下面要介绍的也就是这种方法。

9.4.2 极大似然估计法

参数估计的常用策略是：

(1) 假定样本特征具备某种特定的概率分布形式；
(2) 基于训练样本对特征的概率分布参数进行估计。

D_c 是训练集中所有被分类为 c 的样本的集合，其中样本数量为 m_c；每一个样本都有 n 个特征；每一个特征有一个对应的取值。我们将第 j 个样本的第 i 个特征值记作 $x_i^{(j)}$。

假设 $P(x_i|c)$ 符合某一种形式的分布，该分布被参数 $\theta_{c,i}$ 唯一确定。为了明确，我们把 $P(x_i|c)$ 写作 $P(x_i|\theta_{c,i})$。现在我们要做的是，利用 D_c 来估计参数 $\theta_{c,i}$。

现在我们要引入一个新的概念——似然，它指某种事件发生的可能性，和概率相似。

二者的区别在于：概率是在已知参数的情况下，预测后续观测所得到的结果；似然则正相反，用于参数未知但某些观测所得结果已知的情况下，对参数进行估计。

参数 $\theta_{c,i}$ 的似然函数记作 $L(\theta_{c,i})$，它表示了 D_c 中的 m_c 个样本 $x^{(1)}$, $x^{(2)}$, $\cdots$, $x^{(m_c)}$ 在第 i 个特征上的联合概率分布：

$$L(\theta_{c,i}) = \prod_{j=1}^{m_c} P(x_i^{(j)}|\theta_{c,i})$$

极大似然估计，就是去寻找让似然函数 $L(\theta_{c,i})$ 的取值达到最大的参数值的估计方法。

我们把让 $L(\theta_{c,i})$ 达到最大的参数值记作 $\theta_{c,i}^*$，则 $\theta_{c,i}^*$ 满足这样的情况：

(1) 将 $\theta_{c,i}^*$ 代入 $P(x_i|c)$ 的分布形式中，确定了唯一一个分布函数 $f(x)$（比如这个 $f(x)$ 是一个高斯函数，$\theta_{c,i}^*$ 对应的是它的均值和方差）；

(2) 将 D_c 中每一个样本的第 i 个特征的值代入 $f(x)$，得到的结果是区间 [0, 1] 上的一个概率值，将所有 m_c 个 $f(x)$ 的计算结果相乘，最后得出的结果是最大的。

说了这么多，我们到底要怎么求取 $\theta_{c,i}^*$ 呢？求取 $\theta_{c,i}^*$ 的过程，就是最大化 $L(\theta_{c,i})$ 的过程：

$$\theta_{c,i}^* = \mathrm{argmax}L(\theta_{c,i})$$

怎么才能最大化 $L(\theta_{c,i})$ 呢？

为了便于计算，我们对上式取对数，得到 $\theta_{c,i}$ 的对数似然：

$$LL(\theta_{c,i}) = \sum_{j=1}^{m_c}\log(P(x_i^{(j)} \mid \theta_{c,i}))$$

要知道，最大化一个似然函数同最大化它的自然对数是等价的。

因为自然对数 $\log$ [①] 是一个连续且在似然函数的值域内严格递增的上凸函数。所以我们可以参考前面线性回归目标函数的求解办法，对似然函数求导，然后在设定导函数为 0 的情况下，求取 $\theta_{c,i}$ 的最大值 $\theta_{c,i}^*$。

9.4.3 正态分布的极大似然估计

正态分布的公式和曲线如图 9-3 所示。

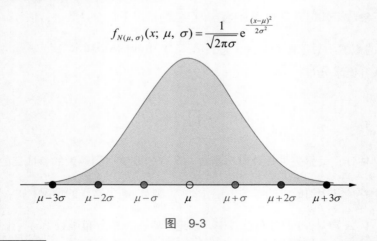

$$f_{N(\mu,\,\sigma)}(x;\,\mu,\,\sigma) = \frac{1}{\sqrt{2\pi}\sigma}e^{\frac{(x-\mu)^2}{2\sigma^2}}$$

图 9-3

① 自然对数是以常数 e 为底的对数，常表示为 lnx 或 logx。本书中我们采用机器学习中常用的表示方法 logx 来表示自然对数。

下面来看一个具体的例子。$P(x_i \mid c)$ 为正态分布，我们有：

$$LL(\theta_{c,i}) = LL(\mu_{c,i},\ \sigma_{c,i}^2) = \sum_{j=1}^{m_c} \log\left(\frac{1}{\sqrt{2\pi\sigma_{c,i}^2}} \exp\left(\frac{-(x_i^{(j)} - \mu_{c,i})^2}{2\sigma_{c,i}^2}\right)\right)$$

注意，这里我们把 $\sigma_{c,i}^2$ 看作一个独立参数，即：

$$\theta_{c,i} = (\mu_{c,i},\ \sigma_{c,i}^2)$$

我们先对 $\mu_{c,i}$ 求偏导：

$$\frac{\partial LL(\mu_{c,i},\ \sigma_{c,i}^2)}{\partial \mu_{c,i}} = \sum_{j=1}^{m_c}\left(\frac{x_i^{(j)} - \mu_{c,i}}{\sigma_{c,i}^2}\right)$$

令：$\dfrac{\partial LL(\mu_{c,i},\ \sigma_{c,i}^2)}{\partial \mu_{c,i}} = 0$

则：$\displaystyle\sum_{j=1}^{m_c}\left(\frac{x_i^{(j)} - \mu_{c,i}}{\sigma_{c,i}^2}\right) = 0$

有：$\mu_{c,i} = \dfrac{1}{m_c}\displaystyle\sum_{j=1}^{m_c}(x_i^{(j)})$

然后对 $\sigma_{c,i}$ 求偏导：

$$\frac{\partial LL(\mu_{c,i},\ \sigma_{c,i}^2)}{\partial \sigma_{c,i}^2} = \sum_{j=1}^{m_c}\left(\frac{-1}{2\sigma_{c,i}^2} + \frac{(x_i^{(j)} - \mu_{c,i})^2}{2\sigma_{c,i}^2\sigma_{c,i}^2}\right)$$

令：$\displaystyle\sum_{j=1}^{m_c}\left(\frac{-1}{2\sigma_{c,i}^2} + \frac{(x_i^{(j)} - \mu_{c,i})^2}{2\sigma_{c,i}^2\sigma_{c,i}^2}\right) = 0$

最后得出：

$$\sigma_{c,i}^2 = \frac{1}{m_c}\sum_{j=1}^{m_c}(x_i^{(j)} - \mu_{c,i})^2$$

这样我们就估算出了第 i 个特征正态分布的两个参数，第 i 个特征的具体分布也就确定下来了。

> **注意**
>
> 虽然此处用的是正态分布——一种连续分布，但是实际上离散特征分布一样可以用同样的方法来求，只不过把高斯分布公式改成其他的分布公式就好了。

估算出了每一个特征的 $\theta_{c,i}$ 之后，再将所有求出了具体参数的分布带回到朴素贝叶斯公式中，生成朴素贝叶斯分类器来做预测就好了。

9.4.4 用代码实现朴素贝叶斯模型

例子 4 用代码来实现，如下所示：

```python
import pandas as pd
import numpy as np
import time
from sklearn.model_selection import train_test_split
from sklearn.naive_bayes import GaussianNB

# 导入数据集
# 数据文件详见代码后面
data = pd.read_csv("career_data.csv")

# 将分类变量转换为数值型
data["985_cleaned"]=np.where(data["985"]=="Yes",1,0)
data["education_cleaned"]=np.where(data["education"]=="bachlor",1,
                            np.where(data["education"]=="master",2,
                                np.where(data["education"]=="phd",3,4)
                                )
                            )
data["skill_cleaned"]=np.where(data["skill"]=="c++",1,
                        np.where(data["skill"]=="java",2,3)
                        )
data["enrolled_cleaned"]=np.where(data["enrolled"]=="Yes",1,0)

# 将数据集分为训练集和测试集
X_train, X_test = train_test_split(data, test_size=0.1, random_state=int(time.
                    time()))

# 初始化分类器
gnb = GaussianNB()
used_features =[
    "985_cleaned",
    "education_cleaned",
    "skill_cleaned"
]
```

```
# 训练分类器
gnb.fit(
    X_train[used_features].values,
    X_train["enrolled_cleaned"]
)
y_pred = gnb.predict(X_test[used_features])

# 打印结果
print("Number of mislabeled points out of a total {} points : {},
    performance {:05.2f}%"
    .format(
        X_test.shape[0],
        (X_test["enrolled_cleaned"] != y_pred).sum(),
        100*(1-(X_test["enrolled_cleaned"] != y_pred).sum()/X_test.shape[0])
))
```

上面的代码以下面的 career_data.csv 文件为训练数据训练了一个朴素贝叶斯分类器:

```
no,985,education,skill,enrolled
1,Yes,bachlor,C++,No
2,Yes,bachlor,Java,Yes
3,No,master,Java,Yes
4,No,master,C++,No
5,Yes,bachlor,Java,Yes
6,No,master,C++,No
7,Yes,master,Java,Yes
8,Yes,phd,C++,Yes
9,No,phd,Java,Yes
10,No,bachlor,Java,No
```

接着将数据和脚本放在同一路径下, 运行脚本, 输出结果如下:

```
Number of mislabeled points out of a total 1 points : 0, performance 100.00%
```

第 10 章

逻辑回归

本章要讲的模型叫作逻辑回归。

逻辑回归是一种简单、高效的常用分类模型。你可能会疑惑，为什么名字叫作"回归"，却是一个分类模型？这个我们稍后再讲，先来看看逻辑回归本身。

逻辑回归的模型函数记作 $y = h(x)$，具体形式如下：

$$h_\theta(x) = \frac{1}{1 + e^{-\theta^T x}}$$

其一元自变量的形式为：

$$h(x) = \frac{1}{1 + e^{-(a+bx)}}$$

设 $z = a + bx$，则有：

$$h(z) = \frac{1}{1 + e^{-z}}$$

这样的一个函数被称为逻辑函数，它在二维坐标中的表现如图 10-1 所示。因为它表现为 S 形曲线，所以逻辑函数又被称为 Sigmoid 函数（S 函数）。

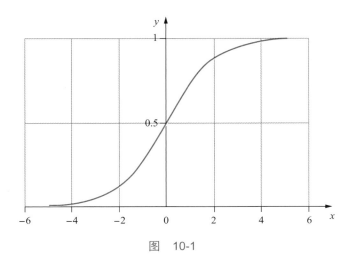

图 10-1

10.1 非线性逻辑回归函数的由来

Sigmoid 这样一个奇怪而别扭的形式到底是谁,因为什么想出来的呢?又是怎么想到用它来做分类的呢?罗马不是一天建成的,Sigmoid 函数也不是一天形成的。

说起来,逻辑回归的历史相当悠久,迄今大概已经有 200 年。它的前身在 18 世纪就出现了。18 世纪,随着工业革命的深入,世界经济、科技的发展,美洲的发现,以及随之而来的大移民和北美人口迅猛增长……各个学科对于统计学的工具性需求越来越强烈。

到了 19 世纪,为了研究人口增长以及化学催化反应与时间的关系,人们发明了逻辑函数。

10.1.1 指数增长

最初,学者们将人口或化合物数量与时间的函数定义为 $W(t)$,其中自变量 t 表示时间,$W(t)$ 表示人口或化合物数量。$W(t)$ 表示的是存量,则 $W(t)$ 对 t 求微分的结果 $W'(t)$ 就代表了人口或化合物的增长率,因此增长率函数为:

$$W'(t) = \frac{\mathrm{d}W(t)}{\mathrm{d}t}$$

最简单的假设是 $W'(t)$ 与 $W(t)$ 成正比,也就是 $W'(t) = bW(t)$。

我们知道,指数函数 $f(x) = e^x$ 的微分函数还是 e^x。因此,将指数函数很自然地引入其中,则有:

$$W(t) = ae^{bt}$$

注意

有时,a 也可以替换成初始值 $W(0)$。

$W(t)$ 在二维坐标中的表现大致如图 10-2 所示。

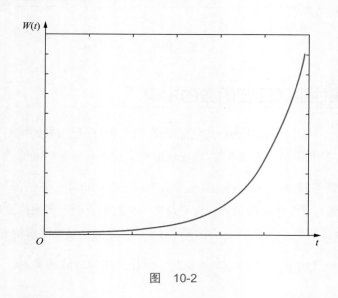

图　10-2

用 $W(t) = ae^{bt}$ 去为一个新生国家早期的人口增长建模,被证明可以有效描述那段时间内的人口增长状况。

马尔萨斯人口论中"在没有任何外界阻碍的情况下,人口将以几何级数增长"的说法,正是依据这样一个模型。

10.1.2　逻辑函数

19 世纪早期,开始有数学家、统计学家质疑 $W(t) = ae^{bt}$ 模型,因为任何事物如果真的按照几何级数任意增长下去,都会达到不可思议的数量。

但是根据我们的经验，在自然界中，并没有什么东西是在毫无休止地增长的。当一种东西的数量越来越多时，某种阻力也会越来越明显地抑制其增长。

比利时数学家 Verhulst 给出了一个新的模型：

$$W'(t) = bW(t) - g(W(t))$$

其中，$g(W(t))$ 是以 $W(t)$ 为自变量的函数，它代表随着总数增长出现的阻力。

Verhulst 实验了几种不同形式的阻力函数，当阻力函数表现为 $W(t)$ 的二次形式时，新模型显示出了它的逻辑性。

因此，新模型的形式可以表示为：

$$W'(t) = bW(t)(1 - \frac{W(t)}{L})$$

其中 L 表示 $W(t)$ 的上限。

我们设：

$$P(t) = \frac{W(t)}{L}$$

则有：

$$P'(t) = bP(t)(1 - P(t))$$

求解上式这个微分方程，得出：

$$P(t) = \frac{e^{(a+bt)}}{1 + e^{(a+bt)}}$$

也就是：

$$P(t) = \frac{1}{1 + e^{-(a+bt)}}$$

将 t 替换为 x，P 替换为 h 就是：

$$h(x) = \frac{1}{1 + e^{-(a+bx)}}$$

这也是逻辑函数，它在二维坐标中的形式如图 10-3 所示。

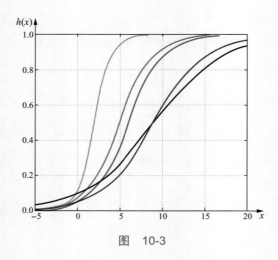

图 10-3

用逻辑函数来描述人口增长的情况，基本上就是起初阶段大致是指数增长，随着总量增加，逐渐趋于饱和，增长变慢，最后增长趋停。

请注意，逻辑函数表示的是存量随时间增长渐增的关系。而增长率与时间的关系，则是用前面讲过的存量（逻辑函数）的微分函数表示：

$$f(x) = h'(x) = b \frac{e^{-(a+bx)}}{(1+e^{-(a+bx)})^2}$$

$f(x)$ 又称逻辑分布函数，它在二维坐标中的形式如图 10-4 所示。

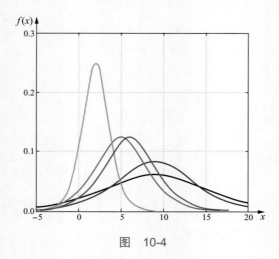

图 10-4

从图 10-4 中更容易看出增长率先变高后变低的规律。而且从形状上看，逻辑分布函数的曲线还有点像正态分布的倒钟形曲线。在实际应用中，逻辑分布在某些领域和场合曾经被用来作为正态分布的替代品。

图 10-3 和图 10-4 反映的都是 x 为一维的情况。当 x 为多维时，$a + bx$ 用两个向量相乘 $\theta^{\mathrm{T}} x$ 来表示，于是逻辑函数就有了如下形式：

$$h_\theta(x) = \frac{1}{1 + \mathrm{e}^{-\theta^{\mathrm{T}} x}}$$

10.1.3 追本溯源的理论学习

上面我们讲了逻辑回归函数的历史，一方面是为了让大家了解逻辑回归函数从最初的指数函数形式逐步发展到今天的历程，在追本溯源的过程中由简入繁地掌握函数的形式和意义；另一方面是以逻辑回归函数的形成作为实际案例来学习借助数学工具解决问题的方法。

(1) 将目标问题定义为一个函数。

(2) 选取最简单的假设作为函数的具体形式。

(3) 用事实数据验证该形式，确认有效后沿用，从而形成数学模型。

(4) 一旦当前采用的数学模型出现问题，则对其进行修正（添加修正项），同样借助事实数据来求取修正项的形式，形成新的（升级版）数学模型。

直接、简单、基于现有成果，这也是人类在现实中解决问题的各种有效方法的共同特征。"直接、简单"比较抽象，但"现有成果"却是看得见摸得着的。

对于我们现在面临的新问题，有些尚未找到理想的解决方案，它们最终的解决方案也必然遵循"直接、简单、基于现有成果"这个原则。虽然随着新技术的发展，新问题不断涌现，但技术发展的过程整体而言是把问题的"量"扩大化的过程。如果抽象层次更高一些，我们不难发现，这些问题其实和以往的问题有许多共性。其实，新问题不过是旧问题在新情况、新场景下的变形而已。

既然如此，那些已经在实践中证明对旧问题有效的方法、措施，也必然能够对解决新问题有所贡献。

还有，当一个方法应用到实践中后，在最初阶段有效是一种经验，随着经验的积累、研究者的深入探索，经验是有可能被提升为理论的。理论相对于经验，更加清晰、可描述、可解释，抽象层次更高，通用性更强，可以被应用到更广泛的领域。学习理论相对于学习经验具备更长久也更广泛的有效性。这也就是时至今日，我们还要学习几千年前的几何定理、几百年前的物理化学定律的缘故。

机器学习就是这样一套逐步形成理论的方法。相比而言，更新的深度学习还处在经验阶段。尽管从媒体传播的角度来看，深度学习是一个更热门的领域，机器学习似乎"过时了""没用了"，但在解决人们的实际问题上，机器学习的应用远比深度学习广泛、深入、可控。而且，机器学习是深度学习的基础，如果连最简单的机器学习模型都没有掌握，怎么可能了解深度神经网络的原理和运作？

如果不了解工具的原理，就拿来当黑盒使用，那么无论是什么工具，你对它的应用就变成了"按一下电钮"那么简单，你个人的价值又如何体现呢？

在此加入这样一节内容，是希望大家能够借助实例认识到理论学习的意义和作用，从而端正学习态度。

10.1.4 线性与非线性

对照我们之前讲过的线性函数的定义可知，逻辑函数是非线性函数。

自变量与因变量的线性关系和非线性关系，到底怎么理解呢？最直观地理解就是将自变量和因变量代入对应维度的坐标系中，在对应值"描点"，然后看看这些点组成的图形。

❏ 线性：二维坐标系中的直线，三维坐标系中的平面……
❏ 非线性：二维坐标系中的曲线（严格来讲，直线也是一种特殊的曲线，但为了方便，我们在此处用"曲"来指代"非直"。"非直"包括"弯曲"，也包括 ReLU 函数这种"一段段拼接的线段"），三维坐标系中的曲面……

换一个角度而言，线性关系表达的是一种相关性。根据线性关系，通过既往数据获知：不同的事物在多大程度上可能共同发生。以此为依据来判断未来在某些事物（自变量）发生后，另一些事物（因变量）是否会发生。

线性回归因其简单、容易理解、计算量低等特点，在现实中得到了广泛应用。基本上，任何事情都可以先做个线性回归，即使无法得出结论，也不会消耗太多资源。

但是，相关不等于因果。两件事会同时发生，并不是说它们之间就有因果关系。还有许许多多的情况无法用简单的相关来模型化。在这些情况下，线性模型往往无法揭示自变量和因变量的关系。

由于线性模型的明显局限，许多研究者把焦点转向了非线性模型。不过非线性模型对于计算量的需求远大于线性模型。对于资源的大量需求在一定程度上限制了非线性模型的应用。

有时候，一个问题用线性模型能够得到一个七八十分"尚且可用"的解决方案，应用非线性模型则能得到九十分甚至九十五分的优质解决方案。但后者耗费过于巨大，导致用户无法承受。用户很可能宁可选一个能用但"便宜"的方案去追求性价比，而不是追求高质量。

当然，随着计算机硬件、分布式系统和分布式计算的发展，运算能力也在飞速发展。相应地，非线性模型的应用场景也越来越多。不过质量和资源的矛盾总是存在的，这一点在我们处理实际问题的时候，总是需要考虑。

10.2 用来做分类的回归模型

现在我们回到逻辑回归模型本身。

10.2.1 逻辑回归的模型函数

从前面关于分类与回归的定义来看，分类模型和回归模型似乎是泾渭分明的。输出离散结果的用来做分类，而输出连续结果的用来做回归。

我们前面讲过线性回归的预测结果是一个连续值域上的任意值，而朴素贝叶斯分类模型的预测结果是一个离散值。但逻辑回归模型却是用来做分类的，它的模型函数为：

$$h_\theta(x) = \frac{1}{1 + e^{-\theta^T x}}$$

设 $z = \theta^T x$，则有：

$$h(z) = \frac{1}{1 + e^{-z}}$$

上式在二维坐标中形成 S 形曲线，如图 10-1 所示。

在图 10-1 中，z 是自变量（横轴），最终计算出的因变量是 y（纵轴），它是一个 [0, 1] 区间内的实数值。

一般而言，当 $y > 0.5$ 时，z 被归类为真（true）或阳性（positive），当 $y \leq 0.5$ 时，z 被归类为假（false）或阴性（negative）。

所以，在模型输出预测结果时，不必输出 y 的具体取值，而是根据上述判别标准输出 1（真）或 0（假）。因此，逻辑回归的典型应用是二分类问题。

> **注意**
>
> 当然，这并不是说逻辑回归模型不能处理多分类问题，它当然可以处理，具体方法稍后讲。

看到此处，大家是不是会有点担心，如果大量的输入得到的结果都在 $y = 0.5$ 附近，那岂不是很容易分错？说得极端一点，如果所有的输入数据得出的结果都在 $y = 0.5$ 附近，那岂不是没有什么分类意义了，和随机乱归类的结果差不多？

这样的担心其实是不必要的。此模型函数在 $y = 0.5$ 附近非常敏感，自变量取值稍有不同，因变量取值就会有很大差异，所以不用担心出现大量因细微特征差异而被归错类的情况，这也正是逻辑回归的"神奇"之处。

10.2.2 逻辑回归的目标函数

有了模型函数，再来看看逻辑回归的目标函数。

逻辑回归的模型函数 $h(x)$ 是我们要通过训练得出来的最终结果。在最开始的时候，我们不知道参数 θ 的取值，只是有若干 x 和与其对应的 y（训练集合）。训练逻辑回归模型的过程，就是求 θ 的过程。

首先，要设定一个目标，即希望最终得出的 θ 达到一个什么样的效果：我们当然希望得出来的这个 θ，能够让训练数据中被归为阳性的数据预测结果都为阳性，本来被分为阴性的预测结果都为阴性。

而从公式本身的角度来看，$h(x)$ 实际上是 x 为阳性的分布概率，所以才会在 $h(x) > 0.5$ 时将 x 归于阳性。也就是说，$h(x) = P(y=1)$。反之，样例是阴性的概率 $P(y=0) = 1 - h(x)$。

当我们把测试数据代入其中的时候，$P(y=1)$ 和 $P(y=0)$ 就有了先决条件，它们为训练数据的 x 所限定。因此：

$$P(y=1 \mid x) = h(x)$$
$$P(y=0 \mid x) = 1 - h(x)$$

根据二项分布公式，可得出 $P(y \mid x) = h(x)^y (1 - h(x))^{(1-y)}$。

假设我们的训练集一共有 m 个数据，那么这 m 个数据的联合概率就是：

$$L(\theta) = \prod_{i=1}^{m} P(y^{(i)} \mid x^{(i)}; \theta) = \prod_{i=1}^{m} (h_\theta(x^{(i)}))^{y^{(i)}} (1 - h_\theta(x^{(i)}))^{(1-y^{(i)})}$$

我们求取 θ 的结果，就是让这个 $L(\theta)$ 达到最大值。

还记得我们之前在朴素贝叶斯分类器中讲到的极大似然估计吗？其实此处逻辑回归目标函数的构建过程也是依据极大似然估计。$L(\theta)$ 就是逻辑回归模型的似然函数。我们要让它达到最大值，也就是对其进行"极大估计"。因此，求解逻辑回归目标函数的过程，就是对逻辑回归模型函数进行极大似然估计的过程。

为了便于计算，我们对它求对数，得到对数似然函数：

$$l(\theta) = \log(L(\theta)) = \sum_{i=1}^{m} [y^{(i)} \log(h_\theta(x^{(i)})) + (1 - y^{(i)}) \log(1 - h_\theta(x^{(i)}))]$$

我们要求出让 $l(\theta)$ 能够得到最大值的 θ。

其实，$l(\theta)$ 可以作为逻辑回归的目标函数。前面讲过，我们需要的目标函数是一个凸函数，具备最小值。因此设定 $J(\theta) = -l(\theta)$，即：

$$J(\theta) = -\log(L(\theta)) = -\sum_{i=1}^{m} [y^{(i)} \log(h_\theta(x^{(i)})) + (1 - y^{(i)}) \log(1 - h_\theta(x^{(i)}))]$$

这样求 $l(\theta)$ 的最大值就成了求 $J(\theta)$ 的最小值。$J(\theta)$ 又叫作负对数似然函数，它就是逻辑回归的目标函数。

我们已经得到了逻辑回归的目标函数 $J(\theta)$，并且优化目标是最小化它。如何求解 θ 呢？具体方法其实有很多。此处我们仍然运用之前已经学习过的、最常见、最基础的梯度下降算法。基本步骤如下：

(1) 通过对 $J(\theta)$ 求导获得下降方向 $J'(\theta)$；

(2) 根据预设的步长 α，更新参数 $\theta = \theta - \alpha J'(\theta)$；

(3) 重复以上两步直到逼近最优解，满足终止条件。

梯度下降法逐步接近极值的过程如图 10-5 所示。

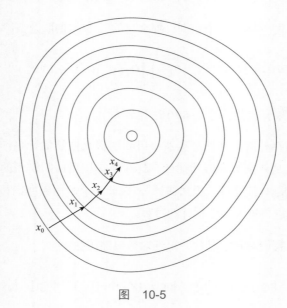

图　10-5

既然知道了方法，我们就来计算一下。已知 $J(\theta)$，先对 θ 求导：

$$\frac{\partial J(\theta)}{\partial \theta} = -\sum_{i=1}^{m}[y^{(i)}\frac{h_{\theta}{}'(x^{(i)})}{h_{\theta}(x^{(i)})} - (1-y^{(i)})\frac{h_{\theta}{}'(x^{(i)})}{(1-h_{\theta}(x^{(i)}))}] = \sum_{i=1}^{m}[(-y^{(i)})\frac{h_{\theta}{}'(x^{(i)})}{h_{\theta}(x^{(i)})} + (1-y^{(i)})\frac{h_{\theta}{}'(x^{(i)})}{(1-h_{\theta}(x^{(i)}))}]$$

因为有：

$$h'(z) = \frac{d(\frac{1}{1+e^{-z}})}{dz} = -(\frac{-e^{-z}}{(1+e^{-z})^2}) = \frac{e^{-z}}{1+e^{-z}} \times \frac{1}{1+e^{-z}} = (1-\frac{1}{1+e^{-z}})(\frac{1}{1+e^{-z}}) = h(z)(1-h(z))$$

同时运用链式法则，有：

$$\frac{\partial h_\theta(x)}{\partial \theta} = \frac{\partial h_\theta(x)}{\partial (\theta x)}x = h_\theta(x)(1-h_\theta(x))x$$

将上式代入上面的 $J(\theta)$ 求导式子里，有：

$$\frac{\partial J(\theta)}{\partial \theta} = \sum_{i=1}^{m}[(-y^{(i)})\frac{h_\theta(x^{(i)})(1-h_\theta(x^{(i)}))x^{(i)}}{h_\theta(x^{(i)})} + (1-y^{(i)})\frac{h_\theta(x^{(i)})(1-h_\theta(x^{(i)}))x^{(i)}}{(1-h_\theta(x^{(i)}))}]$$

$$= \sum_{i=1}^{m}[-y^{(i)} + y^{(i)}h_\theta(x^{(i)}) + h_\theta(x^{(i)}) - y^{(i)}h_\theta(x^{(i)})]x^{(i)} = \sum_{i=1}^{m}[h_\theta(x^{(i)}) - y^{(i)}]x^{(i)}$$

当 x 为多维的时候（设 x 有 n 维），对 $z = \theta x$ 求导，要对 x 的每一个维度求导。

又因为 θ 和 x 维度相同，所以当 x 有 n 维的时候，θ 同样有 n 维，此时 $J(\theta)$ 的求导也变成了对 θ 的每一个维度求导：

$$\frac{\partial J(\theta)}{\partial \theta_j} = \sum_{i=1}^{m}[h_\theta(x^{(i)}) - y^{(i)}]x_j^{(i)}, \ j = 1, \ 2, \ \cdots, \ n$$

因此，优化算法的伪代码为：

```
Set initial value: θ₀,α
while (not convergence)
{
    θⱼ = θⱼ + α∑ᵢ₌₁ᵐ(y⁽ⁱ⁾ - hθ(x⁽ⁱ⁾))xⱼ⁽ⁱ⁾
}
```

10.3 实例及代码实现

我们来看一个例子，比如某位老师想用学生上学期考试的成绩（Last Score）和本学期在学习上花费的时间（Hours Spent）来预期本学期的成绩，表 10-1 列出了学生上学期的成绩、本学期在学习上花费的时间和本学期的实际成绩。

表 10-1

ID	上学期成绩（分）	本学期在学习上花的时间（小时）	本学期的实际成绩（分）
1	90	117	89
2	85	109	78
3	75	113	82
4	98	20	95
5	62	116	61
6	36	34	32
7	87	120	88
8	89	132	92
9	60	83	52
10	72	92	65
11	73	112	71
12	56	143	62
13	57	97	52
14	91	119	93

面对这样一个需求，我们可能首先想到的是线性回归，毕竟要预测的是本学期的成绩。这样的话，我们取 X = ["Last Score", "Hours Spent"]，y = "Score"。

用线性回归实现的代码如下：

```
from sklearn.linear_model import LogisticRegression
from sklearn.linear_model import LinearRegression
import pandas as pd

# 导入数据集
data = pd.read_csv('quiz.csv', delimiter=',')
used_features = ["Last Score", "Hours Spent"]
X = data[used_features].values
scores = data["Score"].values

X_train = X[:11]
X_test = X[11:]

# 线性回归
y_train = scores[:11]
y_test = scores[11:]

regr = LinearRegression()
```

```
regr.fit(X_train, y_train)
y_predict = regr.predict(X_test)

print(y_predict)
```

这里我们把前 11 个样本作为训练集，最后 3 个样本作为测试集。这样训练出来之后，得到的预测结果为 [55.33375602 54.29040467 90.76185124]，也就是说 ID 为 12、13、14 的 3 个同学的预测分数为 55、54 和 91。

第一个数据的差别比较大，ID 为 12 的同学，明明考试及格了，却被预测为不及格。

这是为什么呢？大家注意 ID 为 4 的同学，这是一位学霸，他只花了 20 小时在学习上，却考出了第一名的好成绩。回想一下线性回归的目标函数，我们不难发现，所有训练样本对于目标的贡献是平均的，因此，4 号同学这种超常学霸的出现，在数据量本身就小的情况下，有可能影响整个模型。

幸亏我们有历史记录，知道上学期考试的成绩，如果 X 只包含 Hours Spent，学霸同学就会带偏大多数的预测结果（自变量只有 Hours Spent 的线性回归模型会是什么样的？这个问题留给大家自己去实践）。

接着，我们来看看用逻辑回归的结果会如何。用逻辑回归的时候，我们就不再是预测具体分数，而是预测这个学生本次能否及格了。这样我们就需要对数据先做一下转换，把具体分数转变成是否合格，合格标志为 1，不合格标志为 0，然后再进行逻辑回归：

```
from sklearn.linear_model import LogisticRegression
from sklearn.linear_model import LinearRegression
import pandas as pd

# 导入数据集
data = pd.read_csv('quiz.csv', delimiter=',')

used_features = ["Last Score", "Hours Spent"]
X = data[used_features].values
scores = data["Score"].values

X_train = X[:11]
X_test = X[11:]

# 逻辑回归——二分类法
passed = []

for i in range(len(scores)):
```

```
        if(scores[i] >= 60):
            passed.append(1)
        else:
            passed.append(0)

y_train = passed[:11]
y_test = passed[11:]

classifier = LogisticRegression(C=1e5)
classifier.fit(X_train, y_train)

y_predict = classifier.predict(X_test)
print(y_predict)
```

这次的输出就是 [1 0 1]，此时，对 12 号、13 号、14 号同学能否通过本次考试的判断是正确的。

10.4　处理多分类问题

逻辑回归一般是用来做二分类的，但是如果我们面对的是多分类问题，比如样本标签的枚举值多于两个，还能用逻辑回归吗？当然可以，此时可以把二分类问题分成多次来做。

假设你一共有 n 个标签（类别），也就是说可能的分类一共有 n 个，此时就可以构造 n 个逻辑回归分类模型，第一个模型用来区分 label_1 和 non-label_1（即所有不属于 label_1 的都归属到一类），第二个模型用来区分 label_2 和 non-label_2……第 n 个模型用来区分 label_n 和 non-label_n。

使用的时候，每一个输入数据都被这 n 个模型同时预测。最后哪个模型得出了阳性结果，就是该数据最终的结果。

如果有多个模型得出了阳性结果，那也没有关系。因为逻辑回归是一个回归模型，所以它直接预测的输出不仅是一个标签，还包括该标签正确的概率。对比几个阳性结果的概率，选最高的那个。

例如，对于某个数据，第一个模型和第二个模型都给出了阳性结果，不过 label_1 模型的预测值是 0.95，而 label_2 的结果是 0.78，此时选高的，结果就是 label_1。

说起原理来，好像挺麻烦，好在 sklearn 已经为我们处理了多分类问题。我们用 sklearn 做多分类的时候，只需要把 y 准备好，其他的都和做二分类一样就可以了。

还是上面的例子，现在我们需要区分学生的本次成绩是优秀（大于等于 85）、及格还是不及格。我们就在处理 y 的时候给它设置 3 个值：0（不及格）、1（及格）和 2（优秀），然后再做逻辑回归分类就可以了。代码如下：

```python
from sklearn.linear_model import LogisticRegression
from sklearn.linear_model import LinearRegression
import pandas as pd

# 导入数据集
data = pd.read_csv('quiz.csv', delimiter=',')

used_features = [ "Last Score", "Hours Spent"]
X = data[used_features].values
scores = data["Score"].values

X_train = X[:11]
X_test = X[11:]

# 逻辑回归——多分类问题
level = []

for i in range(len(scores)):
    if(scores[i] >= 85):
        level.append(2)
    elif(scores[i] >= 60):
        level.append(1)
    else:
        level.append(0)

y_train = level[:11]
y_test = level[11:]

classifier = LogisticRegression(C=1e5)
classifier.fit(X_train, y_train)

y_predict = classifier.predict(X_test)
print(y_predict)
```

本段代码使用了下面的 quiz.csv 数据作为训练数据和测试数据，训练并测试了一个逻辑回归模型。测试集的输出是 [1 0 2]，即 12 号及格，13 号不及格，14 号优秀，还是比较准的。

quiz.csv 文件：

```
Id,Last Score,Hours Spent,Score
1,90,117,89
2,85,109,78
```

```
3,75,113,82
4,98,20,95
5,62,116,61
6,36,34,32
7,87,120,88
8,89,132,92
9,60,83,52
10,72,92,65
11,73,112,71
12,56,143,62
13,57,97,52
14,91,119,93
```

第 11 章
决　策　树

前面我们讲了线性回归和朴素贝叶斯分类器，前者只能做回归，后者只能做分类，本章中要讲的决策树模型既可以用于分类，又可以用于回归。

▌ 11.1　什么是决策树

决策树是一种非常基础又常见的机器学习模型，它是一种树型结构（可以是二叉树或非二叉树）。每个非叶节点对应一个特征，该节点的每个分支代表这个特征的一个取值，而每个叶节点存放一个类别或一个回归函数。

使用决策树进行决策的过程就是从根节点开始，提取待分类样本中相应的特征，按照其值选择输出分支，依次向下，直到到达叶子节点，将叶子节点存放的类别或者回归函数的运算结果作为输出（决策）结果。

决策树的决策过程非常直观，容易被人理解，而且运算量相对小。它在机器学习中非常重要，如果要列举"十大机器学习模型"的话，决策树应当位列前三。

11.1.1　直观理解决策树

图 11-1 是一个决策树的例子，这棵树的作用是判断要不要接受一个 offer。

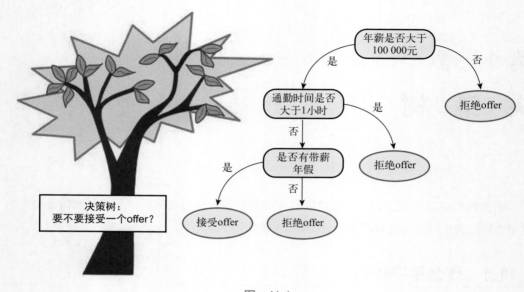

图　11-1

我们看到，这棵树共有 7 个节点：4 个叶子节点和 3 个非叶子节点（含根节点）。它是一棵分类树，每个叶子节点对应一个类别。

有 4 个叶子节点是说共有 4 个类别吗？当然不是！从图 11-1 中可以看出，这里总共只有两个类别：接受 offer 和拒绝 offer。

从理论上讲，一棵分类树有 n 个叶子节点（$n > 1$，因为只有一个结果的话，也就不用分类了）时，可能对应 2~n 个类别。不同的判断路径可能会得到相同的结果（殊途同归）。

在上面的例子中，拿到 offer 后，要判断 3 个条件：(1) 年薪；(2) 通勤时间；(3) 带薪年假。

这 3 个条件的重要程度显然是不一样的，最重要的是根节点，越靠近根节点，也就越重要。如果年薪低于 10 万元，就不用考虑了，直接拒绝；当年薪足够时，如果通勤时间大于 1 小时，也不去那里上班；就算通勤时间不超过 1 小时，还要看是否有带薪年假，没有也不去。

这 3 个非叶子节点统称决策节点，每个节点对应一个判断条件，这个条件叫作特征。上例是一个有 3 个特征的分类树。

当我们用这棵树来判断一个 offer 的时候，就需要从这个 offer 中提取年薪、通勤时间和带薪年假这 3 个特征，将这 3 个值（比如：[150,000 元，0.5 小时，"无带薪年假"]）输入该树。该树从根节点开始向下筛选一个个条件，直到到达叶子节点，到达的叶子节点所对应的类别就是预测结果。

11.1.2　构建决策树

决策树的作用过程很简单，那么决策树是如何构造的呢？前面讲了，获得一种模型的过程叫训练，那么如何通过训练来得到一棵决策树呢？

简单来讲，有以下几步。

(1) 准备若干训练数据（假设有 m 个样本）。

(2) 标明每个样本预期的类别。

(3) 选取一些特征（即决策条件）。

(4) 为每个训练样本所需要的特征生成相应值——数值化特征。

(5) 将上面 (1)~(4) 步获得的训练数据输入训练算法，训练算法通过一定原则决定各个特征的重要程度，然后按照决策重要性从高到低生成决策树。

那么，训练算法到底是怎样的？决定特征重要程度的原则又是什么呢？

11.2　几种常用算法

决策树的构造过程是一个迭代的过程。在每次迭代中，采用不同特征作为分裂点，将样本数据划分成不同的类别。被用作分裂点的特征叫作分裂特征。

选择分裂特征的目标，是让各个分裂子集尽可能地"纯"，即尽量让一个分裂子集中的样本属于同一类别。

使各个分裂子集"纯"的算法也有多种，这里我们来看几种。

11.2.1　ID3

我们先来看看最直接、最简单的 ID3 算法，该算法的核心是：以信息增益为度量，选择分裂后信息增益最大的特征进行分裂。

首先我们要了解一个概念——信息熵（entropy）。假设一个随机变量 x 有 n 种取值，分别为 $\{v_1, v_1, \cdots, v_n\}$，每一种取值被取到的概率分别是 $\{p_1, p_2, \cdots, p_n\}$，那么 x 的信息熵定义为：

$$\mathrm{entropy}(x) = -\sum_{i=1}^{n} p_i \log_2(p_i)$$

熵表示的是信息的混乱程度，信息越混乱，熵值越大。

设 S 为全部样本的集合，全部的样本一共分为 n 个类，则有：

$$\mathrm{entropy}(S) = -\sum_{i=1}^{n} p_i \log_2(p_i)$$

其中，P_i 为属于第 i 个类别的样本在总样本中出现的概率。

接下来要了解的概念是信息增益，信息增益的公式为（下式表达的是样本集合 S 基于特征 T 进行分裂后所获取的信息增益）：

$$\mathrm{informationGain}(T) = \mathrm{entropy}(S) - \sum_{\mathrm{value}(T)} \frac{|S_v|}{|S|} \mathrm{entropy}(S_v)$$

其中，S 为全部样本集合，$|S|$ 为 S 的样本数；T 为样本的一个特征；value(T) 是特征 T 所有取值的集合；v 是 T 的一个特征值；S_v 是 S 中特征 T 的值为 v 的样本的集合，$|S_v|$ 为 S_v 的样本数。

11.2.2　C4.5

前面提到的 ID3 只是最简单的一种决策树算法。它选用信息增益作为特征度量，虽然直观，却有一个很大的缺点：ID3 一般会优先选择取值种类较多的特征作为分裂特征。因为取值种类多的特征会有相对较大的信息增益。

信息增益反映的是给定一个条件以后不确定性被减少的程度，必然是分得越细的数据集确定性更高。被取值多的特征分裂，分裂成的结果也就容易细；分裂结果越细，则信息增益越大。

为了避免这个不足，诞生了以 **ID3 算法**为基础的 C4.5 算法。C4.5 选用信息增益率（gain ratio）（用比例而不是单纯的量）作为选择分支的标准。

信息增益率通过引入一个称作分裂信息（split information）的项来惩罚取值可能性较多的特征。

$$\text{splitInformation}(T) = -\sum_{\text{value}(T)} \frac{|S_v|}{|S|} \log \frac{|S_v|}{|S|}$$

$$\text{gainRatio}(T) = \frac{\text{informationGain}(T)}{\text{splitInformation}(T)}$$

ID3 还有一个问题，就是不能处理取值在连续区间的特征。例如在上面的例子中，假设训练样本有一个特征是年龄，其取值为 (0, 100) 的实数。ID3 就不知如何是好了。

C4.5 在这方面也有弥补，具体做法如下。

(1) 把需要处理的样本（对应整棵树）或样本子集（对应子树）按照连续变量的大小从小到大进行排序。

(2) 假设所有 m 个样本数据在特征上的实际取值一共有 k（$k \leqslant m$）个，那么总共有 $k-1$ 个可能的候选分割阈值点，每个候选的分割阈值点的值为上述排序后的特征值中两两连续元素的中点。根据这 $k-1$ 个分割点把原来连续的一个特征，转化为 $k-1$ 个布尔特征。

(3) 用信息增益率选择这 $k-1$ 个特征的最佳划分。

但是，C4.5 有个问题：当某个 $|S_v|$ 的大小跟 $|S|$ 的大小接近时：

$$\text{splitInformation}(T) \to 0, \ \text{gainRatio}(T) \to \infty$$

为了避免这种情况导致某个无关紧要的特征占据根节点，可以采用启发式的思路，先计算每个特征的信息增益，在其信息增益较高的情况下，才应用信息增益率作为分裂标准。

C4.5 性能优良，它对数据、运算力的要求相对较低，这使它成为机器学习最常用的算法之一。它在实际应用中的地位比 ID3 还要高。

11.2.3 CART

ID3 和 C4.5 构造的都是分类树。还有一种决策树应用非常广泛，它就是 CART 。

CART 的全称是 classification and regression tree，分类和回归树。从这个名字中就可以知道，它不仅可以用来做分类，还可以用来做回归。

CART 的运行过程与 ID3 及 C4.5 大致相同，不同之处在于：

(1) CART 的特征选取依据不是信息增益或者信息增益率，而是 Gini 系数，每次选择 Gini 系数最小的特征作为最优切分点；

(2) CART 是一棵严格二叉树，每次分裂只做二分。

这里面要特别提到，Gini 系数原本是一个统计学概念，在 20 世纪初由意大利学者科拉多·基尼提出，用来判断年收入分配的公平程度。Gini 系数本身是一个比例数，取值在 0 和 1 之间。

当 Gini 系数用于评判一个国家的民众收入时，取值越小，说明年收入分配越平均，反之则越集中。当 Gini 系数为 0 时，说明一个国家的年收入在所有国民中平均分配，而当 Gini 系数为 1 时，则说明该国该年所有收入都集中在一个人手里，其余的人没有收入。

在 Gini 系数出现之前，美国经济学家马克斯·劳伦茨提出了用来表示收入分配的曲线——劳伦茨曲线。图 11-2 就是一条劳伦茨曲线，其中横轴为人口累计百分比，纵轴为该部分人的收入占全部人口总收入的百分比，蓝色线段表示人口收入分配处于绝对平均状态，而黑色曲线就是劳伦茨曲线，表示实际的收入分配情况。

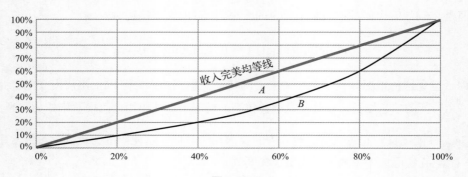

图 11-2

我们可以看出，横轴 80% 处，如果依据蓝色线段，对应的纵轴也是 80%，但是按照黑色曲线，则对应纵轴只有 60%。

A 是蓝色线段和黑色曲线所夹部分的面积，而 B 是黑色曲线下部分的面积。Gini 系数实际上就是 $\dfrac{A}{A+B}$ 的值。这个概念在经济学领域远比在机器学习中有名。

Gini 系数的计算方法是：

$$\mathrm{gini}(p) = \sum_{i=1}^{n} p_i(1-p_i) = 1 - \sum_{i=1}^{n} p_i^2$$

对于二分类问题，若样本属于第一类的概率是 p，则：

$$\mathrm{gini}(p) = 2p(1-p)$$

这时如果 $p = 0.5$，则 Gini 系数为 0.5；如果 $p = 0.9$，则 Gini 系数为 0.18。0.18 < 0.5，根据 CART 的原则，当 $p = 0.9$ 时，这个特征更容易被选中作为分裂特征。

由此可见，在二分类问题中，两种可能性的概率越不平均，越可能是更加优越的切分点。

上面的例子虽然用的是二分类，但实际上对于多分类，趋势是一样的，那些概率分布在不同可能性之间越不平均的特征，越容易成为分裂特征。

到了这里，可能有朋友会误会，认为我们一直说的都是用 CART 做分类时的做法。但实际上，无论是做分类还是做回归，都是一样的。

回归树和分类树的区别在于最终的输出值到底是连续的还是离散的，对于每个特征（也就是分裂点决策条件），无论特征值本身是连续的还是离散的，都要被当作离散的来处理，而且都是被转化为二分类特征来进行处理：

(1) 如果对应的分裂特征是连续的，其处理与 C4.5 算法相似；
(2) 如果特征是离散的，而该特征总共有 k 个取值，则将这一个特征转化为 k 个特征，对每一个新特征按照是不是取这个值来分 Yes 和 No。

> **注意**
>
> 还有一个词——Gini 指数（Gini index），经常在一些资料中被提及，并在 CART 算法中用来代替 Gini 系数，其实 Gini 指数就是 Gini 系数乘 100 倍再用百分比表示，两者是一个东西。

11.3 决策树告诉你去哪儿聚餐

我们团队常常调侃，每天中午吃什么这件事儿，是一个永恒的难题。而"团队聚餐去哪里"更算是一个"世界难题"。公司周围一大堆餐馆，好像各具特色，好像又大同小异，到底去哪个呢？集体表决，可能过了饭点儿还没定下来；一个人决定，弄不好要落下一堆抱怨。

不如这样，我们把决定权交给世界上最公正无私的裁判——计算机，让机器来做决定吧！

下面我们就来看一个用决策树做分类的例子。我们将训练一棵决策树，让它对公司周围的餐馆进行分类，看是否适合午间同事聚餐。

11.3.1 训练数据

训练数据从何而来呢？来自我们团队之前的积累，以前去过的餐馆都有哪些？在这些餐馆聚餐后的体验如何？我们可以先列出来。

总结起来，我们一共去过 17 家餐馆，近一半感觉不错，下次还可以去；但另一半感觉不好，不打算去了。

这些去过的餐馆就是我们的训练样例，而对它们的体验结果（好或差），则是打给每个样例的标签。

有了样例和标签是不是就可以开始训练了？还不行，我们还要对样例进行特征选取。

11.3.2 特征选取

说到餐馆，似乎最重要的是口味，但具体到目前的情况，我们是团队聚餐，大家的口味不一样，而且商业区附近的餐馆都是大众口味，因此在训练当前模型时，我们针对团队聚餐和用餐时段（午间）这样的特定场景，提取了 7 个特征：

- 是否提供电子发票；
- 是否仅有小型餐台（需要拼桌）；
- 是否可自助点餐；
- 是否提供工卡打折福利；
- 是否提供免费小菜；
- 均价是否低于 50 元 / 人；
- 是否仅有标准食物（无法根据忌口定制菜品）。

我们用这些特征来训练一个分类模型，判断去一家餐馆聚餐的体验效果是好还是差。

表 11-1 列出了 17 家餐馆的特征，其中每个特征只有两个取值，Yes 或者 No。

表 11-1

标签	特 征						
	提供电子发票	仅有小型餐台	可自助点餐	提供工卡打折福利	提供免费小菜	均价低于50 元 / 人	仅有标准食物
差	Yes	Yes	No	No	Yes	No	Yes
差	Yes	Yes	Yes	No	No	No	Yes
差	No	Yes	No	No	No	No	Yes
差	Yes	Yes	No	No	Yes	No	Yes
差	No	Yes	No	No	Yes	No	No
差	No	Yes	No	No	Yes	No	Yes
差	Yes	Yes	No	No	No	No	Yes
差	No	Yes	No	No	No	No	Yes
差	No	Yes	No	Yes	Yes	Yes	Yes
好	No	No	No	Yes	Yes	Yes	No
好	No	Yes	No	Yes	Yes	Yes	Yes
好	Yes	No	Yes	Yes	Yes	Yes	No
好	No	No	No	Yes	Yes	Yes	No
好	Yes	No	No	Yes	Yes	Yes	No
好	No	No	Yes	No	Yes	Yes	No
好	Yes	Yes	Yes	Yes	Yes	Yes	No
好	Yes	No	Yes	Yes	Yes	Yes	No

11.3.3 用 ID3 算法构造分类树

本例中，我们选用最简单的 ID3 算法代入数据进行计算。

(1) 根据信息熵的概念计算 entropy(S)。因为总共只有两个类别：（体验）差和（体验）好，因此 $n = 2$。

$$\text{entropy}(S) = -\sum_{i=1}^{n} p_i \log(p_i) = -p_{差}\log(p_{差}) - p_{好}\log(p_{好})$$
$$= -9/17 \times \log(9/17) - 8/17 \times \log(8/17) = 0.69$$

(2) 分别计算各个特征的 entropy($S|T$)：

$$\text{entropy}(S|T) = \sum_{\text{value}(T)} \frac{|S_v|}{|S|} \text{entropy}(S_v)$$

因为无论哪个特征，都只有两个特征值：Yes 或者 No，所以 value(T) 总共只有两个取值。

下面以"提供电子发票"为例来演示其计算过程：

$$\text{entropy}(S|提供电子发票) = p_{\text{Yes}}(-p_{(差|\text{Yes})}\log(p_{(差|\text{Yes})}) - p_{(好|\text{Yes})}\log(p_{(好|\text{Yes})}))$$
$$+ p_{\text{No}}(-p_{(差|\text{No})}\log(p_{(差|\text{No})}) - p_{(好|\text{No})}\log(p_{(好|\text{No})}))$$
$$= 8/17 \times (-4/8 \times \log(4/8) - 4/8 \times \log(4/8))$$
$$+ 9/17 \times (-5/9 \times \log(5/9) - 4/9 \times \log(4/9)) = 0.69$$

$$\text{informationGain}(T) = \text{entropy}(S) - \sum_{\text{value}(T)} \frac{|S_v|}{|S|} \text{entropy}(S_v)$$

依次计算其他几项，得出如下结果：

entropy($S|$仅有小型餐台) = 0.31

entropy($S|$可自助点餐) = 0.60

entropy($S|$提供工卡打折福利) = 0.36

entropy($S|$提供免费小菜) = 0.61

entropy(S | 均价低于 50 元 / 人) = 0.18

entropy(S | 仅有标准食物) = 0.36

(3) 进一步计算，得出 informationGain(均价低于 50 元 / 人) 最大，因此"均价低于 50元 / 人"是第一个分裂节点。

而从这一特征对应的类别也可以看出，所有特征值为 No 的都一定是"差"；特征值为 Yes 的可能是"差"，也可能是"好"，那么第一次分裂，我们得出如图 11-3 所示的结果。

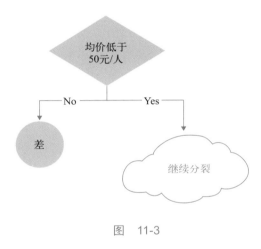

图　11-3

现在"均价低于 50 元 / 人"已经成为分裂点，下一步将其排除，用剩下的 6 个特征继续分裂成树，如表 11-2 所示。

表　11-2

标签	特 征					
	提供电子发票	仅有小型餐台	可自助点餐	提供工卡打折福利	提供免费小菜	仅有标准食物
差	No	Yes	No	Yes	Yes	Yes
好	No	No	No	Yes	Yes	No
好	No	Yes	No	Yes	Yes	Yes
好	Yes	No	Yes	Yes	Yes	No
好	No	No	No	Yes	Yes	No
好	Yes	No	No	Yes	Yes	No

(续)

标签	特 征					
	提供电子发票	仅有小型餐台	可自助点餐	提供工卡打折福利	提供免费小菜	仅有标准食物
好	No	No	Yes	No	Yes	No
好	Yes	Yes	Yes	Yes	Yes	No
好	Yes	No	Yes	Yes	Yes	No

表 11-2 为第二次分裂所使用的训练数据，相对于表 11-1，"均价低于 50 元 / 人"这一列和前 8 行对应"均价低于 50 元 / 人"为 No 的数据都已经被移除。

如此反复迭代，最后使得 7 个特征都成为分裂点。

需要注意的是，如果某个特征被选为当前轮的分裂点，但是现存数据中只有该特征的一个值，另一个值对应的记录为空，那么这个时候针对不存在的特征值，将它标记为该特征在所有训练数据中占比例最大的类型。

对本例而言，当我们将"仅有小型餐台"作为分裂点时，会发现该特征只剩下了一个选项——Yes，如表 11-3 所示。此时怎么给"仅有小型餐台"为 No 的分支做标记呢？

表 11-3

标签	特 征				
	提供电子发票	仅有小型餐台	可自助点餐	提供工卡打折福利	提供免费小菜
差	No	Yes	No	Yes	Yes
好	No	No	No	Yes	Yes

这时就要看在表 11-1 中，"仅有小型餐台"为 No 的记录中是"差"多还是"好"多。一目了然，在表 11-1 中这两种记录数量为 0：6，因此"仅有小型餐台"为 No 的分支直接标志成"好"。

根据上述方法，最终我们构建出了如图 11-4 所示的决策树。

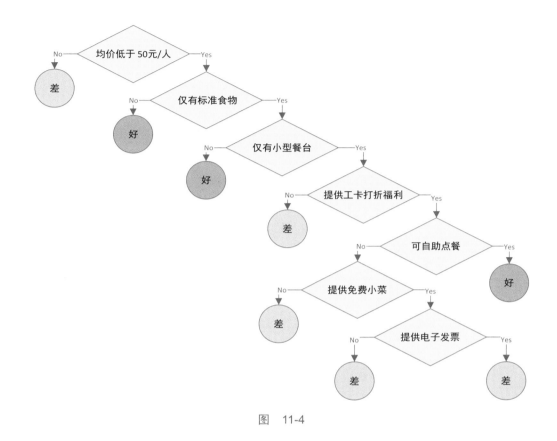

图　11-4

11.3.4　后剪枝优化决策树

剪枝是优化决策树的常用手段，剪枝方法大致可以分为两类。

- 先剪枝（局部剪枝）：在构造过程中，当某个节点满足剪枝条件，直接停止此分支的构造。
- 后剪枝（全局剪枝）：先构造完成完整的决策树，再通过某些条件遍历树进行剪枝。

现在，决策树已经构造完成，所以我们采用后剪枝法对上面的决策树进行修剪。

在图 11-4 中，最后两个分裂点"提供免费小菜"和"提供电子发票"并无意义。所以我们遍历所有节点，将没有区分作用的节点删除。完成后，我们的决策树变成了图 11-5。

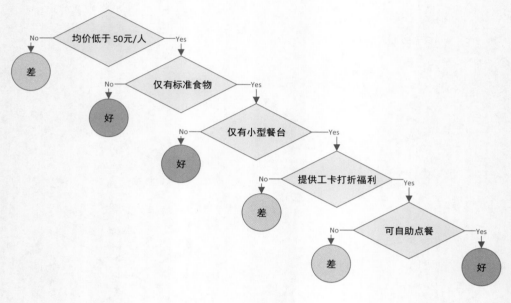

图　11-5

11.3.5　用决策树对餐馆进行分类

现在我们有了一个新的目标餐馆,它的特征沿着图 11-5 进行判断的流程如图 11-6 所示。

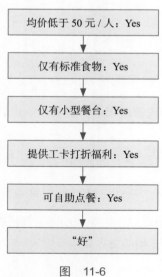

图　11-6

我们预测新餐馆体验会好，这是 ID3 决策树告诉我们的！

✧ 代码实现

下面就用 Numpy 和 sklearn 来实现例子中的训练分类树，从而判断餐馆体验所对应的程序：

```
from sklearn import tree
from sklearn.model_selection import train_test_split
import numpy as np
# 9 个体验差和 8 个体验好的样本数据，对应 7 个特征，Yes 取值为 1，No 为 0
features = np.array([
    [1, 1, 0, 0, 1, 0, 1],
    [1, 1, 1, 0, 0, 0, 1],
    [0, 1, 0, 0, 0, 0, 1],
    [1, 1, 0, 0, 1, 0, 1],
    [0, 1, 0, 0, 1, 0, 0],
    [0, 1, 0, 0, 1, 0, 1],
    [1, 1, 0, 0, 1, 0, 1],
    [0, 1, 0, 0, 1, 0, 1],
    [0, 1, 0, 1, 1, 1, 1],
    [1, 0, 1, 1, 1, 1, 0],
    [0, 0, 0, 1, 1, 1, 0],
    [1, 0, 1, 1, 1, 1, 0],
    [0, 0, 0, 1, 1, 1, 0],
    [1, 0, 0, 1, 1, 1, 0],
    [0, 0, 1, 0, 1, 1, 0],
    [1, 1, 1, 1, 1, 1, 0],
    [1, 0, 1, 1, 1, 1, 0]
])
# 0 表示是体验 "差"，1 表示是体验 "好"
labels = np.array([[0], [0], [0], [0], [0], [0], [0], [0], [0], [1],
                   [1], [1], [1], [1], [1], [1], [1]])
# 从数据集中取 20% 作为测试集，其他作为训练集
X_train, X_test, y_train, y_test = train_test_split(
    features,
    labels,
    test_size=0.2,
    random_state=0,
)
# 训练分类树模型
clf = tree.DecisionTreeClassifier()
clf.fit(X=X_train, y=y_train)
# 测试
print(clf.predict(X_test))
# 对比测试结果和预期结果
print(clf.score(X=X_test, y=y_test))
# 预测新餐馆
new_restaurant = np.array([[1, 1, 1, 1, 1, 1, 1]])
print(clf.predict(new_restaurant))
```

最后输出为:

```
[0 0 1 1]
0.75
[1]
```

第四部分
有监督学习（进阶）

第 12 章
SVM

从今天开始，我们的学习之旅将进入一个新阶段。

之前我们讲过几个模型——线性回归、朴素贝叶斯、逻辑回归和决策树，它们背后数学原理的难度属于初级。接下来要讲的 SVM（support vector machine，支持向量机）和 SVR（support vector regression，支持向量回归）等模型涉及的数学原理难度将上升到中级。

在下面的内容中，我们将一步步地探索 SVM 和 SVR 的出发点与运作过程。

12.1　线性可分和超平面

在正式开始学习 SVM 之前，我们需要先搞清两个数学概念：线性可分和超平面。

12.1.1　二分类问题

在机器学习的应用中，至少现阶段，分类是一个非常常见的需求。特别是二分类，它是一切分类的基础。而且在很多情况下，多分类问题可以通过转化为二分类问题来解决。

所谓二分类问题就是：给定的各个样本数据分别属于两个类，目标是确定新数据点将归属到哪个类中。

12.1.2　特征的向量空间模型

一个个具体的样本，在被机器学习算法处理时，由其特征来表示。换言之，每个现实世界的事物，在用来进行机器学习训练或预测时，都需要转化为一个特征向量。

假设样本的特征向量为 n 维，那么我们说这些样本的特征向量处在 n 维的特征空间中。

一般来说，特征空间可以是欧氏空间，也可以是希尔伯特空间，不过为了便于理解，我们在以后的所有例子中都使用欧氏空间。

n 维向量表达在一个 n 维欧氏空间中时，能够"看到"的一个个向量会对应为该空间中的一个个点。这样来想象一下，我们把若干样本的特征向量放到特征空间里，就好像在这个 n 维空间中撒了一把"豆"。

当 $n=1$ 时，这些"豆"是一条直线上的若干点；当 $n=2$ 时，这些"豆"是一个平面上的若干点；当 $n=3$ 时，这些"豆"是一个几何体里面的若干点……

12.1.3 线性可分

现在来思考选取特征的目的：我们将一个事物的某些属性数字化，再映射为特征空间中的点，目的当然是对其进行计算。如果在特征空间中就能够按照二分类的预期将这些点分为两个部分，那不是最理想的吗？

为了在讲述的过程中降低数学推导的复杂度，我们利用二维空间来进行讲解。所有的样本都是分布在二维空间中的点，每一个点（样本）都有两个的维度的信息，这两个维度的数据分别对应二维坐标中的横轴和纵轴：x_1 和 x_2。

在图 12-1 所示的二维坐标系中，黑色点和蓝色点是样本的特征向量，其中黑色点对应的是正类，蓝色点对应的是负类。

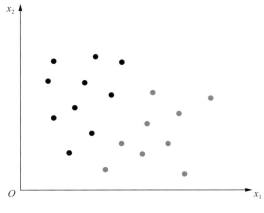

图　12-1

正负两类样本会和自己的"同伴"处于一个"阵营",而且这两个"阵营"之间已经隐隐有了一条"楚河汉界"。我们可以把这条分割线画出来,即图 12-2 中的直线。

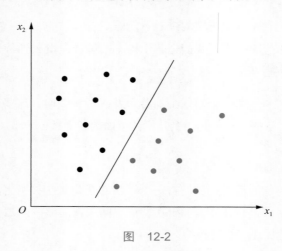

图　12-2

这样,两类样本就完美地被直线分隔开了,此时我们说这两类样本在其特征空间里线性可分。

12.1.4　超平面

这里我们要引入一个新的概念:就是超平面(hyperplane)。

先来看它的定义——超平面:n 维欧氏空间中维度等于 $n-1$ 的线性子空间。

一维欧氏空间(直线)中的超平面为零维(点),二维欧氏空间中的超平面为一维(直线),三维欧氏空间中的超平面为二维(平面),以此类推。

在数学意义上,将线性可分的样本用超平面分隔开的分类模型,叫作线性分类模型或线性分类器。

我们可以想象,在一个样本特征向量线性可分的特征空间里,可能有许多超平面可以把两类样本分开。在这种情况下,我们当然要找最佳超平面。

什么样的超平面是最佳的呢?一个合理的策略是:以最大间隔把两类样本分开的超平面,是最佳超平面!

因此,我们将这样的超平面定义为最佳超平面:

(1) 两类样本被分隔在该超平面的两侧；

(2) 两侧距离超平面最近的样本点到超平面的距离被最大化。

这样的超平面又叫作最大间隔超平面。

12.2 线性可分 SVM

SVM 又分为几种不同类型，其中最简单的一种就是线性可分 SVM。

线性可分 SVM 就是：以找出线性可分的样本在特征空间中的最大间隔超平面为学习目的分类模型。

怎么找到最大间隔超平面呢？

我们可以先找到两个平行的、能够分离正负例的辅助超平面，然后将它们分别推向正负例两侧，让它们之间的距离尽可能大，直到有至少一个正样本或者负样本通过对应的辅助超平面，即"推到无法再推"，再推就"过界"。

二维坐标系中的超平面就是直线，在图 12-3 中，位于中间的直线是最大分割超平面，而其两侧的两条虚线就是二维坐标系里的两个辅助超平面。

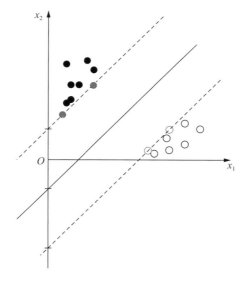

图　12-3

这两个辅助超平面互相平行，它们中间没有样本的区域称为"间隔"，最大间隔超平面位于这两个辅助超平面的正中间并与它们平行。

下面我们用熟悉的公式来表示这几个超平面。

首先，能够将上面 m 个样本完整正确分隔为正负两类的最大间隔超平面可以表示为 $x_2 = kx_1 + c$ 。

其次是两个辅助超平面，靠上的辅助超平面记作"超平面 -1"，可以表示为 $x_2 = kx_1 + c + a$ ；靠下的辅助超平面记作"超平面 -2"，可以表示为 $x_2 = kx_1 + c - a$ ，如图 12-4 所示。

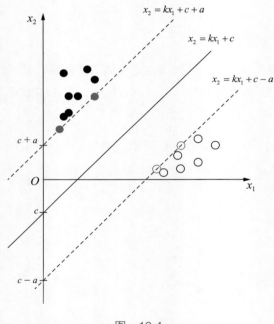

图   12-4

那么"超平面 -1"和"超平面 -2"之间的距离是多少呢？我们来计算一下。

设"超平面 -1"和"超平面 -2"之间的距离为 l，与两个辅助超平面截距平行的线段长为 d，与该线段和 l 构成直角三角形的第三条边边长为 e，如图 12-5 所示。

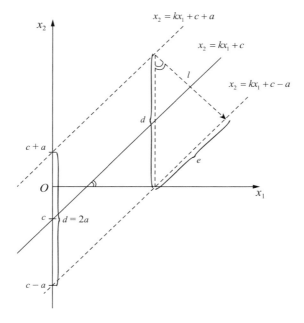

图　12-5

由图 12-5 可知，$\dfrac{e}{l} = k$，于是有：

$$\frac{\sqrt{(d^2 - l^2)}}{l} = k$$

$$\frac{(d^2 - l^2)}{l^2} = k^2$$

$$\frac{d^2}{l^2} - 1 = k^2$$

因为 $d = 2a$，所以：

$$\frac{4a^2}{l^2} = k^2 + 1$$

$$l = \frac{2a}{\sqrt{(k^2 + 1)}} = \frac{2}{\dfrac{\sqrt{k^2 + 1}}{a}} = \frac{2}{\sqrt{\dfrac{k^2}{a^2} + \dfrac{1}{d^2}}}$$

得出的结果看起来有点别扭，让我们来做一个变形，我们设定一个向量 $w = \begin{bmatrix} \dfrac{k}{a} \\ -\dfrac{1}{a} \end{bmatrix}$。

于是有 $\| w \| = \sqrt{\left(\dfrac{k^2}{a^2} + \left(\dfrac{1}{a} \right)^2 \right)} = \dfrac{\sqrt{(k^2+1)}}{a}$，所以：

$$l = \frac{2}{\| w \|}$$

这样看起来是不是顺眼多了？如此设置只是为了好看吗？并不是，我们可以把二维平面的两个维度用一个向量表示，记作 $x = \begin{bmatrix} x_1 \\ x_2 \end{bmatrix}$。

因此 $x_2 = kx_1 + c$ 可以表示成 $\dfrac{k}{a} x_1 - \dfrac{1}{a} x_2 + \dfrac{c}{a} = 0$，也就是 $w^\mathrm{T} x + \dfrac{c}{a} = 0$，令 $b = \dfrac{c}{a}$，则可以写作 $w^\mathrm{T} + b = 0$。

相应地，两个辅助超平面可以写作 $w^\mathrm{T} x + b + 1 = 0$ 和 $w^\mathrm{T} x + b - 1 = 0$。

因为这两个超平面是线性可分 SVM 的辅助超平面，所以根据线性可分 SVM 的定义我们知道，样本数据必须在"超平面 -1"之上或者"超平面 -2"之下。也就是说没有样本点处在"超平面 -1"和"超平面 -2"中间，且所有点都在正确的那一侧。

根据图 12-4，不难推出所有"超平面 -1"之上的点都满足条件 $x_2 \geqslant kx_1 + b + 1$，也就是 $w^\mathrm{T} x + b \leqslant -1$；而所有"超平面 -2"之下的点则满足条件 $x_2 \leqslant kx_1 + b - 1$，也就是 $w^\mathrm{T} x + b \geqslant 1$。

换言之，假设所有的样本可以分为两个集合：D_0 和 D_1。所有属于 D_0 的点 $x^{(i)}$ 都有 $w^\mathrm{T} x^{(i)} + b \leqslant -1$，而对于所有属于 D_1 的点 $x^{(j)}$ 则有 $w^\mathrm{T} x^{(j)} + b \geqslant 1$，此时我们称 D_0 和 D_1 线性可分。

又因为这是一个二分类模型，所有的标签项 y 只有两个值，我们可人为设定这两个值是 1 和 –1。也就是说对于某一个样本 x，如果它位于"超平面 -1"之上，那么我们给它打上标签 –1，如果它在"超平面 -2"之下，那么我们也给它打上标签 –1。

如此一来，对于任意样本存在如下表达：

$$y^{(i)}(w^\mathrm{T} x^{(i)} + b) \geqslant 1$$

也就是说，我们最小化 $\| w \|$ 是有约束条件的，即：

$$y^{(i)}(\boldsymbol{w}^{\mathrm{T}}x^{(i)}+b)\geqslant 1，\quad i=1,\ 2,\ \cdots,\ m$$

因此，求最大分割超平面的问题其实是一个约束条件下的最优化问题，我们要的是：

$$\min(\|\boldsymbol{w}\|)$$

$$\text{s.t.}\ \ y^{(i)}(\boldsymbol{w}^{\mathrm{T}}x^{(i)}+b)\geqslant 1，\quad i=1,\ 2,\ \cdots,\ m$$

为了方便计算，我们用$\dfrac{(\|\boldsymbol{w}\|^{2})}{2}$来代替$\|\boldsymbol{w}\|$，并将约束条件变为以下形式：

$$\min(\frac{\|\boldsymbol{w}\|^{2}}{2})$$

$$\text{s.t.}\ \ 1-y^{(i)}(\boldsymbol{w}^{\mathrm{T}}x^{(i)}+b)\leqslant 0，\quad i=1,\ 2,\ \cdots,\ m$$

这就是 SVM 的学习目标，其中$\min(\dfrac{\|\boldsymbol{w}\|^{2}}{2})$是目标函数，我们要对它进行最优化。

对于这样一个最优化问题，需要通过优化算法来求解。关于优化算法，我们之前学习过梯度下降法，简单直接，是不是可以应用到这里呢？可惜不行。因为，梯度下降法仅适用于优化没有约束条件的算法。

此处我们遇到的是一个有约束条件的最优化问题。

那么该如何求解呢？接下来我们要学习一个新的算法：拉格朗日乘子法。

从拉格朗日乘子法开始，本部分对数学工具的要求上了一个台阶，整体难度比之前提升了一个量级。

因此，我们需要好好讲解一下拉格朗日乘子法。

12.3 直观理解拉格朗日乘子法

在上一节中，我们获得了线性可分 SVM 的目标函数：一个带约束条件的求极值问题。

而拉格朗日乘子法恰恰是一种多元函数在变量受到条件约束时，求极值的方法，正好可以解决 SVM 的目标函数最优化问题。

在此我们不对拉格朗日乘子法的正确性进行数学证明，而是以最简单的函数形式为例，带大家直观领略整个方法的每一个步骤。

换句话说,让大家感性地理解"将目标函数转化成拉格朗日函数再进行最优化是可行的"。

12.3.1 可视化函数及其约束条件

我们用二元函数来做个例子(该函数的自变量为 x 和 y)。

1.(被约束的)函数

我们之前有过可视化函数的经验,此处我们先可视化一个二元函数 $f(x, y)$ 。

用一个大家熟悉的表达方式为 $z = f(x, y)$,它表达了 x 、 y 、 z 三者之间的关系。

如果在三维直角坐标系中画出 $z = f(x, y)$ 的图像,那么是一个三维空间的曲面。图 12-6 所示的几幅图分别对应不同的 $f(x, y)$ 。

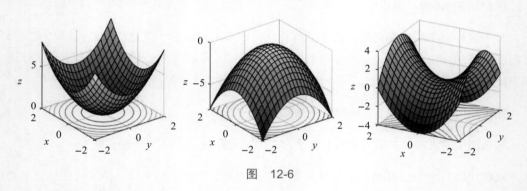

图 12-6

2.(函数的)约束条件

函数 $f(x, y)$ 的约束条件为 $g(x, y) = 0$, $g(x, y) = 0$ 又可以写成 $y = h(x)$ 形式,它表达的是 x 与 y 两者之间的关系!

如果在二维直角坐标中画出 $y = h(x)$ 的图像,形状应该是一条曲线。

> **注意**
>
> 广义上,直线也属于曲线,平面也属于曲面。我们说的曲线是包括直线的,曲面也是包括平面的。

3. 约束条件对函数的约束

一个二维图形对一个三维图形的约束从何体现呢？下面我们这样做。

(1) 在自己的头脑中建立一个三维直角坐标系，x 轴、y 轴、z 轴两两垂直。

(2) $f(x, y)$ 对应的图形是三维坐标系中的一个曲面，一个（可能是奇形怪状的）"体"的"外皮"。

(3) 在 $z = 0$ 的平面上，把 $y = h(x)$ 的图形（一条曲线）画出来。

(4) 将第 (3) 步作出的曲线沿着平行 z 轴的方向平移，它平移的轨迹也形成了一个曲面，这个曲面和 $z = f(x, y)$ 形成的曲面会相交，交叠的部分是一条三维空间中的曲线。

换个角度考虑，第 (4) 步形成的曲线其实就是 $g(x, y) = 0$ 在平面 $z = 0$ 上形成的曲线在 $z = f(x, y)$ 形成的曲面上的投影。

4. 一个例子

图 12-7 是函数约束条件的空间投影，它是一个将上面步骤 (1)~ 步骤 (4) 综合起来的实例。

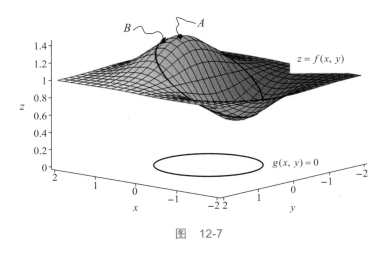

图 12-7

在这个例子中，我们可以看到 $f(x, y)$ 是存在极大值的，同时因为约束条件是 $g(x, y) = 0$，所以如果我们要取如下目标：

$$\max f(x, y)$$

$$\text{s.t. } g(x, y) = 0$$

那么对应点一定位于 $g(x, y) = 0$ 投影到 $f(x, y)$ 后形成的那条曲线上，比如图 12-7 的点 B。

尽管它不一定是 $z = f(x, y)$ 的极大值，却是符合约束条件 $g(x, y) = 0$ 的极大值！

我们已经从图形的角度直观理解了约束的含义，但是有约束条件的目标函数如何最优化呢？这就要用到拉格朗日乘子法啦！

12.3.2 拉格朗日乘子法

拉格朗日乘子法是一种在约束条件下求解最优化问题的方法，是 SVM 的数学原理。要想完全理解 SVM，必须先了解拉格朗日乘子法。

1. 等式约束条件

我们先从等式约束条件开始分析。假设我们的目标函数是：

$$\min f(x, y)$$
$$\text{s.t. } g(x, y) = 0$$

现在我们在一张图中作出 $f(x, y)$ 和 $g(x, y)$ 的等高线（三维图形投影到二维平面后的结果），如图 12-8 所示。其中实线是 $g(x, y)$ 的等高线，因为约束条件是 $g(x, y) = 0$，所以只有一条等高线 $g(x, y) = 0$ 对我们有意义，因此只画了它。虚线是 $f(x, y)$ 的等高线，两个虚线圈分别对应函数 $f(x, y) = d_1$ 和函数 $f(x, y) = d_2$。d_1 和 d_2 是两个常数，对应图中两个虚线圈的 z 轴坐标。此处，$d_2 < d_1$。蓝点就是 $f(x, y)$ 上符合 $g(x, y) = 0$ 约束的极小值点。

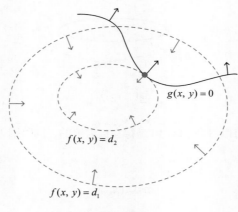

图 12-8

我们设该点的自变量值为 (x^*, y^*)。

此处我们需要用到一个概念——函数的梯度：表示该函数在某点的方向导数，方向导数是某个多维函数上的点沿每个维度分别求导后，再组合而成的向量。记作：

$$\nabla_{x,y} f = \left(\frac{\partial f}{\partial x}, \ \frac{\partial f}{\partial y} \right)$$

$$\nabla_{x,y} g = \left(\frac{\partial g}{\partial x}, \ \frac{\partial g}{\partial y} \right)$$

我们知道，一个函数的梯度与它的等高线垂直。

$f(x^*, y^*)$ 的梯度与 $f(x, y) = d_2$ 在 (x^*, y^*) 处的切线垂直，$g(x^*, y^*)$ 的梯度与 $g(x, y) = 0$ 在 (x^*, y^*) 处的切线垂直。

又因为 $f(x, y) = d_2$ 对应的虚线与 $g(x, y) = 0$ 对应的实线在 (x^*, y^*) 处是相切的。

> 为什么相切？反过来想，如果它们不相切会怎样？要么不相交，这样的话 $g(x, y) = 0$ 就没法约束 $f(x, y)$ 了；要么有两个交点，如果这样，我们可以再作 $f(x, y)$ 的另一条等高线，让新等高线和 $g(x, y) = 0$ 相切，取切点为 (x^*, y^*)。如此一来，它们仍在 (x^*, y^*) 处相切。

在 (x^*, y^*) 点处 $f(x, y)$ 与 $g(x, y)$ 的梯度要么方向相同，要么方向相反。

所以，一定存在 $\lambda \neq 0$，使得：

$$\nabla_{x,y} f(x^*, y^*) + \lambda \nabla_{x,y} g(x^*, y^*) = 0$$

这时我们将 λ 称为拉格朗日乘子！

2. 拉格朗日乘子和拉格朗日函数

定义拉格朗日函数：$L(x, y, \lambda) = f(x, y) + \lambda g(x, y)$，其中 λ 是拉格朗日乘子。

拉格朗日函数把原本的目标函数和其限制条件整合成了一个新的函数。

拉格朗日函数对 x, y 求偏导：

$$L'_{x,y}(x, y, \lambda) = f'_{x,y}(x, y) + \lambda g'_{x,y}(x, y)$$

我们令拉格朗日函数对 x, y 求偏导的结果为 0，则有：

$$f'_{x,y}(x, y) + \lambda g'_{x,y}(x, y) = 0$$

在 $f(x, y)$ 的图像上，上符合 $g(x, y) = 0$ 约束的极小值点 (x^*, y^*) 满足 $\nabla_{x,y} f(x^*, y^*) + \lambda \nabla_{x,y} g(x^*, y^*) = 0$，用导函数表示就是：$f'_{x,y}(x^*, y^*) + \lambda g'_{x,y}(x^*, y^*) = 0$。也就是说我们要求的极小值点正好满足拉格朗日函数对 x, y 求导后，令其结果为 0 形成的导函数。

既然如此，我们也就可以直接引入一个新的变量 λ —— 拉格朗日乘子，和目标函数、约束条件一起，先构造出拉格朗日函数 $L(x, y, \lambda)$。

然后再令 $L'_{x,y}(x, y, \lambda) = 0$，通过最优化 $L'_{x,y}(x, y, \lambda) = 0$，求取 (x^*, y^*) 的值。

另外，令拉格朗日函数对 λ 求偏导的结果为 0，$L'_{\lambda}(x, y, \lambda) = 0$，就得到了约束条件：$g(x, y) = 0$。如此，拉格朗日函数也可以通过求导变化成约束条件本身。

于是，原本有约束的优化问题，就可以转化为对拉格朗日函数的无约束优化问题了。

3. 不等式约束条件

了解了约束条件是等式的情况，我们再来看约束条件是不等式的情况。

当条件是 $g(x, y) \leqslant 0$ 时，我们可以把它拆分成 $g(x, y) = 0$ 和 $g(x, y) < 0$ 两种情况来看。先各取一个极小值，再比较哪个更小，使用最小的那个。

拆分后的严格不等式约束条件：

$$g(x, y) < 0$$

"< 0" 是一个区间，对应到三维坐标中不再是某个固定的曲面。在这种情况下，如果 $f(x, y)$ 的极小值就在这个区间里，那么直接对 $f(x, y)$ 求无约束的极小值就好了。

对应到拉格朗日函数就是：令 $\lambda = 0$，直接通过令 $f(x, y)$ 的梯度为 0 求 $f(x, y)$ 的极小值。求出极小值 $f(x^*, y^*)$ 之后，再判断 (x^*, y^*) 是否符合约束条件。

拆分后的等式约束条件：

$$g(x, y) = 0$$

$g(x, y) = 0$ 可以参照前面说的等式约束条件的做法。

有一点要注意，在仅有等式约束条件时，我们设 $f'_{x,y}(x^*, y^*) + \lambda g'_{x,y}(x^*, y^*) = 0$，只要常数 $\lambda \neq 0$ 就可以了。

但是在以从 $g(x, y) \leqslant 0$ 中拆分出来的等式为约束条件时，我们要求：存在常数 $\lambda > 0$，使得 $f'_{x,y}(x^*, y^*) + \lambda g'_{x,y}(x^*, y^*) = 0$。

这是为什么呢？我们先来可视化地看一下不等式约束的两种情况（黑点表示最终满足约束条件的函数极小值），如图 12-9 所示。

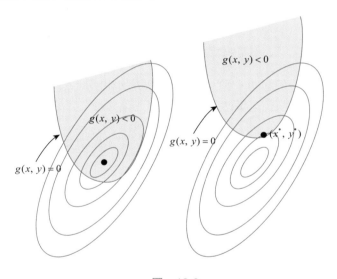

图　12-9

如果是图 12-9 左侧的情况，限制条件就又变成了 $g(x, y) < 0$，直接求 $f(x, y)$ 的极小值就行。只有是右侧情况时，不等式约束条件才变成了等式，这种情况才是拆分了不等式条件后有意义的情况。

在这种情况下，最终找到的符合约束条件的极小值 $f(x^*, y^*)$ 肯定不是 $f(x, y)$ 的极小值。

怎么用数学方式来表现这一点呢？

大家回想一下函数梯度的物理意义：实际上，一个函数在某一点的梯度方向（向量方向）指明了该函数的函数值沿着自变量增长的方向变化的趋势。

现在已知 (x^*, y^*) 为最小值点，那么我们在 $g(x^*, y^*)$ 的梯度方向上前进一个长度：ϵ（ϵ 很小），到达点 (x^{**}, y^{**})，则 $g(x^{**}, y^{**}) > g(x^*, y^*)$。

因为 $g(x^*, y^*) = 0$，又根据梯度的物理意义，则 (x^*, y^*) 点处 $g(\cdot)$ 函数的梯度方向指向的是 $g(x, y) > 0$ 的区域。

偏偏我们的约束条件是 $g(x, y) < 0$，那说明不等式约束条件所对应的区域与 (x^*, y^*) 点处 $g(\cdot)$ 函数的梯度方向是相反的。

我们现在考虑的是图 12-9 右侧的情况，此时 $f(\cdot)$ 函数带约束条件的极小值点 (x^*, y^*) 就位于 $g(x, y) = 0$ 对应的曲线上。而 (x^*, y^*) 点处 $f(\cdot)$ 函数的梯度方向正是 $f(\cdot)$ 函数本身的增量方向，因此在 $g(x, y) < 0$ 所在的区域对应的应该是 $f(x, y)$ 的递增方向，如若不然，就应该是图 12-9 左侧的情况了，不是吗？

只有当 $f(x, y)$ 梯度方向和 $g(x, y) < 0$ 区域所在方向相同，也就是和 (x^*, y^*) 点处 $g(\cdot)$ 函数梯度方向相反，$f(x, y)$ 的约束条件极小值才会出现在 $g(x, y) = 0$ 的曲线上。

所以，在这种情况下，存在常数 $\lambda > 0$，使得 $f'_{x,y}(x^*, y^*) = -\lambda g'_{x,y}(x^*, y^*)$，进一步可以导出：

$$f'_{x,y}(x^*, y^*) + \lambda g'_{x,y}(x^*, y^*) = 0, \quad \lambda > 0$$

4. KKT 约束条件

我们将上面拆分开的严格不等式和等式两种情况再整合起来。

❑ 如果严格不等式成立时得到 $f(\cdot)$ 函数的极小值，则有 $\lambda = 0$，这样才能将拉格朗日函数直接转换为原始函数。则有 $\lambda g(x, y) = 0$。

❑ 如果等式成立时得到 $f(\cdot)$ 函数的约束条件极小值，则必然存在 $\lambda > 0$，且同时 $g(x, y) = 0$，因此也有 $\lambda g(x, y) = 0$。

于是，对于不等式约束条件 $g(x, y) \leqslant 0$，最终的约束条件变成了：

$$g(x, y) \leqslant 0$$
$$\lambda \geqslant 0$$
$$\lambda g(x, y) = 0$$

这样由一变三的约束条件，叫作 KKT 约束条件。

5. 目标函数转化为拉格朗日函数

当然，KKT 条件不是单独成立的，它是拉格朗日乘子法的一部分！

当我们在约束条件下求解函数最优化问题，且约束条件为不等式时（问题描述如下）：

$$\text{Optimize} \quad f(x, y)$$
$$\text{s.t.} \quad g(x, y) \leqslant 0$$

我们针对目标函数生成拉格朗日函数为：

$$L(x, y, \lambda) = f(x, y) + \lambda g(x, y)$$

同时有 KKT 条件：

$$g(x, y) \leqslant 0$$
$$\lambda \geqslant 0$$
$$\lambda g(x, y) = 0$$

假设最优化结果对应点为 (x^*, y^*)，则当目标函数为：

$$\min f(x, y)$$
$$\text{s.t.} \quad g(x, y) \leqslant 0$$

时，若存在 $\lambda \neq 0$，使得 $f'_{x, y}(x^*, y^*) + \lambda g'_{x, y}(x^*, y^*) = 0$，则 $\lambda > 0$。

而当目标函数为：

$$\max f(x, y)$$
$$\text{s.t.} \quad g(x, y) \leqslant 0$$

时，若存在 $\lambda \neq 0$，使得 $f'_{x, y}(x^*, y^*) + \lambda g'_{x, y}(x^*, y^*) = 0$，则 $\lambda < 0$；若存在 $\lambda \neq 0$，使得 $f'_{x, y}(x^*, y^*) - \lambda g'_{x, y}(x^*, y^*) = 0$，则 $\lambda > 0$。

> **注意**
>
> 上面几个式子要注意：
>
> (1) $L(x, y, \lambda) = f(x, y) + \lambda g(x, y)$ 是拉格朗日函数的定义；
>
> (2) $\lambda \geqslant 0$ 是之前我们推导出来的 KKT 条件；
>
> (3) 存在常数 $\lambda > 0$，使得 $f'_{x,y}(x^*, y^*) + \lambda g'_{x,y}(x^*, y^*) = 0$ 或者 $f'_{x,y}(x^*, y^*) - \lambda g'_{x,y}(x^*, y^*) = 0$ 是推导 KKT 条件过程中经历的一个步骤——这个步骤中涉及的是在 (x^*, y^*) 这个确定点处 f 函数和 g 函数的梯度。

前面我们已经推导了求极小值时有 $f'_{x,y}(x^*, y^*) + \lambda g'_{x,y}(x^*, y^*) = 0$，$\lambda > 0$，至于求极大值时为什么 λ 符号不同，就需要同学们自己再去推导一遍了。

12.4　对偶学习算法

下面我们来学习对偶学习算法。

12.4.1　对偶问题

上一篇我们用 x 和 y 各代表一个维度，用 $z = f(x, y)$ 和 $g(x, y) = 0$ 分别代表一个二元函数和一个一元函数。这样做是为了和图形对比的时候能看得清楚，为了可视化方便。

在一般情况下，我们就用 x 代表一个函数的自变量，这个 x 本身可以是多维的。

而且，同一个函数可能既有等式约束条件，又有不等式约束条件。

主问题

现在我们考虑在 d 维空间上有 m 个等式约束条件和 n 个不等式约束条件的极小化问题。这样的问题可以写作：

$$\min f(\boldsymbol{x})$$
$$\text{s.t. } h_i(\boldsymbol{x}) = 0 ， \quad i = 1, 2, \cdots, m$$
$$g_j(\boldsymbol{x}) \leqslant 0 ， \quad j = 1, 2, \cdots, n$$

其中 $\boldsymbol{x}$ 为 d 维。我们把上述问题称为原始最优化问题，也可以叫作原始问题或主问题。

为了解决原始问题，我们引入拉格朗日乘子 $\boldsymbol{\lambda} = [\lambda_1, \lambda_2, \cdots, \lambda_m]^{\mathrm{T}}$ 和 $\boldsymbol{\mu} = [\mu_1, \mu_2, \cdots, \mu_n]^{\mathrm{T}}$，构造拉格朗日函数为：

$$L(\boldsymbol{x}, \boldsymbol{\lambda}, \boldsymbol{\mu}) = f(\boldsymbol{x}) + \sum_{i=1}^{m} \lambda_i h_i(\boldsymbol{x}) + \sum_{j=1}^{n} \mu_j g_j(\boldsymbol{x})$$

然后，再设：

$$\Gamma(\boldsymbol{\lambda}, \boldsymbol{\mu}) = \inf_{x \in D}\left(f(\boldsymbol{x}) + \sum_{i=1}^{m} \lambda_i h_i(\boldsymbol{x}) + \sum_{j=1}^{n} \mu_j g_j(\boldsymbol{x})\right)$$

其中，$\boldsymbol{x} \in \boldsymbol{D}$，$\boldsymbol{D}$ 为主问题可行域，$\inf(L)$ 表示 L 函数的下确界，$\inf(L(\boldsymbol{x}, \boldsymbol{\lambda}, \boldsymbol{\mu}))$ 表示小于或者等于 $L(\boldsymbol{x}, \boldsymbol{\lambda}, \boldsymbol{\mu})$ 的极大值。$h_i(\boldsymbol{x}) = 0$，因此对于任意 λ_i，必然有：

$$\sum_{i=1}^{m} \lambda_i h_i(\boldsymbol{x}) = 0 , \quad i = 1, 2, \cdots, m$$

又因为 $g_j(\boldsymbol{x}) \leqslant 0$，所以对于 μ_j 均为非负的情况，必然有：

$$\sum_{j=1}^{n} \mu_j g_j(\boldsymbol{x}) \leqslant 0 , \quad j = 1, 2, \cdots, n$$

假设 $\hat{\boldsymbol{x}}$ 是主问题可行域中的一个点，则对于任意 $\mu_j \geqslant 0$，$j = 1, 2, \cdots, n$ 和任意 λ_i，$i = 1, 2, \cdots, m$，有：

$$\Gamma(\boldsymbol{\lambda}, \boldsymbol{\mu}) \leqslant L(\hat{\boldsymbol{x}}, \boldsymbol{\lambda}, \boldsymbol{\mu}) \leqslant f(\hat{\boldsymbol{x}})$$

我们假设主问题的最优解是 p^*，也就是说 p^* 是 $f(\hat{\boldsymbol{x}})$ 所有取值中极小的那个。

又因为所有 $\hat{\boldsymbol{x}}$ 对于任意 $\mu_j \geqslant 0$，$j = 1, 2, \cdots, n$ 和任意 λ_i，$i = 1, 2, \cdots, m$，有：

$$\Gamma(\boldsymbol{\lambda}, \boldsymbol{\mu}) \leqslant f(\hat{\boldsymbol{x}})$$

因此，对于任意 $\mu_j \geqslant 0$，$j = 1, 2, \cdots, n$ 和任意 λ_i，$i = 1, 2, \cdots, m$，有：

$$\Gamma(\boldsymbol{\lambda}, \boldsymbol{\mu}) \leqslant p^*$$

也就是说，$\Gamma(\boldsymbol{\lambda}, \boldsymbol{\mu})$ 是主问题最优解的下确界。

对偶函数和对偶问题

在此，我们把 $\Gamma(\lambda, \mu)$ 称为对偶函数。对偶函数和目标函数最优解（极小值）的关系如下：

$$\Gamma_{\lambda, \mu; \mu_j \geqslant 0}(\lambda, \mu) \leqslant p^*$$

由上式得出：

$$\max(\Gamma_{\lambda, \mu; \mu_j \geqslant 0}(\lambda, \mu)) \leqslant p^*$$

我们称 $\max(\Gamma_{\lambda, \mu; \mu_j \geqslant 0}(\lambda, \mu))$ 为主问题的对偶问题，λ 和 μ 称为对偶变量。

12.4.2　强对偶性及求解对偶问题

设对偶问题的最优解为 d^*，显然有 $d^* \leqslant p^*$。若 $d^* == p^*$，则我们将主问题和对偶问题的关系称为强对偶性，否则称为弱对偶性。显然，强对偶性如果成立，我们就可以通过最优化对偶问题来达到最优化主问题的目的了。

那么什么时候强对偶性成立呢？如果主问题是凸优化问题，那么当下面 3 个条件同时成立时，强对偶性成立。

(1) 拉格朗日函数中的 $f(x)$ 和 $g_j(x)$ 都是凸函数；

(2) $h_i(x)$ 是仿射函数；

(3) 主问题可行域中至少有一点使得不等式约束严格成立。即存在 x，对所有 j，均有 $g_j(x) < 0$。

> **注意**
>
> 　　当主问题和对偶问题存在强对偶性时，存在 x^*，λ^* 和 μ^* 分别为主问题的解和对偶问题的解的充分必要条件是：它们满足 KKT 条件！

12.4.3　通过对偶问题求解主问题

当强对偶性成立时，为了解决主问题，我们可以这样做：

(1) 构造拉格朗日函数，引入非负参数的拉格朗日算子去给目标函数加上限制；

(2) 求拉格朗日函数对主变量的极小——将拉格朗日函数对主变量求偏导，令其为零后得出主变量与对偶变量的数值关系，由此把对主变量进行极小化的拉格朗日函数转化为一个对偶变量的函数；

(3) 求第 (2) 步得出的函数对对偶变量的极大。

由此一来，就将求解问题转化成了极大极小问题。

> **注意**
>
> 　　我们将 x、y、z 分别作为一维度变量在图 12-7 来展示它们的关系是为了具象化地直观表达，同样的公式，当 x 和 y 本身就是多维变量时一样成立。

12.5　求解线性可分 SVM 的目标函数

下面我们就用 12.4.3 节描述的方法来求解线性可分 SVM 的目标函数。

12.5.1　目标函数

上一节介绍了可视化函数及其约束条件的方法，现在我们回到线性可分 SVM 的目标函数：

$$\min \frac{\|\boldsymbol{w}\|^2}{2}$$

$$\text{s.t. } 1 - y^{(i)}(\boldsymbol{w}^{\mathrm{T}}\boldsymbol{x}^{(i)} + b) \leqslant 0 ， \quad i = 1,\ 2,\ \cdots,\ m$$

其中的自变量为 $\boldsymbol{w}$ 和 b。所以，我们可以再抽象一步，将其概括为：

$$\min f(\boldsymbol{x}, y)$$

$$\text{s.t. } \quad g(\boldsymbol{x}, y) \leqslant 0$$

这个约束条件其实可以写为：

$$\text{s.t. } g(\boldsymbol{x}, y) = 0 \text{ 或 } g(\boldsymbol{x}, y) < 0$$

12.5.2 线性可分 SVM 的对偶问题

我们知道线性可分 SVM 的主问题为:

$$\min f(\boldsymbol{w},\ b) = \min \frac{\|\boldsymbol{w}\|^2}{2}$$

$$\text{s.t.} \quad g_i(\boldsymbol{w},\ b) = 1 - y^{(i)}(\boldsymbol{w}^{\mathrm{T}}\boldsymbol{x}^{(i)} + b) \leqslant 0\ , \quad i = 1,\ 2,\ \cdots,\ m$$

我们需要判断一下线性可分 SVM 主问题是否强对偶:

(1) $f(\boldsymbol{w},\ b) = \dfrac{\|\boldsymbol{w}\|^2}{2}$ 是凸函数;

(2) $g_i(\boldsymbol{w},\ b) = 1 - y^{(i)}(\boldsymbol{w}^{\mathrm{T}}\boldsymbol{x}^{(i)} + b)$ 也是凸函数(线性函数是凸函数);

(3) 想想我们是如何构造不等式约束条件的——对于所有位于最大分割超平面两侧,距离最大分割超平面距离为 $\|\boldsymbol{w}\|$ 的辅助超平面上的点 $\boldsymbol{x}^*$,有 $1 - y^*(\boldsymbol{w}^{\mathrm{T}}\boldsymbol{x}^* + b) = 0$;而对这两个辅助平面之外的点 $\boldsymbol{x}^{**}$,有 $1 - y^{**}(\boldsymbol{w}^{\mathrm{T}}\boldsymbol{x}^{**} + b) < 0$。因此,主问题可行域中,至少有一点使得不等式条件严格成立。

所以,线性可分 SVM 的目标函数可以通过求解其对偶问题来求解。

12.5.3 使用对偶算法求解线性可分 SVM 的步骤

步骤 1:对主问题构造拉格朗日函数。

引入拉格朗日乘子 $\alpha_i \geqslant 0$,其中 $i = 1,\ 2,\ \cdots,\ m$,得到拉格朗日函数:

$$L(\boldsymbol{w},\ b,\ \boldsymbol{\alpha}) = \frac{1}{2}\|\boldsymbol{w}\|^2 + \sum_{i=1}^{m}\alpha_i[1 - y^{(i)}(\boldsymbol{w}^{\mathrm{T}}\boldsymbol{x}^{(i)} + b)]$$

步骤 2：求拉格朗日函数对于 w 和 b 的极小。

> **注意**
>
> 这里要用到一个向量求导的小知识。有向量 $X = \begin{bmatrix} x_1 \\ x_2 \\ \vdots \\ x_n \end{bmatrix}$，则 X 的函数 $f(X)$ 对 X 的导数为：
>
> $$\frac{\mathrm{d}f(X)}{\mathrm{d}X} = \begin{bmatrix} \dfrac{\mathrm{d}f}{\mathrm{d}x_1} \\ \dfrac{\mathrm{d}f}{\mathrm{d}x_2} \\ \vdots \\ \dfrac{\mathrm{d}f}{\mathrm{d}x_n} \end{bmatrix}$$
>
> w 为向量，设 $w = \begin{bmatrix} w_1 \\ w_2 \\ \vdots \\ w_n \end{bmatrix}$，根据欧几里得范数的定义，有：$\| w \| = \sqrt{(w_1^2 + w_2^2 + \cdots + w_n^2)}$
>
> 则：
>
> $$\| w \|^2 = w_1^2 + w_2^2 + \cdots + w_n^2$$
>
> 因此，$f(w) = \dfrac{\| w \|^2}{2}$ 对 w 求导结果为 $\dfrac{\mathrm{d}f(w)}{\mathrm{d}w} = \begin{bmatrix} w_1 \\ w_2 \\ \vdots \\ w_n \end{bmatrix} = w$。

我们先将拉格朗日函数对 w 和 b 求偏导，然后分别令两个偏导结果为 0，之后得出了下列数值关系：

$$w = \sum_{i=1}^{m} \alpha_i y^{(i)} x^{(i)}$$

$$0 = \sum_{i=1}^{m} \alpha_i y^{(i)}$$

将这两个等式代入拉格朗日函数，得：

$$L(\boldsymbol{w},\, b,\, \boldsymbol{\alpha}) = \frac{1}{2}\sum_{i=1}^{m}\sum_{j=1}^{m}\alpha_i\alpha_j y^{(i)}y^{(j)}(\boldsymbol{x}^{(i)}\cdot\boldsymbol{x}^{(j)}) + \sum_{i=1}^{m}\alpha_i - \sum_{i=1}^{m}\alpha_i y^{(i)}\left(\left(\sum_{j=1}^{m}\alpha_j y^{(j)}\boldsymbol{x}^{(j)}\right)\cdot\boldsymbol{x}^{(i)} + b\right)$$

$$= \sum_{i=1}^{m}\alpha_i - \frac{1}{2}\sum_{i=1}^{m}\sum_{j=1}^{m}\alpha_i\alpha_j y^{(i)}y^{(j)}(\boldsymbol{x}^{(i)}\cdot\boldsymbol{x}^{(j)})$$

也就是：

$$\min_{w,b} L(\boldsymbol{w},\, b,\, \boldsymbol{\alpha}) = \sum_{i=1}^{m}\alpha_i - \frac{1}{2}\sum_{i=1}^{m}\sum_{j=1}^{m}\alpha_i\alpha_j y^{(i)}y^{(j)}(\boldsymbol{x}^{(i)}\cdot\boldsymbol{x}^{(j)})$$

步骤 3：求 $\min_{w,b} L(\boldsymbol{w},\, b,\, \boldsymbol{\alpha})$ 对 α 的极大。

这一步也就是对偶问题：

$$\max_{\alpha}\min_{w,b} L(\boldsymbol{w},\, b,\, \boldsymbol{\alpha})$$

$$\text{s.t.} \quad \sum_{i=1}^{m}\alpha_i y^{(i)} = 0 \ , \quad \alpha_i \geqslant 0 \ , \quad i = 1,\, 2,\, \cdots,\, m$$

又因为：

$$\max_{\alpha}\min_{w,b} L(\boldsymbol{w},\, b,\, \boldsymbol{\alpha}) = \max_{\alpha}\left[\sum_{i=1}^{m}\alpha_i - \frac{1}{2}\sum_{i=1}^{m}\sum_{j=1}^{m}\alpha_i\alpha_j y^{(i)}y^{(j)}(\boldsymbol{x}^{(i)}\cdot\boldsymbol{x}^{(j)})\right]$$

$$= \min_{\alpha}\left[\frac{1}{2}\sum_{i=1}^{m}\sum_{j=1}^{m}\alpha_i\alpha_j y^{(i)}y^{(j)}(\boldsymbol{x}^{(i)}\cdot\boldsymbol{x}^{(j)}) - \sum_{i=1}^{m}\alpha_i\right]$$

因此对偶最优化问题变成了：

$$\min_{\alpha}\left[\frac{1}{2}\sum_{i=1}^{m}\sum_{j=1}^{m}\alpha_i\alpha_j y^{(i)}y^{(j)}(\boldsymbol{x}^{(i)}\cdot\boldsymbol{x}^{(j)}) - \sum_{i=1}^{m}\alpha_i\right]$$

$$\text{s.t.} \quad \sum_{i=1}^{m}\alpha_i y^{(i)} = 0 \ , \quad \alpha_i \geqslant 0 \ , \quad i = 1,\, 2,\, \cdots,\, m$$

步骤 4：由对偶问题求 α_1，α_2，$\cdots$，α_m。

设：$T(\alpha_1, \alpha_2, \cdots, \alpha_m) = \dfrac{1}{2}\sum_{i=1}^{m}\sum_{j=1}^{m}\alpha_i\alpha_j y^{(i)}y^{(j)}(\boldsymbol{x}^{(i)}\cdot\boldsymbol{x}^{(j)}) - \sum_{i=1}^{m}\alpha_i$

> **注意**
>
> 　　上面这个函数中，$\boldsymbol{x}^{(i)}$、$\boldsymbol{x}^{(j)}$、$y^{(i)}$、$y^{(j)}$ 都是训练样本的 $\boldsymbol{x}$ 和 y 值，是定值，我们代入即可，因此这是一个关于 α_1，$\cdots$，α_m 的函数。

　　要最小化 $T(\alpha_1, \alpha_2, \cdots, \alpha_m)$，我们可以把 $\boldsymbol{\alpha}$ 看作一个向量：$\boldsymbol{\alpha} = (\alpha_1, \alpha_2, \cdots, \alpha_m)$，我们要通过基于约束条件 $\sum(a_i y_i) = 0$ 最小化 $f(\boldsymbol{\alpha})$，来求 $\boldsymbol{\alpha}$ 的最优解 $\boldsymbol{\alpha}^*$。

　　我们可以对 α_1，α_2，$\cdots$，α_m 分别求偏导，然后令偏导为 0，再结合约束条件来求 $\boldsymbol{\alpha}$ 的最优解：$\boldsymbol{\alpha}^* = (\alpha_1^*, \alpha_2^*, \cdots, \alpha_m^*)$。

　　此处可以采取 SMO 算法，SMO 的具体内容我们在本文最后进行讲解，此处跳过，总之到这一步，我们已经求出了 $\boldsymbol{\alpha}^*$。

　　步骤 5：由 α^* 求 w。

　　由步骤 1 可知：

$$w = \sum_{i=1}^{m}\alpha_i y_i \boldsymbol{x}_i$$

　　$\boldsymbol{x}_i$、y_i 已知，α_i^* 已由上一步求出，将它们代入上式，求 w。

　　步骤 6：由 w 求 b。

　　α_1^*，α_2^*，$\cdots$，α_m^* 都已经求出来了。因为 $\alpha_i(1 - y^{(i)}(\boldsymbol{w}^{\mathrm{T}}\boldsymbol{x}^{(i)} + b)) = 0$，$i = 1, 2, \cdots, m$ 是整体约束条件；又因为对于所有支持向量 $\boldsymbol{x}_s$，及其对应标签 y_s，都有 $1 - y_s(\boldsymbol{w}^{\mathrm{T}}\boldsymbol{x}_s + b) = 0$，因此，所有大于 0 的 α_k^* 所对应的 $(\boldsymbol{x}^{(k)}, y^{(k)})$ 必然是支持向量。否则，如果 $\alpha_k^* > 0$，$1 - y^{(k)}(\boldsymbol{w}^{\mathrm{T}}\boldsymbol{x}^{(k)} + b) < 0$，则 $\alpha_k^*(1 - y^{(k)}(\boldsymbol{w}^{\mathrm{T}}\boldsymbol{x}^{(k)} + b)) < 0$，不符合约束条件。

> **注意**
>
> 我们再推想一下，会不会所有的 α_i^* 都等于 0 呢？
>
> 如果那样的话，根据步骤 5 中的 w 计算公式，得 $w = [0, 0, \cdots, 0]^{\mathrm{T}}$，$\|w\| = 0$，则 $\dfrac{2}{\|w\|}$ 趋近正无穷，而 $\dfrac{2}{\|w\|}$ 的物理意义是两个线性可分数据集之间的最大距离。
>
> 我们希望这个距离尽量大是希望两个集合被分得尽量清楚，而如果两个集合之间的距离都是无穷了，又怎么能说它们处在相同的特征空间里呢？
>
> 还有，我们原本定义的两个辅助超平面是 $w^{\mathrm{T}}x + b = 1$ 和 $w^{\mathrm{T}}x + b = -1$，如果 $w = [0, 0, \cdots, 0]^{\mathrm{T}}$，则 $b = 1$ 和 $b = -1$ 同时成立，这显然矛盾了。因此 w 肯定不为全 0 向量，必然存在 $\alpha_k^* > 0$。

那么既然哪些 (x, y) 对是支持向量都已经清楚了，理论上讲，我们随便找一个支持向量 (x_s, y_s)，把它和 w 代入：$y_s(w^{\mathrm{T}}x_s + b) = 1$，求出 b 即可，步骤如下。

(1) $y_s(w^{\mathrm{T}}x_s) + y_s b = 1$，两边乘以 y_s。

(2) $y_s^2(w^{\mathrm{T}}x_s) + y_s^2 b = y_s$，因为 $y_s^2 = 1$，所以：$b = y_s - w^{\mathrm{T}}x_s$。

为了更加鲁棒，我们可以求所有支持向量的均值：

$$b = \frac{1}{|S|}\sum_{s \in S}(y_s - w^{\mathrm{T}}x_s)$$

步骤 7：求最终结果。

构造最大分割超平面：$w^{\mathrm{T}}x + b = 0$。

构造分类决策函数：$f(x) = \mathrm{sign}(w^{\mathrm{T}}x + b)$。其中，$\mathrm{sign}(\cdot)$ 全称为 Signum Function。其定义为：

$$\mathrm{sign}(x) = \begin{cases} -1 & : \ x < 0 \\ 0 & : \ x = 0 \\ 1 & : \ x > 0 \end{cases}$$

12.5.4 SMO 算法

现在我们来说之前提到的 SMO 算法。先来看一下我们的优化目标：

$$T(\alpha_1,\ \alpha_2,\ \cdots,\ \alpha_m) = \frac{1}{2}\sum_{i=1}^{m}\sum_{j=1}^{m}\alpha_i\alpha_j y^{(i)}y^{(j)}(\boldsymbol{x}^{(i)}\cdot\boldsymbol{x}^{(j)}) - \sum_{i=1}^{m}\alpha_i$$

$$\min_{\alpha}T(\alpha_1,\ \alpha_2,\ \cdots,\ \alpha_m)$$

$$\text{s.t.}\quad \sum_{i=1}^{m}\alpha_i y^{(i)} = 0\ ,\quad \alpha_i \geqslant 0\ ,\quad i = 1,\ 2,\ \cdots,\ m$$

一共有 m 个参数需优化。

这是一个典型的二次规划问题，我们可以直接用二次规划方法求解，或者为了节约开销，也可以用 SMO（sequential minimal optimization）算法。

SMO 是一种动态规划算法，它的基本思想非常简单：每次只优化一个参数，其他参数先固定，仅求当前这一个优化参数的极值。

可惜，我们的优化目标有约束条件 $\sum(\alpha_i y^{(i)}) = 0$，$i = 1,\ 2,\ \cdots,\ m$。如果我们一次只优化一个参数，就没法体现约束条件了。

于是，我们可以这样做。

(1) 选择两个需要更新的变量 α_i 和 α_j，固定它们以外的其他变量。

这样，约束条件就变成了：

$$\alpha_i y^{(i)} + \alpha_j y^{(j)} = c\ ,\quad \alpha_i \geqslant 0\ ,\quad \alpha_j \geqslant 0$$

其中：

$$c = -\sum_{k \neq i,j}\alpha_k y^{(k)}$$

由此可得，$\alpha_j = \dfrac{(c - \alpha_i y^{(i)})}{y^{(j)}}$，也就是我们可以用 α_i 的表达式代替 α_j。

将这个替代式代入优化目标函数，就相当于把目标问题转化成了一个单变量的二次规划问题，仅有的约束是 $\alpha_i \geqslant 0$。

(2) 对于仅有一个约束条件的最优化问题，我们完全可以在 α_i 上，对问题函数 $T(\alpha_i)$ 求（偏）导，令导数为零，从而求出变量值 $\alpha_{i_{\text{new}}}$，然后再根据 $\alpha_{i_{\text{new}}}$ 求出 $\alpha_{j_{\text{new}}}$。

如此一来，α_i 和 α_j 就都被更新了。

(3) 多次迭代上面 (1)~(2) 步，直至收敛。

SMO 算法本身还有许多知识点，比如它的具体推导过程，每次如何选择 α_i，α_j 来提高效率等，有兴趣的读者可以自行查找相关资料学习。

12.6 线性 SVM，间隔由硬到软

前面讲的是线性可分 SVM，下面我们来讲它的变形：线性 SVM。

12.6.1 从线性可分 SVM 到线性 SVM

线性可分 SVM 的训练数据本身就是线性可分的，即可以很清晰地在特征向量空间里分成正集和负集。

线性可分 SVM 正负样本之间的间隔叫作"硬间隔"，也就是说在这个"隔离带"里面，肯定不会出现任何训练样本。

我们不难想到，这种情况在现实生活中其实是很少见的，更多的时候是图 12-10 所示的样子。

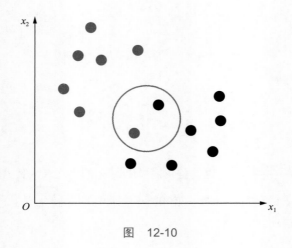

图 12-10

如果没有圆圈里的两个点，本来可以很好地分割，如图 12-11 所示。

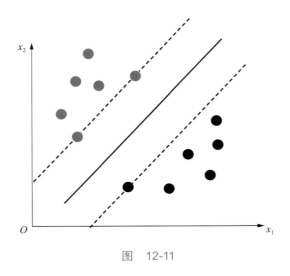

图 12-11

可是，偏偏多了那两个点！都找不到分隔超平面了！像图 12-12 这样，分来分去，怎么都分不开。

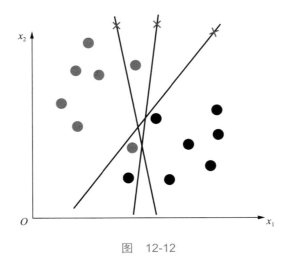

图 12-12

如果我们不那么"轴"，不是完全禁止两个辅助超平面之间有任何样本点。而是允许个别样本出现在"隔离带"里面，那样是不是会变得好分得多？比如像图 12-13 这样。

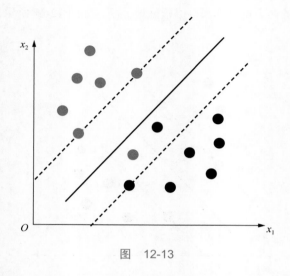

图　12-13

这样看起来也很合理啊，而且怎么能保证样本就一定能够被分隔得清清楚楚呢？从直觉上我们也觉得，允许一部分样本存在于"隔离带"内更合理。

正是基于这种想法，相对于之前讲的线性可分 SVM 的硬间隔，人们提出了软间隔的概念。相应地，对应于软间隔的 SVM，也就叫作线性 SVM。

下面我们对照来看一看它们。

1. 线性可分 SVM

线性可分 SVM 成立的前提是训练样本在向量空间中线性可分，即存在一个超平面能够将不同类别的样本无一错漏地分开。

用数学式子表达，全部训练样本满足如下约束条件：

$$\boldsymbol{w}^{\mathrm{T}}\boldsymbol{x}^{(i)}+b \geqslant 1，\quad y^{(i)}=1$$

$$\boldsymbol{w}^{\mathrm{T}}\boldsymbol{x}^{(i)}+b \leqslant 1，\quad y^{(i)}=-1$$

这时，$\boldsymbol{w}^{\mathrm{T}}\boldsymbol{x}^{(i)}+b=1$ 和 $\boldsymbol{w}^{\mathrm{T}}\boldsymbol{x}^{(i)}+b=-1$ 这两个超平面之间的间隔叫作硬间隔，位于它们两个正中的 $\boldsymbol{w}^{\mathrm{T}}\boldsymbol{x}^{(i)}+b=0$ 是最大分割超平面。

2. 线性 SVM

线性可分 SVM 的假设条件过于理想, 往往不适合真实的应用场景。相比而言, 线性 SVM 适用于更多的现实场景。

- **硬间隔到软间隔**

由于样本线性可分的情况在现实当中很少出现, 为了更有效地应对实际问题, 我们不再要求所有不同类别的样本全部线性可分, 也就是不再要求存在硬间隔。

取而代之的是将不同类样本之间的硬间隔变成软间隔, 即允许部分样本不满足约束条件 $y^{(i)}(\boldsymbol{w}^{\mathrm{T}}\boldsymbol{x}^{(i)}+b) \geqslant 1$。

当然, 我们还是希望不满足硬间隔条件的样本尽量少, 还能够是一个 "软" 间隔, 而非间隔根本不存在。

为了确定这个间隔 "软" 到何种程度, 我们针对每一个样本 $\boldsymbol{x}^{(i)}$ 和它的标签 $y^{(i)}$, 引入一个松弛变量 ξ_i, 令 $\xi_i \geqslant 0$, 且 $y^{(i)}(\boldsymbol{w}^{\mathrm{T}}\boldsymbol{x}^{(i)}+b) \geqslant 1-\xi_i$。对应到图形上是这样, 如图 12-14 所示。

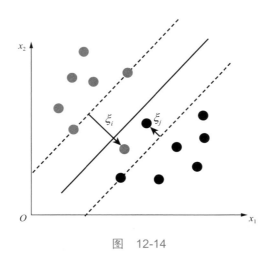

图 12-14

这样看起来, 确实比硬间隔合理多了。

- **优化目标**

于是, 我们的优化目标就从原来的:

$$\min_{w,b} \frac{\|\boldsymbol{w}\|^2}{2}$$

$$\text{s.t.} \quad 1 - y^{(i)}(\boldsymbol{w}^{\mathrm{T}}\boldsymbol{x}^{(i)} + b) \leqslant 0 \ , \quad i = 1, 2, \cdots, m$$

变成了：

$$\min_{w,b,\xi} \frac{1}{2}\|\boldsymbol{w}\|^2 + C\sum_{i=1}^{m}\xi_i$$

$$\text{s.t.} \quad y^{(i)}(\boldsymbol{w}^{\mathrm{T}}\boldsymbol{x}^{(i)} + b) \geqslant 1 - \xi_i \ , \quad \xi_i \geqslant 0 \ , \quad i = 1, 2, \cdots, m$$

其中 C 是一个大于 0 的常数，若 C 为无穷大，则 ξ_i 必然为无穷小，否则将无法最小化主问题。如此一来，线性 SVM 就又变成了线性可分 SVM。

当 C 为有限值的时候，才能允许部分样本不遵守约束条件 $1 - y^{(i)}(\boldsymbol{w}^{\mathrm{T}}\boldsymbol{x}^{(i)} + b) \leqslant 0$。

这就是线性 SVM 的主问题！

12.6.2 对偶法最优化线性 SVM 主问题

上面我们得出了线性 SVM 的主问题。现在来回顾一下用对偶法求解线性可分 SVM 主问题的思路，大致可以分为 4 个阶段。

❑ 阶段一：根据主问题构建拉格朗日函数，由拉格朗日函数的对偶性，将主问题转化为极大极小化拉格朗日函数的对偶问题。

❑ 阶段二：分步求解极大极小问题。在每次求解极值的过程中都是先对对应的函数求梯度，再令梯度为 0。以此推导出主问题参数和拉格朗日乘子之间的关系。再将用拉格朗日乘子表达的主问题参数带回拉格朗日函数中，最终一步步将整个对偶问题推导为拉格朗日乘子和样本 $(\boldsymbol{x}_i, y_i)$ 之间的关系。

❑ 阶段三：通过最小化拉格朗日乘子与样本组成的函数（也就是阶段二的结果），求出拉格朗日乘子的值。这里，可以用 SMO 算法进行求解。

❑ 阶段四：将阶段三求出的拉格朗日乘子的值带回阶段二中确定的乘子与主问题参数关系的等式中，求解主问题参数。再根据主问题参数构造最终的分隔超平面和决策函数。

现在我们就按这个思路来对线性 SVM 主问题进行求解。

首先，将主问题写成我们熟悉的约束条件小于等于 0 的形式，如下：

$$\min_{w,b,\xi} \frac{1}{2} \| w \|^2 + C \sum_{i=1}^{m} \xi_i$$

s.t. $1 - \xi_i - y^{(i)}(w^{\mathrm{T}} x^{(i)} + b) \leqslant 0$ ， $i = 1, 2, \cdots, m$ ； $-\xi_i \leqslant 0$ ， $i = 1, 2, \cdots, m$

然后开始逐步求解。

(1) 构建拉格朗日函数。

具体如下：

$$L(w, b, \xi, \alpha, \mu) = \frac{1}{2} \| w \|^2 + C \sum_{i=1}^{m} \xi_i + \sum_{i=1}^{m} \alpha_i [1 - \xi_i - y^{(i)}(w^{\mathrm{T}} x^{(i)} + b)] + \sum_{i=1}^{m} (-\mu_i \xi_i)$$

$$\alpha_i \geqslant 0 ， \quad \mu_i \geqslant 0$$

其中 α_i 和 μ_i 是拉格朗日乘子，而 w、b 和 ξ_i 是主问题参数。

根据主问题的对偶性，主问题的对偶问题是：

$$\max_{\alpha, \mu} \min_{w,b,\xi} L(w, b, \xi, \alpha, \mu)$$

(2) 极大极小化拉格朗日函数。

首先对 w、b 和 ξ_i 极小化 $L(w, b, \xi, \alpha, \mu)$ ——分别对 w、b 和 ξ_i 求偏导，然后令导数为 0，得出如下关系：

$$w = \sum_{i=1}^{m} \alpha_i y^{(i)} x^{(i)}$$

$$0 = \sum_{i=1}^{m} \alpha_i y^{(i)}$$

$$C = \alpha_i + \mu_i$$

将这些关系代入线性 SVM 主问题的拉格朗日函数，得到：

$$\min_{w,b,\xi} L(w, b, \xi, \alpha, \mu) = \sum_{i=1}^{m} \alpha_i - \frac{1}{2} \sum_{i=1}^{m} \sum_{j=1}^{m} \alpha_i \alpha_j y^{(i)} y^{(j)} (x^{(i)} \cdot x^{(j)})$$

然后，对 $\boldsymbol{\alpha}$ 和 $\boldsymbol{\mu}$ 进行极大化。因为上面极小化的结果中只有 $\boldsymbol{\alpha}$ 而没有 $\boldsymbol{\mu}$，所以现在只需要极大化 $\boldsymbol{\alpha}$ 就好：

$$\max_{\alpha,\mu} \min_{w,b,\xi} L(\boldsymbol{w},b,\boldsymbol{\xi},\boldsymbol{\alpha},\boldsymbol{\mu}) = \max_\alpha(\sum_{i=1}^m \alpha_i - \frac{1}{2}\sum_{i=1}^m\sum_{j=1}^m \alpha_i\alpha_j y^{(i)}y^{(j)}(\boldsymbol{x}^{(i)} \cdot \boldsymbol{x}^{(j)}))$$

$$\text{s.t.} \quad \sum_{i=1}^m \alpha_i y^{(i)} = 0 \ , \quad C - \alpha_i - \mu_i = 0 \ , \quad \alpha_i \geqslant 0 \ , \quad \mu_i \geqslant 0 \ , \quad i = 1,\ 2,\ \cdots,\ m$$

(3) SMO 算法求解对偶问题。

我们将上面极大化目标约束条件中的 $\boldsymbol{\mu}$ 用 $\boldsymbol{\alpha}$ 替换掉，并将极大化目标求负转为极小化问题，得到：

$$\max_\alpha(\sum_{i=1}^m \alpha_i - \frac{1}{2}\sum_{i=1}^m\sum_{j=1}^m \alpha_i\alpha_j y^{(i)}y^{(j)}(\boldsymbol{x}^{(i)} \cdot \boldsymbol{x}^{(j)})) = \min(\frac{1}{2}\sum_{i=1}^m\sum_{j=1}^m \alpha_i\alpha_j y^{(i)}y^{(j)}(\boldsymbol{x}^{(i)} \cdot \boldsymbol{x}^{(j)}) - \sum_{i=1}^m \alpha_i)$$

$$\text{s.t.} \quad \sum_{i=1}^m \alpha_i y^{(i)} = 0 \ , \quad 0 \leqslant \alpha_i \leqslant C \ , \quad i = 1,\ 2,\ \cdots,\ m$$

我们对照一下前面线性可分 SVM 最优化过程，不难发现两者的极小化目标是一样的，不同的就是约束条件而已。因此，前面我们用到的 SMO 算法同样可以用于此处，求解出拉格朗日乘子 α_1, α_2, $\cdots$, α_m。

(4) 根据拉格朗日乘子与主问题参数的关系求解分隔超平面和决策函数。

由 $\boldsymbol{w} = \sum_{i=1}^m \alpha_i y^{(i)}\boldsymbol{x}^{(i)}$ 求出 $\boldsymbol{w}$。因为最终要求得的超平面满足 $\boldsymbol{w}^\mathrm{T}\boldsymbol{x} + b = 0$，这一点是和线性可分 SVM 的超平面一样的，所以求解 b 的过程也可以照搬：

$$b = \frac{1}{|S|}\sum_{s \in S}(y_s - \boldsymbol{w}^\mathrm{T}\boldsymbol{x}_s)$$

其中 S 是支持向量的集合。

12.6.3　线性 SVM 的支持向量

这里有个问题，到底哪些样本算是线性 SVM 的支持向量？

对于线性可分 SVM，支持向量本身是很明确的，就是那些落在最大分隔超平面两侧的两个辅助超平面上的样本。因为样本线性可分，所以这两个辅助超平面中间的硬间隔中，是没有任何样本存在的。

但是对于线性 SVM，这两个辅助超平面中间是软间隔，软间隔的区域内也存在若干样本。这些样本是和辅助超平面上的样本一样，算作支持向量呢？还是不算作支持向量？

比如图 12-15 中的 sample A 和 sample B，前者还好，只是"分得不够清楚"，后者根本就"跨界"到了"对方的地盘"。它们两个到底算不算支持向量呢？

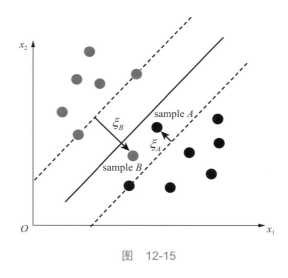

图　12-15

我们先来看看线性 SVM 的主问题拉格朗日函数的 KKT 条件：

$$\alpha_i \geqslant 0 \ , \quad \mu_i \geqslant 0$$

$$y^{(i)} f(\boldsymbol{x}^{(i)}) - 1 + \xi_i \geqslant 0$$

$$\alpha_i (y^{(i)} f(\boldsymbol{x}^{(i)}) - 1 + \xi_i) = 0$$

$$\xi_i \geqslant 0$$

$$\mu_i \xi_i = 0$$

其中 $f(\boldsymbol{x}^{(i)}) = \boldsymbol{w}^{\mathrm{T}} \boldsymbol{x}^{(i)} + b$ ，$i = 1, 2, \cdots, m$ 。

对于任意样本 $\boldsymbol{x}^{(i)}$ 及其标签 $y^{(i)}$ ，要么 $\alpha_i = 0$ ，要么 $y^{(i)} f(\boldsymbol{x}^{(i)}) - 1 + \xi_i = 0$ 。

我们又知道 $\boldsymbol{w}$ 的计算公式为：

$$\boldsymbol{w} = \sum_{i=1}^{m} \alpha_i y^{(i)} \boldsymbol{x}^{(i)}$$

其中拉格朗日乘子为 0（即 $\alpha_i = 0$）的项，对于 $\boldsymbol{w}$ 的值是没有影响的，能够影响 $\boldsymbol{w}$ 的，一定是对应拉格朗日乘子大于 0 的样本。

根据 KKT 条件，这样的样本一定同时满足 $y^{(i)} f(\boldsymbol{x}^{(i)}) - 1 + \xi_i = 0$，也就是 $y^{(i)} f(\boldsymbol{x}^{(i)}) = 1 - \xi_i$。所有这样的样本都是线性 SVM 的支持向量。

在满足 $y^{(i)} f(\boldsymbol{x}^{(i)}) = 1 - \xi_i$ 的前提之下，我们来看 ξ_i。

若 $\xi_i = 0$，则 $y^{(i)} f(\boldsymbol{x}^{(i)}) = 1$，此时，样本正好落在两个辅助超平面上。所以，两个辅助超平面上的样本，肯定是支持向量。

若 $\xi_i \neq 0$，那么有下面两种情况。

□ 当 $\xi_i \leqslant 1$ 时（例如图 12-15 中的 ξ_A），$1 - \xi_i > 0$，$y^{(i)} f(\boldsymbol{x}^{(i)}) > 0$。也就是说 $y^{(i)}$ 和 $f(\boldsymbol{x}^{(i)})$ 的结果相乘虽然不为 1，但至少这个样本还没有被归错类。

□ 当 $\xi_i > 1$ 时（例如图 12-15 中的 ξ_B），$1 - \xi_i < 0$，则 $y^{(i)} f(\boldsymbol{x}^{(i)}) < 0$，这时样本就被归错了类。但即便如此，这样的样本也影响了最终 $\boldsymbol{w}$ 的取值，所以它也是支持向量。

也就是说，对于线性 SVM 而言，除了落在两个辅助超平面上的样本，落在软间隔之内的样本也是它的支持向量。

12.7 非线性 SVM 和核函数

将现实世界的问题映射为向量空间的线性问题，原本就是一种理想化的假设。在很多情况下，线性化是无法解决实际问题的。这时就需要我们引入非线性的模型了，比如本节要讲的非线性 SVM。

12.7.1 非线性分类问题

遇到分类问题的时候，最理想的状态当然是样本在向量空间中都是线性可分的，我们可以清晰无误地把它们分隔成不同的类别——线性可分 SVM。

如果实在不行，我们可以容忍少数样本不被正确划分，只要大多数线性可分就好——线性 SVM。

可是，如果我们面对的分类问题，根本就是非线性的呢？比如像图 12-16 这样。

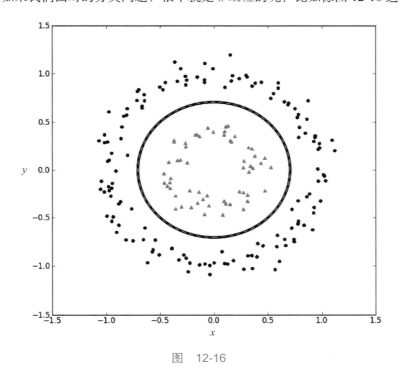

图 12-16

图 12-16 中黑色的点是正类样本，蓝色的点是负类样本。通过我们的观察可知，它们之间的界限是很分明的，用图中的圆圈本来可以把它们完全分开。

很可惜，圆圈在二维空间里无法用线性函数表示，也就是说这些样本在二维空间里线性不可分。所以，无论是线性可分 SVM 还是线性 SVM，都无法在这些样本上良好工作。

这可怎么办呢？难道，这种情况我们无法处理吗？

并不是！我们可以想个办法，让这些在二维空间中线性不可分的样本，在更高维度的空间里线性可分。比如说，如果我们能把图 12-16 中的正负类样本映射到三维空间中，并且依据不同的类别给它们赋予不一样的高度值—— z 轴取值（就像图 12-17 这样），那么不就线性可分了嘛。

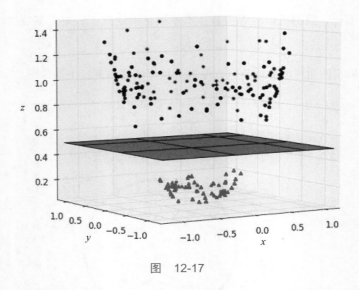

图　12-17

如此一来，在二维空间"团团转"的正负例，在三维空间中用一个超平面被完美分隔了。

12.7.2　非线性 SVM

对于在有限维度向量空间中线性不可分的样本，我们将其映射到更高维度的向量空间中，再通过间隔最大化的方式，学习得到 SVM，就是非线性 SVM。

我们将样本映射到的更高维度的新空间叫作特征空间。

> **注意**
>
> 　　如果是理想状态，样本从原始空间映射到特征空间后直接就成为线性可分了，那么接下来的学习是可以通过硬间隔最大化的方式来学的。
>
> 　　不过，一般的情况总没有那么理想，因此在通常情况下，我们还是按照软间隔最大化的方式在特征空间中学习 SVM。

简单理解就是：非线性 SVM = 核技巧 + 线性 SVM。

我们用向量 x 表示位于原始空间中的样本，$\phi(x)$ 表示 x 映射到特征空间之后的新向量。

则非线性 SVM 对应的分隔超平面为： $f(\boldsymbol{x}) = \boldsymbol{w}\boldsymbol{\phi}(\boldsymbol{x}) + b$。

套用线性 SVM 的对偶问题，此处非线性 SVM 的对偶问题就变成了：

$$\min(\frac{1}{2}\sum_{i=1}^{m}\sum_{j=1}^{m}\alpha_i\alpha_j y^{(i)} y^{(j)} \boldsymbol{\phi}(\boldsymbol{x}^{(i)}) \cdot \boldsymbol{\phi}(\boldsymbol{x}^{(j)}) - \sum_{i=1}^{m}\alpha_i)$$

$$\text{s.t.} \quad \sum_{i=1}^{m}\alpha_i y^{(i)} = 0$$

$$0 \leqslant \alpha_i \leqslant C, \quad i = 1, 2, \cdots, m$$

大家可以看到，和线性 SVM 唯一的不同就是：之前的 $\boldsymbol{x}^{(i)}$ 与 $\boldsymbol{x}^{(j)}$ 的内积（点乘）变成了 $\boldsymbol{\phi}(\boldsymbol{x}^{(i)})$ 与 $\boldsymbol{\phi}(\boldsymbol{x}^{(j)})$ 的内积。

12.7.3 核函数

对于有限维度的原始空间，一定存在更高维度的空间，使得前者中的样本映射到新空间后可分。但是新空间（特征空间）的维度也许很大，甚至可能是无限维的。这样的话，直接计算 $\boldsymbol{\phi}(\boldsymbol{x}^{(i)}) \cdot \boldsymbol{\phi}(\boldsymbol{x}^{(j)})$ 就会很困难。

为了避免计算 $\boldsymbol{\phi}(\boldsymbol{x}^{(i)})$ 和 $\boldsymbol{\phi}(\boldsymbol{x}^{(j)})$ 的内积，我们需要设置一个新的函数——$k(\boldsymbol{x}^{(i)}, \boldsymbol{x}^{(j)})$：

$$k(\boldsymbol{x}^{(i)}, \boldsymbol{x}^{(j)}) = \boldsymbol{\phi}(\boldsymbol{x}^{(i)}) \cdot \boldsymbol{\phi}(\boldsymbol{x}^{(j)})$$

原始空间中的两个样本 $\boldsymbol{x}^{(i)}$ 和 $\boldsymbol{x}^{(j)}$ 经过 $k(\cdot,\cdot)$ 函数计算所得出的结果，是它们在特征空间中映射成的新向量的内积。

如此一来，我们就不必真的计算出 $\boldsymbol{\phi}(\boldsymbol{x}^{(i)})$ 点乘 $\boldsymbol{\phi}(\boldsymbol{x}^{(j)})$ 的结果，而可以直接用 $k(\cdot,\cdot)$ 函数代替它们。

我们把这个 $k(\cdot,\cdot)$ 函数叫作核函数。现在我们给出它的正式定义：

设 $\boldsymbol{\mathcal{X}}$ 为原始空间（又称输入空间），$\boldsymbol{\mathcal{H}}$ 为特征空间（特征空间是一个带有内积的完备向量空间，又称完备内积空间或希尔伯特空间）。如果存在一个映射：$\boldsymbol{\mathcal{X}} \times \boldsymbol{\mathcal{X}}$，使得对所有 $\boldsymbol{x}^{(i)}, \boldsymbol{x}^{(j)} \in \boldsymbol{\mathcal{X}}$ 的函数 $k(\boldsymbol{x}^{(i)}, \boldsymbol{x}^{(j)})$ 满足条件：$k(\boldsymbol{x}^{(i)}, \boldsymbol{x}^{(j)}) = \boldsymbol{\phi}(\boldsymbol{x}^{(i)}) \cdot \boldsymbol{\phi}(\boldsymbol{x}^{(j)})$，即 $k(\cdot,\cdot)$ 函数为输入空间中任意两个向量映射到特征空间后的内积，则称 $k(\cdot,\cdot)$ 为核函数，$\boldsymbol{\phi}(\cdot)$ 为映射函数。

有了核函数，我们就可以将非线性 SVM 的对偶问题写成：

$$\min(\frac{1}{2}\sum_{i=1}^{m}\sum_{j=1}^{m}\alpha_i\alpha_j y^{(i)}y^{(j)}k(\boldsymbol{x}^{(i)},\boldsymbol{x}^{(j)})-\sum_{i=1}^{m}\alpha_i)$$

$$\text{s.t.} \quad \sum_{i=1}^{m}\alpha_i y^{(i)}=0$$

$$0\leqslant\alpha_i\leqslant C\ ,\quad i=1,\ 2,\ \cdots,\ m$$

之后的求解过程与线性 SVM 一致：先根据对偶问题求解 $\boldsymbol{\alpha}$，再根据 $\boldsymbol{\alpha}$ 的结果计算 $\boldsymbol{w}$，然后根据支持向量求解 b，在此就不赘述了。

相应地，最终求出的非线性 SVM 在特征空间的最大分隔超平面也就成了：

$$f(\boldsymbol{x})=\boldsymbol{w}\phi(\boldsymbol{x})+b=\sum_{i=1}^{m}\alpha_i y^{(i)}\phi(\boldsymbol{x}^{(i)})\cdot\phi(\boldsymbol{x})+b=\sum_{i=1}^{m}\alpha_i y^{(i)}k(\boldsymbol{x},\boldsymbol{x}^{(i)})+b$$

上述运用核函数求解的过程，称为核技巧。

1. 核函数的性质

如果我们已经知道了映射函数是什么，当然可以通过两个向量映射后的内积直接求得核函数。

但是，在我们还不知道映射函数本身是什么的时候，有没有可能直接判断一个函数是不是核函数呢？

换句话说，一个函数需要具备怎样的性质，才是一个核函数？

以下是函数 $k(\cdot,\cdot)$ 可以作为核函数的充分必要条件。

设 $\mathcal{X}$ 是输入空间，$k(\cdot,\cdot)$ 是定义在 $\mathcal{X}\times\mathcal{X}$ 上的对称函数，当且仅当任意 $\boldsymbol{x}^{(1)},\ \boldsymbol{x}^{(2)},\ \cdots,$ $\boldsymbol{x}^{(m)}\in\mathcal{X}$，核矩阵 $\boldsymbol{K}$ 总是半正定时，$k(\cdot,\cdot)$ 就可以作为核函数使用。

核矩阵为：

$$\boldsymbol{K}=\begin{bmatrix} k(\boldsymbol{x}^{(1)},\boldsymbol{x}^{(1)}) & \cdots & k(\boldsymbol{x}^{(1)},\boldsymbol{x}^{(j)}) & \cdots & k(\boldsymbol{x}^{(1)},\boldsymbol{x}^{(m)}) \\ \vdots & \ddots & \vdots & \ddots & \vdots \\ k(\boldsymbol{x}^{(i)},\boldsymbol{x}^{(1)}) & \cdots & k(\boldsymbol{x}^{(i)},\boldsymbol{x}^{(j)}) & \cdots & k(\boldsymbol{x}^{(i)},\boldsymbol{x}^{(m)}) \\ \vdots & \ddots & \vdots & \ddots & \vdots \\ k(\boldsymbol{x}^{(m)},\boldsymbol{x}^{(1)}) & \cdots & k(\boldsymbol{x}^{(m)},\boldsymbol{x}^{(j)}) & \cdots & k(\boldsymbol{x}^{(m)},\boldsymbol{x}^{(m)}) \end{bmatrix}$$

> **注意**
>
> 下面是几个线性代数的基础概念。
>
> 对称函数：函数的输出值不随输入变量的顺序改变而改变的函数叫作对称函数。
>
> $\boldsymbol{x}^{(i)}$ 和 $\boldsymbol{x}^{(j)}$ 是向量，特征空间中的 $\phi(\boldsymbol{x}^{(i)})$ 和 $\phi(\boldsymbol{x})$ 也是向量，$k(\boldsymbol{x}^{(i)}, \boldsymbol{x}^{(j)})$ 表示特征空间向量的内积，而两个向量的内积并不因为其顺序变化而变化。因此，$k(\boldsymbol{x}^{(i)}, \boldsymbol{x}^{(j)}) = k(\boldsymbol{x}^{(j)}, \boldsymbol{x}^{(i)})$，即 $k(\cdot, \cdot)$ 为对称函数。
>
> 相应地，核矩阵 $\boldsymbol{K}$ 为对称矩阵。
>
> 半正定矩阵：一个 $n \times n$ 的实对称矩阵 $\boldsymbol{M}$ 为半正定，当且仅当对于所有非零实系数向量 $\boldsymbol{z}$，均有：$\boldsymbol{z}^{\mathrm{T}} \boldsymbol{M} \boldsymbol{z} \geq 0$。其中"非零实系数向量"的含义是：一个向量中所有元素均为实数，且其中至少有一个元素值非零。

2. 核函数的种类

要知道，非线性 SVM 的关键在于将输入空间中线性不可分的样本映射到线性可分的特征空间中去。特征空间的好坏直接影响到了 SVM 的效果。

如何选择核函数也就成了一个关键性的问题。

虽然我们已经学习了核函数的定义和性质，但让我们凭空去自己构建一个核函数出来，还是非常困难的。

即使构造出来了，这个核函数在具体问题上的效果如何，还需要通过大量测试来证明，很可能费了好大劲，最后效果还不理想。

好在前人已经给我们留下来一些经历了长久磨炼的常用核函数，让我们可以直接拿来用。接下来，我们分别看下这些核函数。

- **线性核**

$$k(\boldsymbol{x}^{(i)}, \boldsymbol{x}^{(j)}) = \boldsymbol{x}^{(i)} \cdot \boldsymbol{x}^{(j)}$$

使用时无须指定参数，它直接计算两个输入向量的内积。经过线性核函数转换的样本，特征空间与输入空间重合，相当于并没有将样本映射到更高维度的空间里去。

很显然这是最简单的核函数，实际训练、使用 SVM 的时候，在不知道用什么核的情况下，可以先试试线性核的效果。

- **多项式核**

$$k(\boldsymbol{x}^{(i)}, \boldsymbol{x}^{(j)}) = (\gamma \boldsymbol{x}^{(i)} \cdot \boldsymbol{x}^{(j)} + r)^d , \quad \gamma > 0 , \quad d \geqslant 1$$

需要指定 3 个参数：γ、r 和 d。

这是一个不平稳的核，适用于数据做了归一化（参见 12.7.4 节）的情况。

- **RBF 核**

$$k(\boldsymbol{x}^{(i)}, \boldsymbol{x}^{(j)}) = \exp(-\gamma \parallel \boldsymbol{x}^{(i)} - \boldsymbol{x}^{(j)} \parallel^2) , \quad \gamma > 0$$

RBF 核又名高斯核，是一个核函数家族。它会将输入空间的样本以非线性的方式映射到更高维度的空间（特征空间）里去，因此它可以处理类标签和样本属性之间是非线性关系的状况。

它有一个参数：γ，这个参数的设置非常关键！

如果设置过大，则整个 RBF 核会向线性核方向退化，向更高维度非线性投影的能力就会减弱；但如果设置过小，则会使得样本中噪声的影响加大，从而干扰最终 SVM 的有效性。

不过相对于多项式核的 3 个参数，RBF 核只有一个参数需要调，还是相对简单的。当线性核效果不是很好时，可以用 RBF 试试。其实在很多情况下，可以直接使用 RBF。著名的 LIBSVM 的默认核函数，就是 RBF 核。

- **Sigmoid 核**

$$k(\boldsymbol{x}^{(i)}, \boldsymbol{x}^{(j)}) = \tanh(\gamma \boldsymbol{x}^{(i)} \cdot \boldsymbol{x}^{(j)} + r)$$

有两个参数，γ 和 r，在某些参数设置之下，Sigmoid 核矩阵可能不是半正定的，此时 Sigmoid 核也就不是有效的核函数了。因此参数设置要非常小心。

整体而言，Sigmoid 核并不比线性核或者 RBF 核更好。但是当参数设置适宜时，它会有不俗的表现。

在具体应用核函数时，最好针对具体问题参照前人的经验。

3. 构建自己的核函数

除了常见的核函数，我们还可以根据以下规律进行核函数的组合。

(1) 与正数相乘：$k(\cdot,\cdot)$ 是核函数，对于任意正数（标量）$\alpha \geqslant 0$，$\alpha k(\cdot,\cdot)$ 也是核函数。

(2) 与正数相加：$k(\cdot,\cdot)$ 是核函数，对于任意正数（标量）$\alpha \geqslant 0$，$\alpha + k(\cdot,\cdot)$ 也是核函数。

(3) 线性组合：$k(\cdot,\cdot)$ 是核函数，则其线性组合也是核函数：$\sum_{i=1}^{n}\alpha_i k_i(\cdot,\cdot)$，$\alpha_i \geqslant 0$。

(4) 乘积：$k_1(\cdot,\cdot)$ 和 $k_2(\cdot,\cdot)$ 都是核函数，则它们的乘积 $k_1(\cdot,\cdot)k_2(\cdot,\cdot)$ 也是核函数。

(5) 正系数多项式函数：设 P 为实数域内的正系数多项式函数，$k(\cdot,\cdot)$ 是核函数，则 $P(k(\cdot,\cdot))$ 也是核函数。

(6) 指数函数：$k(\cdot,\cdot)$ 是核函数，则 $\exp(k(\cdot,\cdot))$ 也是核函数。

掌握了这些规律，我们也可以尝试根据需要构建自己的核函数。

12.7.4　数据归一化

数据归一化是一种数据处理方法，具体所做的就是对取值范畴不同的数据进行归一化处理，使它们处在同一数量级。

最常见的就是把各种数据都变成 (0, 1) 之间的小数，如图 12-18 所示。

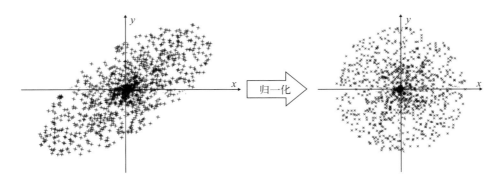

图　12-18

大家可以看到在二维坐标系中，"扁长"的数据分布经过归一化处理后，变成了一个"正圆"。

常用的归一化算法有两种。

(1) 最小 – 最大归一化

$$x' = \frac{(x - \min)}{(\max - \min)}$$

(2) 平均归一化

$$x' = \frac{(x - \mu)}{\gamma}$$

其中 μ 为 x 的均值。

第 13 章

SVR

SVR 是一种用来执行回归任务的模型，它背后的数学原理与 SVM 的原理基本相同，因此也可以说 SVR 是 SVM 在回归任务上的一种应用。

13.1 严格的线性回归

之前我们讲过线性回归：在向量空间里用线性函数去拟合样本。

线性回归模型以所有样本的实际位置到该线性函数的综合距离为损失，通过最小化损失来求取线性函数的参数，如图 13-1 所示。

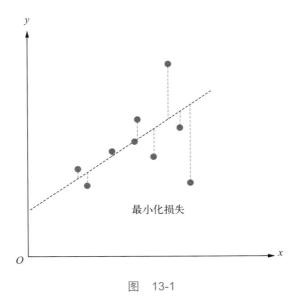

图　13-1

对于线性回归而言，一个样本只要不是正好落在最终作为模型的线性函数上，就要被计算损失。

如此严格，真的有利于得出扩展性良好的模型吗？

13.2 宽容的 SVR

今天我们来介绍一种"宽容"的回归模型：SVR。

13.2.1 模型函数

SVR 模型的模型函数也是一个线性函数：$y = \boldsymbol{w}^{\mathrm{T}}x + b$。它看起来和线性回归的模型函数一样，但 SVR 和线性回归是两个不同的回归模型。不同在哪儿呢？不同在学习过程。说得更详细点儿就是：二者计算损失的原则不同，目标函数和最优化算法也不同。

13.2.2 原理

SVR 在线性函数两侧制造了一个"隔离带"，对于所有落入隔离带的样本，都不计算损失，只有隔离带之外的，才计入损失函数。之后再通过最小化隔离带的宽度与总损失，来最优化模型。

如图 13-2 所示，只有那些圈了蓝圈的样本（有的在隔离带边缘之外，有的落在隔离带边缘上），才被计入最后的损失。

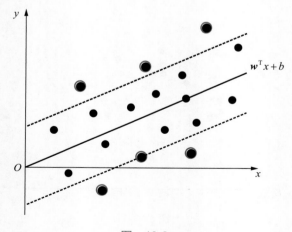

图 13-2

13.2.3　SVR 的两个松弛变量

这样看起来，SVR 是不是很像 SVM？

不过请注意，SVR 有一点和 SVM 相反：SVR 希望所有的样本点都落在隔离带里面，而 SVM 恰恰希望所有的样本点都落在隔离带之外！

正是这一点区别，导致 SVR 要同时引入 2 个而不是 1 个松弛变量，如图 13-3 所示。

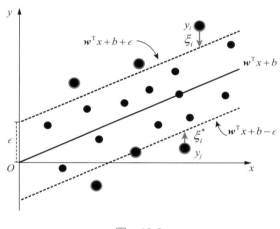

图　13-3

图 13-3 显示了 SVR 的基本情况。

❑ $f(x) = \boldsymbol{w}^\mathrm{T}\boldsymbol{x} + b$ 是我们最终求得的模型函数。

❑ $\boldsymbol{w}^\mathrm{T}\boldsymbol{x} + b + \epsilon$ 和 $\boldsymbol{w}^\mathrm{T}\boldsymbol{x} + b - \epsilon$（也就是 $f(\boldsymbol{x}) + \epsilon$ 和 $f(\boldsymbol{x}) - \epsilon$）分别是隔离带的上下边缘。

❑ ξ 是隔离带上边缘之上样本点的 y 值与对应 $\boldsymbol{x}$ 坐标在"上边缘超平面"上投影的差。

❑ ξ^* 是隔离带下边缘之下样本点到隔离带下边缘上的投影与该样本点 y 值的差。

这样说有些绕，我们用公式来表达：

$$\begin{cases} \xi_i = y^{(i)} - (f(\boldsymbol{x}^{(i)}) + \epsilon), & \text{if } y^{(i)} > f(\boldsymbol{x}^{(i)}) + \epsilon \\ \quad\xi_i = 0, & \text{otherwise} \end{cases}$$

$$\begin{cases} \xi_i^* = (f(\boldsymbol{x}^{(i)}) - \epsilon) - y^{(i)}, & \text{if } y^{(i)} < f(\boldsymbol{x}^{(i)}) - \epsilon \\ \quad\xi_i^* = 0, & \text{otherwise?} \end{cases}$$

对于任意样本 $x^{(i)}$，如果它处于隔离带里面或者隔离带边缘，那么 ξ_i 和 ξ_i^* 都为 0；如果它在隔离带上边缘上方，则 $\xi_i > 0$，$\xi_i^* = 0$；如果它在下边缘下方，则 $\xi_i = 0$，$\xi_i^* > 0$。

13.3 SVR 的主问题和对偶问题

SVR 主问题的数学描述如下：

$$\min_{w,b,\xi,\xi^*} \frac{1}{2} \| w \|^2 + C \sum_{i=1}^{m} (\xi_i + \xi_i^*)$$

$$\text{s.t.} \quad f(x^{(i)}) - y^{(i)} \leqslant \epsilon + \xi_i$$

$$y^{(i)} - f(x^{(i)}) \leqslant \epsilon + \xi_i^*$$

$$\xi_i \geqslant 0$$

$$\xi_i^* \geqslant 0$$

$$i = 1, 2, \cdots, m$$

我们引入拉格朗日乘子 $\mu_i \geqslant 0$、$\mu_i^* \geqslant 0$、$\alpha_i \geqslant 0$ 和 $\alpha_i^* \geqslant 0$，来针对上述主问题构建拉格朗日函数，得到的拉格朗日函数如下：

$$L(w,b,\xi,\xi^*,\alpha,\alpha^*,\mu,\mu^*) = \frac{1}{2} \| w \|^2 + C \sum_{i=1}^{m} (\xi_i + \xi_i^*) + \sum_{i=1}^{m} \alpha_i (f(x^{(i)}) - y^{(i)} - \epsilon - \xi_i) +$$

$$\sum_{i=1}^{m} \alpha_i^* (y^{(i)} - f(x^{(i)}) - \epsilon - \xi_i^*) + \sum_{i=1}^{m} \mu_i (0 - \xi_i) + \sum_{i=1}^{m} \mu_i^* (0 - \xi_i^*)$$

它对应的对偶问题是：

$$\max_{\alpha,\alpha^*,\mu,\mu^*} \min_{w,b,\xi,\xi^*} L(w,b,\xi,\xi^*,\alpha,\alpha^*,\mu,\mu^*)$$

按照我们前面学习过的方法，首先要求最小化部分：

$$\min_{w,b,\xi,\xi^*} L(w,b,\xi,\xi^*,\alpha,\alpha^*,\mu,\mu^*)$$

然后分别对 w、b、ξ_i 和 ξ_i^* 求偏导，并令偏导数为 0，可得：

$$\boldsymbol{w} = \sum_{i=1}^{m}(\alpha_i^* - \alpha_i)\boldsymbol{x}^{(i)}$$

$$0 = \sum_{i=1}^{m}(\alpha_i^* - \alpha_i)$$

$$C = \alpha_i + \mu_i$$

$$C = \alpha_i^* + \mu_i^*$$

将上述 4 个等式带回到对偶问题中，再通过求负将极大化问题转化为极小化问题，得到如下结果：

$$\min_{\alpha, \alpha^*} \left[\sum_{i=1}^{m} y^{(i)}(\alpha_i - \alpha_i^*) + \epsilon \sum_{i=1}^{m}(\alpha_i + \alpha_i^*) + \frac{1}{2}\sum_{i=1}^{m}\sum_{j=1}^{m}(\alpha_i - \alpha_i^*)(\alpha_j - \alpha_j^*)\boldsymbol{x}^{(i)} \cdot \boldsymbol{x}^{(j)} \right]$$

$$\text{s.t.} \quad \sum_{i=1}^{m}(\alpha_i^* - \alpha_i) = 0 \ , \quad 0 \leqslant \alpha_i \ , \quad \alpha_i^* \leqslant C$$

到了这一步我们可以采用 SMO 算法了吗？

直觉上，好像不行，因为 SMO 算法针对的是任意样本 $\boldsymbol{x}^{(i)}$ 只对应一个参数 α_i 的情况，而此处，这个样本对应两个参数 α_i 和 α_i^*。

有没有办法把 α_i 和 α_i^* 转化为一个参数呢？办法还是有的！

我们整个求解过程采用的是拉格朗日对偶法，对偶问题有解的充要条件是满足 KKT 条件。那么对于 SVR 的对偶问题，它的 KKT 条件是什么呢？它的 KKT 条件如下：

$$\alpha_i(f(\boldsymbol{x}^{(i)}) - y^{(i)} - \epsilon - \xi_i) = 0$$

$$\alpha_i^*(y^{(i)} - f(\boldsymbol{x}^{(i)}) - \epsilon - \xi_i^*) = 0$$

$$\alpha_i \alpha_i^* = 0$$

$$\xi_i \xi_i^* = 0$$

$$(C - \alpha_i)\xi_i = 0$$

$$(C - \alpha_i^*)\xi_i^* = 0$$

由 KKT 条件可知，当且仅当 $f(\boldsymbol{x}^{(i)}) - y^{(i)} - \epsilon - \xi_i = 0$，$\alpha_i$ 可以取非 0 值；当且仅当 $y^{(i)} - f(\boldsymbol{x}^{(i)}) - \epsilon - \xi_i^* = 0$，$\alpha_i^*$ 可以取非 0 值。

$f(\boldsymbol{x}^{(i)}) - y^{(i)} - \epsilon - \xi_i = 0 => y^{(i)} = f(\boldsymbol{x}^{(i)}) - \epsilon - \xi_i$ 对应的是在隔离带下边缘以下的样本。而 $y^{(i)} - f(\boldsymbol{x}^{(i)}) - \epsilon - \xi_i^* = 0 => y^{(i)} = f(\boldsymbol{x}^{(i)}) + \epsilon + \xi_i^*$ 对应的是在隔离带上边缘之上的样本。

一个样本不可能既在上边缘之上，又在上边缘之下，所以这两个等式最多只有一个成立，相应地，α_i 和 α_i^* 至少有一个为 0。

我们设 $\lambda_i = \alpha_i - \alpha_i^*$。既然 α_i 和 α_i^* 至少有一个为 0，且 $0 \leq \alpha_i$，$\alpha_i^* \leq C$，于是有 $|\lambda_i| = \alpha_i + \alpha_i^*$。

将 λ_i 和 $|\lambda_i|$ 代入对偶问题，则有：

$$\min_\lambda \left[\sum_{i=1}^m y^{(i)}(\lambda_i) + \epsilon \sum_{i=1}^m (|\lambda_i|) + \frac{1}{2} \sum_{i=1}^m \sum_{j=1}^m \lambda_i \lambda_j \boldsymbol{x}^{(i)} \cdot \boldsymbol{x}^{(j)} \right]$$

$$\text{s.t.} \quad \sum_{i=1}^m (\lambda_i) = 0, \quad -C \leq \lambda_i \leq C$$

如此一来，不就可以应用 SMO 求解了嘛！

当然，这样一个推导过程仅仅用于说明 SMO 也可以应用于 SVR，具体的求解过程和 SVM 的 SMO 算法还是有所差异的。

13.4 支持向量与求解线性模型参数

因为 $f(\boldsymbol{x}) = \boldsymbol{w}^\mathrm{T} \boldsymbol{x} + b$，又因为前面已经求出 $\boldsymbol{w} = \sum_{i=1}^m (\alpha_i^* - \alpha_i) \boldsymbol{x}^{(i)}$，所以：

$$f(\boldsymbol{x}) = \sum_{i=1}^m (\alpha_i^* - \alpha_i) \boldsymbol{x}^{(i)} \cdot \boldsymbol{x} + b$$

由此可见，只有满足 $\alpha_i^* - \alpha_i \neq 0$ 的样本才对 $\boldsymbol{w}$ 的取值有意义，才是 SVR 的支持向量。也就是说，只有当样本满足下列两个条件之一时，它才是支持向量：

$$f(\boldsymbol{x}^{(i)}) - y^{(i)} - \epsilon - \xi_i = 0$$

或

$$y^{(i)} - f(\boldsymbol{x}^{(i)}) - \epsilon - \xi_i^* = 0$$

也就是说这个样本要么在隔离带上边缘以上，要么在隔离带下边缘以下（含两个边缘本身），即落在隔离带之外，才是 SVR 的支持向量！

可见，无论是 SVM 还是 SVR，它们的解都仅限于支持向量，即只是全部训练样本的一部分。因此 SVM 和 SVR 的解都具有稀疏性。

通过最优化方法求解出了 $\boldsymbol{w}$ 之后，我们还需要求 b。我们知道：

$$f(\boldsymbol{x}^{(i)}) = \boldsymbol{w}^{\mathrm{T}}\boldsymbol{x}^{(i)} + b => b = f(\boldsymbol{x}^{(i)}) - \boldsymbol{w}^{\mathrm{T}}\boldsymbol{x}^{(i)}$$

而且，对于那些落在隔离带上边缘的支持向量有 $f(\boldsymbol{x}^{(i)}) = y^{(i)} + \epsilon$，对于落在隔离带下边缘的支持向量有 $f(\boldsymbol{x}^{(i)}) = y^{(i)} - \epsilon$。因此：

$$b = \frac{1}{|\boldsymbol{S}_u| + |\boldsymbol{S}_d|}\left[\sum_{s \in \boldsymbol{S}_u}(y_s + \epsilon - \boldsymbol{w}^{\mathrm{T}}\boldsymbol{x}_s) + \sum_{s \in \boldsymbol{S}_d}(y_s - \epsilon - \boldsymbol{w}^{\mathrm{T}}\boldsymbol{x}_s)\right]$$

其中 $\boldsymbol{S}_u$ 是位于隔离带上边缘的支持向量集合，$\boldsymbol{S}_d$ 则是位于隔离带下边缘的支持向量集合。

13.5　SVR 的核技巧

前面讲到的适用于 SVM 的核技巧也同样适用于 SVR。

SVR 核技巧的实施办法和 SVM 一样，也是将输入空间的 $\boldsymbol{x}$ 通过映射函数 $\phi(\boldsymbol{x})$ 映射到更高维度的特征空间，然后在特征空间内进行一系列操作。

因此，特征空间中的线性模型为：

$$f(\boldsymbol{x}) = \boldsymbol{w}^{\mathrm{T}}\phi(\boldsymbol{x}) + b$$

其中：

$$\boldsymbol{w} = \sum_{i=1}^{m}(\alpha_i^* - \alpha_i)\phi(\boldsymbol{x}^{(i)})$$

对照 SVM 核函数的做法，我们也令：

$$k(\boldsymbol{x}^{(i)}, \boldsymbol{x}^{(j)}) = \boldsymbol{\phi}(\boldsymbol{x}^{(i)}) \cdot \boldsymbol{\phi}(\boldsymbol{x}^{(j)})$$

因此有：

$$f(\boldsymbol{x}) = \sum_{i=1}^{m}(\alpha_i^* - \alpha_i)k(\boldsymbol{x}, \boldsymbol{x}^{(i)}) + b$$

具体核技巧的实施过程，同样对照 SVM 即可。

第 14 章
直观认识 SVM 和 SVR

从数学原理的角度看 SVM 和 SVR 略显复杂，如果换个角度，从数据可视化的角度来直观看这两个模型，就简单多了。

14.1 SVM 实例

前面我们学习了 SVM 的理论，讲了线性可分 SVM、线性 SVM、非线性 SVM 和核函数。接下来我们将通过几个例子来直观了解一下这些概念。

我们可以通过可视化技术将样本与直角坐标系中的点对应起来，看起来非常直观，便于理解。

14.1.1 线性可分 SVM

先来看一个最简单的例子——线性可分 SVM：

```
import numpy as np
import matplotlib.pyplot as plt
from sklearn.svm import SVC # "Support vector classifier"

# 定义函数 plot_svc_decision_function 用于绘制分割超平面和其两侧的辅助超平面
def plot_svc_decision_function(model, ax=None, plot_support=True):
    """Plot the decision function for a 2D SVC"""
    if ax is None:
        ax = plt.gca()
    xlim = ax.get_xlim()
    ylim = ax.get_ylim()
```

```
    # 创建网格用于评价模型
    x = np.linspace(xlim[0], xlim[1], 30)
    y = np.linspace(ylim[0], ylim[1], 30)
    Y, X = np.meshgrid(y, x)
    xy = np.vstack([X.ravel(), Y.ravel()]).T
    P = model.decision_function(xy).reshape(X.shape)

    # 绘制超平面
    ax.contour(X, Y, P, colors='k',
                levels=[-1, 0, 1], alpha=0.5,
                linestyles=['--', '-', '--'])

    # 标识出支持向量
    if plot_support:
        ax.scatter(model.support_vectors_[:, 0],
                    model.support_vectors_[:, 1],
                    s=300, linewidth=1, edgecolors='blue', facecolors='none');
    ax.set_xlim(xlim)
    ax.set_ylim(ylim)

# 用 make_blobs 生成样本数据
from sklearn.datasets.samples_generator import make_blobs
X, y = make_blobs(n_samples=50, centers=2,
                    random_state=0, cluster_std=0.60)

# 将样本数据绘制在直角坐标中
plt.scatter(X[:, 0], X[:, 1], c=y, s=50, cmap='autumn');
plt.show()

# 用线性核函数的 SVM 来对样本进行分类
model = SVC(kernel='linear')
model.fit(X, y)

# 在直角坐标中绘制分割超平面、辅助超平面和支持向量
plt.scatter(X[:, 0], X[:, 1], c=y, s=50, cmap='autumn')
plot_svc_decision_function(model);
plt.show()
```

用上面的代码生成的数据显示如图 14-1 所示。

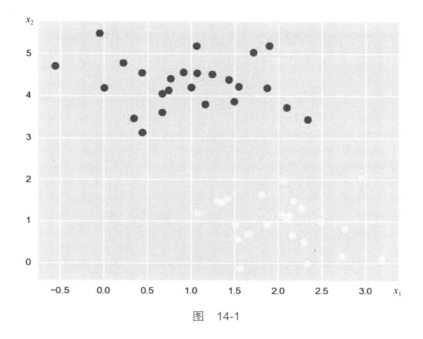

图　14-1

用线性核 SVM 进行分类后，显示如图 14-2 所示。

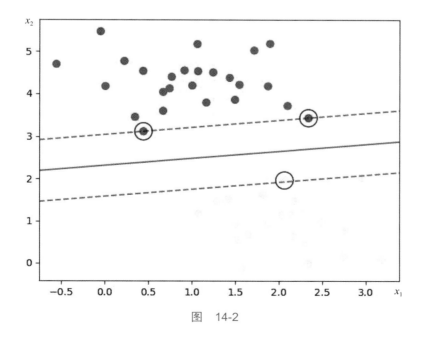

图　14-2

图 14-2 看起来非常理想。因为本来就是线性可分的两类样本，所以最大分割超平面和相应的辅助超平面都很清晰，相应的支持变量也正好落在两类样本的边缘处。

14.1.2 线性 SVM

如果样本之间没有区分得这么清晰，而是有不同类型样本发生了重叠，又会如何？

让我们再来生成一些需要用软间隔来处理的数据看看：

```
X, y = make_blobs(n_samples=100, centers=2,
                  random_state=0, cluster_std=0.9)
plt.scatter(X[:, 0], X[:, 1], c=y, s=50, cmap='autumn');
plt.show()
```

这段代码生成的数据如图 14-3 所示。

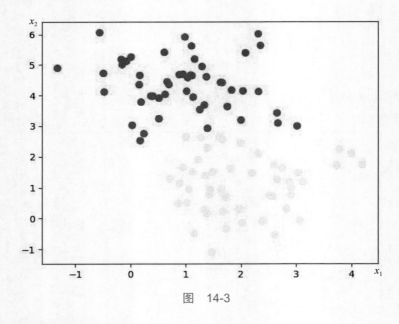

图　14-3

我们再用同样的方法分割它们：

```
model = SVC(kernel='linear')
model.fit(X, y)

plt.scatter(X[:, 0], X[:, 1], c=y, s=50, cmap='autumn')
plot_svc_decision_function(model)
plt.show()
```

结果如图 14-4 所示。

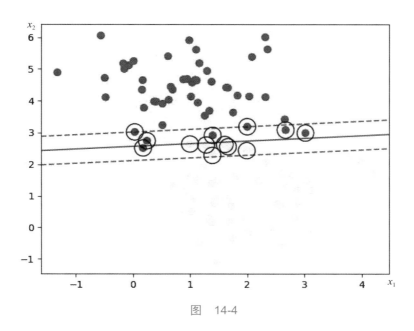

图   14-4

我们所用的 SVC 类有一个 C 参数，对应的是错误项的惩罚系数。这个系数设置得越高，容错性就越小，分隔空间的硬度也就越强。

在没有显性设置的情况下，C=1.0。

在线性可分 SVM 的例子中，C 取默认值就工作得很好了。但是在现在的例子里，直观上，如果使用默认值，错误项也太多了点，如果我们加大惩罚系数，将它提高 10 倍，设置 C=10.0，又会如何呢？

让我们来试一试，代码如下：

```
model = SVC(kernel='linear', C=10.0)
model.fit(X, y)

plt.scatter(X[:, 0], X[:, 1], c=y, s=50, cmap='autumn')
plot_svc_decision_function(model)
plt.show()
```

生成的图形如图 14-5 所示。

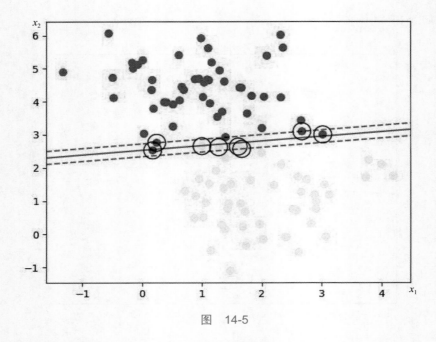

图　14-5

确实比之前顺眼了不少，这就是惩罚系数的作用。

14.1.3　完全线性不可分的数据

如果我们的样本在二维空间内完全是线性不可分的，又会怎样呢？

比如，我们生成下列这些数据：

```
from sklearn.datasets.samples_generator import make_circles
X, y = make_circles(100, factor=.1, noise=.1)

plt.scatter(X[:, 0], X[:, 1], c=y, s=50, cmap='autumn');
plt.show()
```

生成的图形如图 14-6 所示。

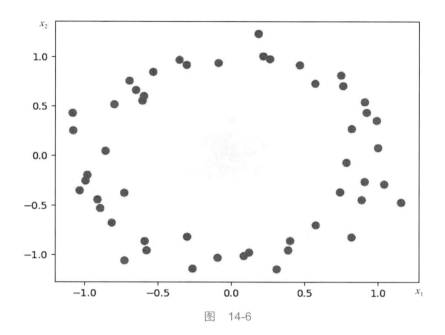

图　14-6

　　这样分布的样本，我们是不能指望在二维空间中线性分隔它们了。如果非要尝试一下，那么只能得出如下这种"可怜的"结果：

```
model = SVC(kernel='linear')
model.fit(X, y)

plt.scatter(X[:, 0], X[:, 1], c=y, s=50, cmap='autumn')
plot_svc_decision_function(model);
plt.show()
```

　　结果如图 14-7 所示。

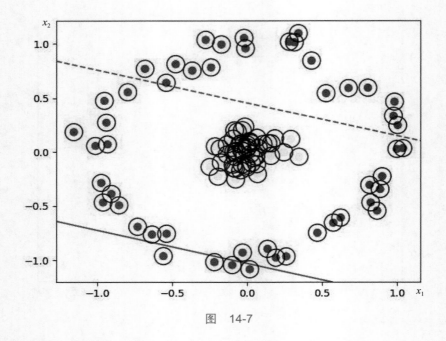

图　14-7

14.1.4　核函数的作用

从图 14-7 中可以看出，虽然正负例样本在二维空间中完全线性不可分。但是它们相对集中，如果将它们投射到三维空间中，很可能是可分的。

我们用下面的代码将这些样本投射到三维空间：

```python
from mpl_toolkits import mplot3d
def plot_3D(elev=30, azim=30, X=None, y=None):
    ax = plt.subplot(projection='3d')
    r = np.exp(-(X ** 2).sum(1))
    ax.scatter3D(X[:, 0], X[:, 1], r, c=y, s=50, cmap='autumn')
    ax.view_init(elev=elev, azim=azim)
    ax.set_xlabel('x')
    ax.set_ylabel('y')
    ax.set_zlabel('r')

plot_3D(X=X, y=y)
plt.show()
```

绘制出的三维分布如图 14-8 所示。

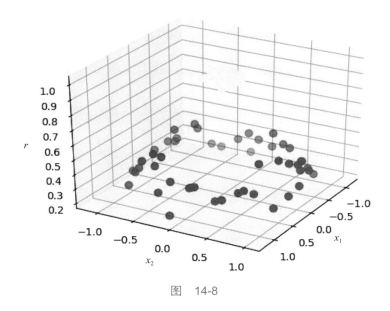

图　14-8

正负例样本在三维空间被分为了两簇。如果我们在两簇中间的位置"横切一刀",完全有可能将它们分开。

如何将这些样本在更高维度空间的投射体现在代码中呢?我们需要重新生成二维的 X 再用 SVC 吗?

其实不用那么麻烦,我们可以直接采用 RBF 核!

只要将上面的代码修改一个参数,改为:

```
model = SVC(kernel='rbf')
model.fit(X, y)

plt.scatter(X[:, 0], X[:, 1], c=y, s=50, cmap='autumn')
plot_svc_decision_function(model);
plt.show()
```

结果就会好许多,如图 14-9 所示。

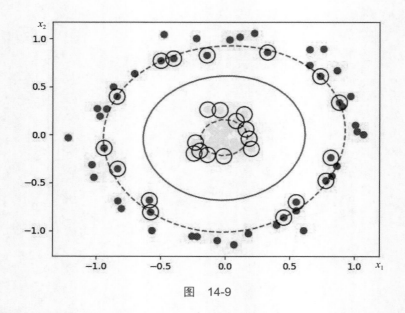

图　14-9

好像这个结果对于错误项容忍度还是有点高啊！我们再调高一点惩罚系数：

```
model = SVC(kernel='rbf', C=10)
```

结果如图 14-10 所示。

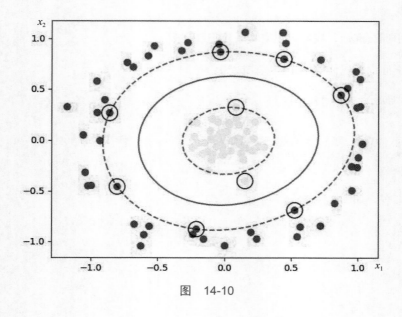

图　14-10

如果把惩罚系数再调高 10 倍呢？

```
model = SVC(kernel='rbf', C=100)
```

这样看起来，就已经相当合理了，如图 14-11 所示。

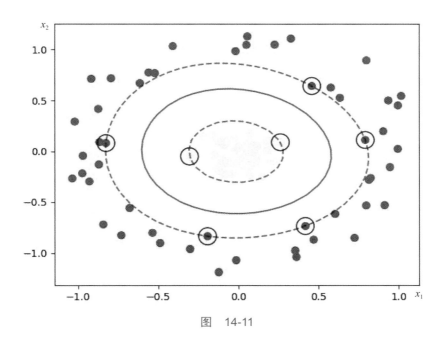

图　14-11

14.1.5　RBF 核函数的威力

RBF 核函数是不是只适合"在低维空间线性不可分，需要映射到高维空间去进行分割"的样本呢？

其实还真不是这样。要知道，对于我们用的 sklearn.svm.SVC 类而言，kernel 参数的默认值就是 rbf，也就是说如果不是很明确核函数到底用什么，那就干脆都用 rbf。

我们将图 14-1 和图 14-3 中的样本都用 kernel='rbf'，C=100 尝试一下，结果如图 14-12 所示。

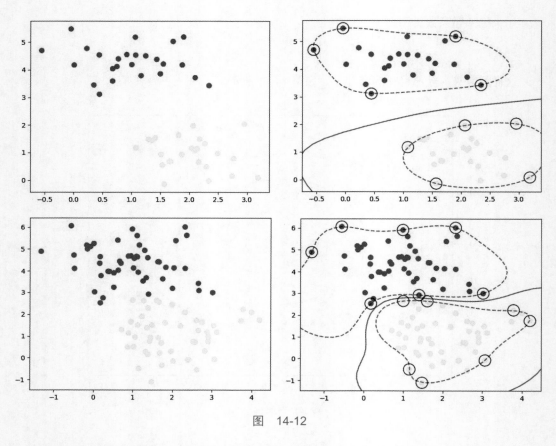

图 14-12

可见，效果都不错。RBF 核函数，就是这么给力！

如果是 SVM 新手，对于我们不熟悉的数据，不妨直接就用 RBF 核，再多调几次惩罚系数 C，说不定就能有个可以接受的结果。

14.1.6 其他核函数

当然，核函数肯定不止线性核和 RBF 两种。单是 sklearn.svm.SVC 类支持的 kernel 参数就有 linear、poly、rbf、sigmoid、precomputed 及自定义等。

其他的核函数到底能在我们的数据上产生什么效果呢？具体的实践过程就留给大家去探索了，不过可以给大家小小剧透一下：poly——多项式核对于上述 3 种数据的分类，都有点"鸡肋"。

14.2　SVR 实例

最后我们来看一个实例：

```python
import numpy as np
from sklearn.svm import SVR
import matplotlib.pyplot as plt

# 生成样本数据
X = np.sort(5 * np.random.rand(40, 1), axis=0)
y = np.ravel(2*X + 3)

# 加入部分噪声
y[::5] += 3 * (0.5 - np.random.rand(8))

# 调用模型
svr_rbf = SVR(kernel='rbf', C=1e3, gamma=0.1)
svr_lin = SVR(kernel='linear', C=1e3)
svr_poly = SVR(kernel='poly', C=1e3, degree=2)
y_rbf = svr_rbf.fit(X, y).predict(X)
y_lin = svr_lin.fit(X, y).predict(X)
y_poly = svr_poly.fit(X, y).predict(X)

# 可视化结果
lw = 2
plt.scatter(X, y, color='darkorange', label='data')
plt.plot(X, y_rbf, color='navy', lw=lw, label='RBF model')
plt.plot(X, y_lin, color='c', lw=lw, label='Linear model')
plt.plot(X, y_poly, color='cornflowerblue', lw=lw, label='Polynomial model')
plt.xlabel('data')
plt.ylabel('target')
plt.title('Support Vector Regression')
plt.legend()
plt.show()
```

结果如图 14-13 所示。

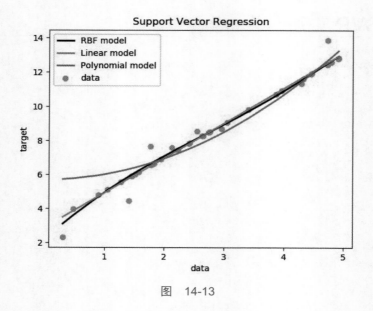

图　14-13

将 `y = np.ravel(2*X + 3)` 替换为：

```
y = np.polyval([2,3,5,2], X).ravel()
```

结果如图 14-14 所示。

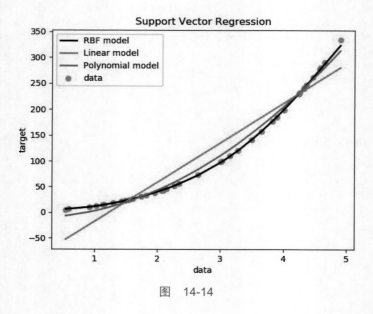

图　14-14

同一条语句如果替换为：

```
y = np.sin(X).ravel()
```

结果则变为图 14-15 所示的样子。

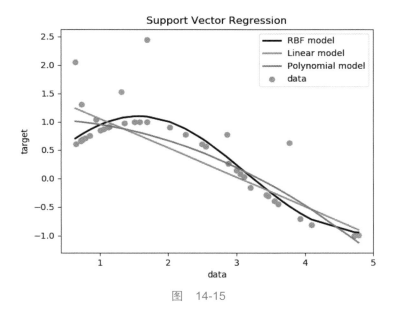

图　14-15

第 15 章

HMM

本章我们会学习一种相对复杂的模型：HMM（hidden markov model，隐马尔可夫模型）。这一模型一般用来描述马尔可夫过程，通过样本数据确定该过程的隐含参数。虽然有一定的难度，但本模型作为一个常用的序列生成模型，还是很有必要学习的。

15.1 一些基本概念

在正式讲解 HMM 之前，有几个概念需要搞清楚。

1. 概率模型

所谓概率模型（probabilistic model），顾名思义，就是将学习任务归结于计算变量概率分布的模型。

概率模型非常重要。在生活中，我们经常需要根据一些已经观察到的现象来推测和估计未知的东西，这种需求恰恰是概率模型的推断（inference）行为所做的事情。

推断的本质是：利用可观测的变量，推测未知变量的条件分布。

我们本章要讲的 HMM 和下一章的 CRF 都是概率模型，之前讲过的朴素贝叶斯和逻辑回归也是概率模型。

2. 生成模型与判别模型

概率模型又可以分为两类：生成模型（generative model）和判别模型（discriminative model）。这两种模型有什么不同呢？我们来看一下。

既然概率模型可以通过可观测变量推断部分未知变量，那么我们将可观测变量的集合

命名为 O，将我们感兴趣的未知变量的集合命名为 Y。

生成模型学习后得到的是 O 与 Y 的联合概率分布 $P(O, Y)$，而判别模型学习后得到的是条件概率分布 $P(Y|O)$。

之前我们学过的朴素贝叶斯模型是生成模型，而逻辑回归是判别模型。

对于某一个给定的观察值 O，运用条件概率 $P(Y|O)$ 很容易求出它对于不同 Y 的取值。那么当遇到分类问题时，直接就可以运用判别模型——给定 O 对于哪一个 Y 值的条件概率最大——来判断该观测样本属的类别。

使用生成模型直接给观测样本分类有点困难，但也不是不可行，可以运用贝叶斯法则，将生成模型转化为判别模型，但是这样显然比较麻烦。

在分类问题上，判别模型一般更具优势。不过生成模型自有其专门的用途，HMM 就是一种生成模型。

3. 概率图模型

概率图模型（probabilistic graphical model）是一种以图（graph）为表示工具来表达变量间相关关系的概率模型。

这里说的图就是数据结构中图的概念：一种由节点和连接节点的边组成的数据结构。

在概率图模型中，一般用节点来表示一个或者一组随机变量，而节点之间的边则表示两个（组）变量之间的概率相关关系。

边可以是有向（有方向）的，也可以是无向的。概率图模型大致可以分为下面两类。

❑ 有向图模型（贝叶斯网络）：用有向无环图表示变量间的依赖关系。
❑ 无向图模型（马尔可夫网络）：用无向图表示变量间的相关关系。

HMM 就是贝叶斯网络的一种，虽然它的名字里有"马尔可夫"。对变量序列建模的贝叶斯网络又叫作动态贝叶斯网络。HMM 就是最简单的动态贝叶斯网络。

4. 马尔可夫链，马尔可夫随机场和 CRF

马尔可夫链（markov chain）是一个随机过程模型，它表述了一系列可能的事件，在这个系列中，每一个事件的概率仅依赖前一个事件。

图 15-1 就是一个非常简单的马尔可夫链。两个节点分别表示晴天和雨天，几条边表示节点之间的转移概率。

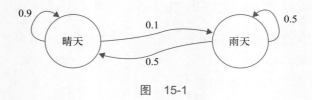

图　15-1

一个晴天之后，又是一个晴天的概率为 0.9，是一个雨天的概率只有 0.1。而一个雨天之后，出现晴天的概率是 0.5，继续为雨天的概率也是 0.5。

我们假设某个地区只有晴天和雨天两种天气，天气预报模型如图 15-1 所示，那么明天天气的概率只和今天的天气状况有关，于是我们只要知道今天的天气，就可以推测明天天气了。

15.2　数学中的 HMM

HMM 是一个关于时序的概率模型，它的变量分为两组：

❑ 状态变量 $(s_1, s_2, \cdots, s_T)$，其中 $s_t \in S$ 表示 t 时刻的系统状态。
❑ 观测变量 $(o_1, o_2, \cdots, o_T)$，其中 $o_t \in O$ 表示 t 时刻的观测值。

状态变量和观测变量各自是一个时间序列，每个状态值或观测值都与一个时刻对应，如图 15-2 所示（箭头表示依赖关系）。

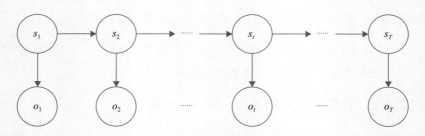

图　15-2

一般假定状态序列是隐藏的、不能被观测到的，所以状态变量就是隐变量（hidden variable）——这就是 HMM 中 H（hidden）的来源。这个隐藏的、不可观测的状态序列是由一个马尔可夫链随机生成的——这是 HMM 中的第一个 M（markov）的含义。

一条隐藏的马尔可夫链随机生成一个不可观测的状态序列（state sequence），然后每个状态又对应生成一个观测结果，这些观测值按照时间顺序排列后就成了观测序列（observation sequence）。状态序列和观测序列一一对应，每个对应的位置又对应着一个时刻。

一般而言，HMM 状态变量的取值是离散的，而观测变量的取值可以是离散的，也可以是连续的。不过为了方便讨论，也因为在大多数应用中观测变量是离散的，我们下面仅讨论状态变量和观测变量都是离散的情况。

1. HMM 基本假设

HMM 的定义建立在两个假设之上：

假设 1：假设隐藏的马尔可夫链在任意时刻 t 的状态只依赖于前一个时刻（$t-1$）的状态，与其他时刻的状态及观测无关，也与时刻 t 无关。

用公式表达就是：

$$P(s_t \mid s_{t-1}, o_{t-1}, \cdots, s_1, o_1) = P(s_t \mid s_{t-1}) , \quad t = 1, 2, \cdots, T$$

这一假设又叫作齐次马尔可夫假设。

假设 2：假设任意时刻的观测只依赖于该时刻的马尔可夫链状态，与其他观测及状态无关。

用公式表达为：

$$P(o_t \mid s_T, o_T, s_{T-1}, o_{T-1}, \cdots, s_{t+1}, o_{t+1}, s_t, o_t, \cdots, s_1, o_1) = P(o_t \mid s_t)$$

这叫作观测独立性假设。

2. 确定 HMM 的 2 个空间和 3 组参数

基于齐次马尔可夫假设和观测独立性假设，我们可以知道，所有变量（包括状态变量和观测变量）的联合分布为：

$$P(s_1, o_1, \cdots, s_T, o_T) = P(s_1)P(o_1 \mid s_1)\prod_{t=2}^{T}P(s_t \mid s_{t-1})P(o_t \mid s_t)$$

设 HMM 的状态变量（离散型）共有 N 种取值，分别为 $\{S_1, S_2, \cdots, S_N\}$。观测变量（也是离散型）共有 M 种取值，分别为 $\{O_1, O_2, \cdots, O_M\}$。那么，要确定一个 HMM，除了要指定其对应的状态空间 S 和观测空间 O 之外，还需要 3 组参数。

- 状态转移概率：模型在各个状态间转换的概率，通常记作矩阵 $A = \left[a_{ij}\right]_{N \times N}$。其中，$a_{ij} = P(s_{t+1} = S_j \mid s_t = S_i)$，$1 \leqslant i, j \leqslant N$，表示在任意时刻 t，若状态为 S_i，下一时刻状态为 S_j 的概率。

- 输出观测概率：模型根据当前状态获得各个观测值的概率，通常记作矩阵 $B = \left[b_{ij}\right]_{N \times M}$。其中，$b_{ij} = P(o_t = O_j \mid s_t = S_i)$，$1 \leqslant i \leqslant N$，$1 \leqslant j \leqslant M$，表示在任意时刻 t，若状态为 S_i，观测值 O_j 被获取的概率。有些时候，S_i 已知而 O_j 未知，那么 b 就成了当时观测值的一个函数，因此也可以写作 $b_i(o) = P(o \mid s = S_i)$。

- 初始状态概率：模型在初始时刻各状态出现的概率，通常记作 $\pi = \begin{bmatrix} \pi_1 \\ \pi_2 \\ \vdots \\ \pi_N \end{bmatrix}$，其中
$\pi_i = P(s_1 = S_i)$，$1 \leqslant i \leqslant N$，表示模型的初始状态为 S_i 的概率。

通常，我们用 $\lambda = (A, B, \pi)$ 来指代这 3 组参数。

有了状态空间 S、观测空间 O 和参数 λ，一个 HMM 就被确定了。

15.3 HMM 的 3 个基本问题

上一节我们讲了什么是 HMM。和我们之前学习过的几个模型相比，HMM 挺"别扭"的。其他模型都是直接把特征对应成一个结果，HMM 却将变量自己分成了两类，而且，模型的运行过程也是在这两类变量之间转圈圈，这到底有什么用呢？

模型的存在是为了解决问题，在实际运用中，HMM 可以解决 3 个基本问题。

1. 概率计算问题

概率计算问题又称评价（evaluation）问题。已知信息如下：

❏ 模型 $\lambda = (A, B, \pi)$
❏ 观测序列 $O = (o_1, o_2, \cdots, o_T)$

求解目标：计算在给定模型 λ 下，已知观测序列 O 出现的概率：$P(O|\lambda)$。也就是说，给定观测序列，求它和评估模型之间的匹配度。

2. 预测问题

预测问题又称解码问题。已知信息如下：

❏ 模型 $\lambda = (A, B, \pi)$
❏ 观测序列 $O = (o_1, o_2, \cdots, o_T)$

求解目标：计算在给定模型 λ 下，使已知观测序列 O 的条件概率 $P(O|S)$ 最大的状态序列 $S = (s_1, s_2, \cdots, s_T)$。即给定观测序列，求最有可能与之对应的状态序列。

3. 学习问题

学习问题又称训练问题。已知信息如下：

❏ 观测序列 $O = (o_1, o_2, \cdots, o_T)$

此时，与 O 对应的状态序列：$S = (s_1, s_2, \cdots, s_T)$ 可能已知，也可能未知。

求解目标：估计模型 $\lambda = (A, B, \pi)$ 参数，使得该模型下观测序列概率 $P(O|\lambda)$ 最大。也就是训练模型，使其最好地描述观测数据。

前两个问题是模型已经存在之后，如何使用模型的问题，而最后一个是如何通过训练得到模型的问题。

15.4 一个例子

抽象描述不太好理解，我们来看一个例子。

公主有金、银、铜 3 个首饰盒，里面装有一些珠宝。金首饰盒里有 2 件红宝石、1 件蓝宝石、1 件珍珠和 1 件珊瑚珠；银首饰盒里有红宝石、蓝宝石、珍珠、珊瑚珠各 1 件；铜首饰盒里有红宝石、珍珠和珊瑚珠各 1 件。

公主把 3 个首饰盒放在一个轮盘上，转动轮盘。停下时，哪个首饰盒在她眼前，她就从这个首饰盒里随机取出一件珠宝，记录它是什么之后将其放回。重复上述动作 3 次，依次拿出来的是红宝石、珍珠和珊瑚珠的可能性有多大呢？

我们先来看一下这个问题，按照上面的操作，最终我们看到的珠宝观测序列是：$O = ($ 红宝石 , 珍珠 , 珊瑚珠)。

其实在整个事件中，除了最终的珠宝序列，还有首饰盒序列。先选首饰盒，再选珠宝。如此一来，首饰盒正好对应状态，珠宝正好对应观测。首饰盒序列就是状态序列，珠宝序列就是观测序列。

不同状态之间是依据时间顺序一对一跳转的，而某一个时刻的观测值也仅与当时的状态值有关。

在这种情况下，我们完全可以应用 HMM 来估计 O 出现的概率。要确定一个 HMM，我们需要两个空间和 λ。

❑ 状态空间是 { 金首饰盒 , 银首饰盒 , 铜首饰盒 }。
❑ 观测空间是 { 红宝石 , 蓝宝石 , 珍珠 , 珊瑚珠 }。
❑ $\lambda = (A, B, \pi)$。

下面我们来看看 A、B 和 π 分别是什么。

A 是状态转移矩阵，A 中的元素用来反映不同状态之间的跳转概率。我们假设这个轮盘是不均衡的。当前为金首饰盒时，下一轮仍然转到金首饰盒的概率为 0.1，转到银首饰盒的概率为 0.5，转到铜首饰盒的概率为 0.4；当前为银首饰盒时，下一轮转到金首饰盒和铜首饰盒的概率都是 0.4，转到银首饰盒的概率为 0.2；当前为铜首饰盒时，下一轮转到金、银、铜首饰盒的概率分别为 0.5、0.3、0.2。状态可以整理成表 15-1。

表　15-1

当前首饰盒	下一轮首饰盒		
	金首饰盒	银首饰盒	铜首饰盒
金首饰盒	0.1	0.5	0.4
银首饰盒	0.4	0.2	0.4
铜首饰盒	0.5	0.3	0.2

那么我们可以得到一个状态转移矩阵：

$$A = \begin{bmatrix} 0.1 & 0.5 & 0.4 \\ 0.4 & 0.2 & 0.4 \\ 0.5 & 0.3 & 0.2 \end{bmatrix}$$

再看各个首饰盒里面拿不同珠宝的概率，如表 15-2 所示。

表 15-2

首 饰 盒	珠 宝			
	红 宝 石	珍 珠	珊 瑚	蓝 宝 石
金	0.40	0.20	0.20	0.20
银	0.25	0.25	0.25	0.25
铜	0.33	0.33	0.33	0.00

于是可以得到一个观测矩阵：

$$B = \begin{bmatrix} 0.4 & 0.2 & 0.2 & 0.2 \\ 0.25 & 0.25 & 0.25 & 0.25 \\ 0.33 & 0.33 & 0.33 & 0 \end{bmatrix}$$

我们再来看 π，$\pi = \begin{bmatrix} 0.3 \\ 0.3 \\ 0.4 \end{bmatrix}$。初始概率分布铜首饰盒略高，其他两个概率相等。

15.5 HMM 3 个基本问题的计算

模型的存在是为了解决问题，那么 HMM 能解决什么问题呢？本节我们就来看 3 个 HMM 的基本问题。

15.5.1 概率计算问题

现在模型已经给定，观测序列也知道了，我们要计算的是 $O = ($ 红宝石, 珍珠, 珊瑚 $)$ 的出现概率，即求 $P(O|\lambda)$。

1. 直接计算

用直接计算法来求 λ 情况下长度为 T 的观测序列 O 的概率（此时 λ 是已知的）：

$$P(O \mid \lambda) = \sum_{S \in S_T} P(O, S \mid \lambda)$$

其中 S_T 表示所有长度为 T 的状态序列的集合，S 为其中一个状态序列。

对所有长度为 T 的状态序列 S 和观测序列 O，求以 λ 为条件的联合概率，然后对所有可能的状态序列求和，就可以得到 $P(O \mid \lambda)$ 的值。

因为 $P(O, S \mid \lambda) = P(O \mid S, \lambda)P(S \mid \lambda)$；

又因为 $P(O \mid S, \lambda) = b_{11}b_{22} \cdots b_{TT}$；

而 $P(S \mid \lambda) = \pi_1 a_{12} a_{23} \cdots a_{(T-1)T}$，其中 a_{ij} 为矩阵 A 中的元素；

所以 $P(O \mid \lambda) = \sum\limits_{s_1, s_2, \cdots, s_T} \pi_1 b_{11} a_{12} b_{22} a_{23} \cdots a_{(T-1)T} b_{TT}$。

从理论上讲，我们可以把所有状态序列都按照上述公式计算一遍，但它的时间复杂度是 $O(TN^T)$，计算量太大了，基本上不可行。

2. 前向 – 后向算法

如果不采用直接计算，还有办法可以算出一个观测序列出现的概率吗？

当然有，那就是前向 – 后向算法。它是一种动态规划算法，分两条路径来计算观测序列概率，一条从前向后（前向），另一条从后向前（后向）。这两条路径，都可以分别计算观测序列出现的概率。

在实际应用中，选择其中之一来计算就可以。

所以，前向 – 后向算法其实也可以被看作两个算法：前向算法和后向算法，它们都可以用来求解 $P(O \mid \lambda)$。

• 前向算法

设 $\alpha_t(i) = P(o_1, o_2, \cdots, o_t, s_t = S_i \mid \lambda)$ 为前向概率。即给定 λ 的情况下，到时刻 t 时，已经出现的观测序列为 $o_1, o_2, \cdots, o_t$ 且此时状态值为 S_i 的概率。

下面具体解释一下。

现在是 t 时刻，此时我们获得的观测序列是 $(o_1, o_2, \cdots, o_t)$，这些 $o_1, o_2, \cdots, o_t$ 的下标表示时刻（而非观测空间的元素下标），具体某个 o_i 的取值才是观测空间中的一项。因此观测序列中很可能出现 $o_i = o_j$ 的状况。

S_i 为一个具体的状态值。当前 HMM 的状态空间一共有 N 个状态值：$\{S_1, S_2, \cdots, S_N\}$，$S_i$ 是其中的一项。

s_t 在此处表示 t 时刻的状态，它的具体取值是 S_i。

因此有下面几个式子。

(1)　$\alpha_1(i) = \pi_i b_i(o_1)$，$i = 1, 2, \cdots, N$。

(2)　对于 $t = 1, 2, \cdots, T-1$，有 $\alpha_{t+1}(i) = [\sum\limits_{j=1}^{N} \alpha_t(j) a_{ji}] b_i(o_{t+1})$，$i = 1, 2, \cdots, N$。

(3)　$P(O|\lambda) = \sum\limits_{i=1}^{N} \alpha_T(i)$。

如此一来，概率计算问题的计算复杂度就变成了 $O(N^2 T)$。

● **后向算法**

设 $\beta_t(i) = P(o_{t+1}, o_{t+2}, \cdots, o_T | s_t = S_i, \lambda)$ 为后向概率。即给定 λ 的情况下，到时刻 t 时，状态为 S_i 的条件下，从 $t+1$ 到 T 时刻出现的观察序列为 $o_{t+1}, o_{t+2}, \cdots, o_T$ 的概率。这里有三点要说明。

(1)　$\beta_T(i) = 1$，$i = 1, 2, \cdots, N$，到了最终时刻，无论状态是什么，我们都规定当时的后向概率为 1。

(2)　对 $t = T-1, T-2, \cdots, 1$，有 $\beta_t(i) = \sum\limits_{j=1}^{N} a_{ij} b_j(o_{t+1}) \beta_{t+1}(j)$，$i = 1, 2, \cdots, N$。

(3)　$P(O|\lambda) = \sum\limits_{i=1}^{N} \pi_i b_i(o_1) \beta_1(i)$。

结合前向－后向算法，可以定义：

$$P(O|\lambda) = \sum_{i=1}^{N} \sum_{j=1}^{N} \alpha_t(i) a_{ij} b_j(o_{t+1}) \beta_{t+1}(j), \ t = 1, 2, \cdots, T-1$$

15.5.2 预测算法

预测算法是在 λ 既定、观测序列已知的情况下，找出最有可能产生此观测序列的状态序列的算法。在上面的例子中，就是找出最有可能导致 O 出现的 S 是什么。

1. 直接求解

比较直接的算法是：在每个时刻 t，选择在该时刻最有可能出现的状态 s_t^*，从而得到一个状态序列 $S^* = (s_1^*, s_2^*, \cdots, s_T^*)$，直接把它作为预测结果。

在给定 λ 和观测序列 O 的情况下，t 时刻处于状态 S_i 的概率为：

$$\gamma_t(i) = P(s_t = S_i \mid O, \lambda)$$

因为 $\gamma_t(i) = P(s_t = S_i \mid O, \lambda) = \dfrac{P(s_t = S_i, O \mid \lambda)}{P(O \mid \lambda)}$，通过前向概率 $\alpha_t(i)$ 和后向概率 $\beta_t(i)$ 定义可知 $\alpha_t(i)\beta_t(i) = P(s_t = S_i, O \mid \lambda)$。

所以有：

$$\gamma_t(i) = \frac{\alpha_t(i)\beta_t(i)}{P(O \mid \lambda)} = \frac{\alpha_t(i)\beta_t(i)}{\sum_{j=1}^{N} \alpha_t(j)\beta_t(j)}$$

有了这个公式，我们完全可以求出 t 时刻，状态空间中每一个状态值 $S_1, S_2, \cdots, S_N$ 所对应的 $\gamma_t(i)$，然后选取其中概率最大的作为 t 时刻的状态即可。

这种预测方法在每一个点上都求最优，然后再"拼"成整个序列。优点是简单明了，缺点同样非常明显：不能保证状态序列对于观测序列的支持整体最优。

2. 维特比算法

如何避免那些实际上不会发生的状态序列，从而求得整体上的"最有可能"呢？

有一个很有名的算法：维特比算法——用动态规划求解概率最大路径。

维特比算法是求解 HMM 预测问题的经典算法。不过这个算法我们就不在本书中讲解了，大家可以自己找资料学习。

15.5.3　学习算法

HMM 的学习算法根据训练数据的不同，可以分为有监督学习和无监督学习。

如果训练数据既包括观测序列，又包括对应的状态序列，且两者之间的对应关系已经明确标注了出来，那么就可以用有监督学习算法。

如果只有观测序列而没有明确对应的状态序列，就需要用无监督学习算法。

1. 有监督学习

训练数据是若干观测序列与对应的状态序列的样本对（pair）。也就是说训练数据不仅包含观测序列，同时每个观测值对应的状态值是什么，也都是已知的。

那么，最简单的，我们可以用频数来估计概率。我们统计训练数据中所有的状态值和观测值，可以得到状态空间 $\{S_1, S_2, \cdots, S_N\}$ 和观测空间 $\{O_1, O_2, \cdots, O_M\}$。

假设样本中时刻 t 处于状态 S_i，到了 $t+1$ 时刻，状态属于 S_j 的频数为 A_{ij}，那么状态转移概率 a_{ij} 的估计是：

$$\widehat{a_{ij}} = \frac{A_{ij}}{\sum_{j=1}^{N}(A_{ij})}$$

其中 $i = 1, 2, \cdots, N$，$j = 1, 2, \cdots, N$。

假设样本状态为 S_j，观测为 O_k 的频数为 B_{jk}，观测概率 b_{jk} 的估计是：

$$\widehat{b_{jk}} = \frac{B_{jk}}{\sum_{k=1}^{M}(B_{jk})}$$

其中 $j = 1, 2, \cdots, N$，$k = 1, 2, \cdots, M$

初始状态概率 π_i 的估计 $\hat{\pi}_i$ 为所有样本中初始状态为 S_i 的频率。

这样，通过简单的统计估计，就得到了 $\lambda = (\hat{A}, \hat{B}, \hat{\pi})$。

2. 无监督学习

当训练数据仅有观测序列（设观测序列为 O），而没有与其对应的状态序列时，状态

序列 S 处于隐藏状态。在这种情况下，我们是不可能直接用频数来估计概率的。有专门的 Baum-Welch 算法，针对这种情况求 $\lambda = (A, B, \pi)$。

Baum-Welch 算法利用了前向 – 后向算法，同时还是 EM 算法的一个特例。简单点形容，大致是一个嵌套了 EM 算法的前向 – 后向算法，此处不再展开解释。我们在无监督学习部分会专门介绍 EM 算法。

15.6 HMM 实例

下面用代码实现前面转动转盘的例子：

```python
from __future__ import division
import numpy as np

from hmmlearn import hmm

def calculateLikelyHood(model, X):
    score = model.score(np.atleast_2d(X).T)

    print "\n\n[CalculateLikelyHood]:"
    print "\nobservations:"
    for observation in list(map(lambda x: observations[x], X)):
        print " ", observation

    print "\nlikelyhood:", np.exp(score)

def optimizeStates(model, X):
    Y = model.decode(np.atleast_2d(X).T)
    print"\n\n[OptimizeStates]:"
    print "\nobservations:"
    for observation in list(map(lambda x: observations[x], X)):
        print " ", observation

    print "\nstates:"
    for state in list(map(lambda x: states[x], Y[1])):
        print " ", state


states = ["Gold", "Silver", "Bronze"]
n_states = len(states)

observations = ["Ruby", "Pearl", "Coral", "Sapphire"]
n_observations = len(observations)

start_probability = np.array([0.3, 0.3, 0.4])
```

```
transition_probability = np.array([
    [0.1, 0.5, 0.4],
    [0.4, 0.2, 0.4],
    [0.5, 0.3, 0.2]
])

emission_probability = np.array([
    [0.4, 0.2, 0.2, 0.2],
    [0.25, 0.25, 0.25, 0.25],
    [0.33, 0.33, 0.33, 0]
])


model = hmm.MultinomialHMM(n_components=3)

# 直接指定 pi 为 startProbability, A 为 transmationProbability,
  B 为 emissionProbability

model.startprob_ = start_probability
model.transmat_ = transition_probability
model.emissionprob_ = emission_probability


X1 = [0,1,2]

calculateLikelyHood(model, X1)
optimizeStates(model, X1)

X2 = [0,0,0]

calculateLikelyHood(model, X2)
optimizeStates(model, X2)
```

输出结果：

```
[CalculateLikelyHood]:

observations:
  Ruby
  Pearl
  Coral

likelyhood: 0.021792431999999997


[OptimizeStates]:

observations:
  Ruby
  Pearl
  Coral
```

```
states:
  Gold
  Silver
  Bronze


[CalculateLikelyHood]:

observations:
  Ruby
  Ruby
  Ruby

likelyhood: 0.03437683199999999


[OptimizeStates]:

observations:
  Ruby
  Ruby
  Ruby

states:
  Bronze
  Gold
  Bronze
```

第 16 章
CRF

CRF（conditional random field，条件随机场）是随机场的一种，也是一种序列判别模型。CRF 本身比较复杂，难度和 HMM 不相上下，但因为它很常用，尤其是在自然语言处理被广泛应用的当下，所以我们还是要学习它。

16.1 概率无向图模型

概率无向图模型（probabilistic undirected graphical model）是一个可以用无向图表示的联合概率分布。它的整体结构是一张图（graph），图中每一个节点表示一个（或一组）变量，节点之间的边表示这两个（或两组）变量之间的依赖关系。

概率无向图模型还有一个名字——马尔可夫随机场。

图 16-1 就是一个简单的马尔可夫随机场。

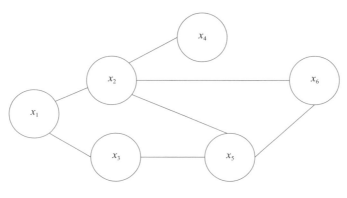

图　16-1

16.1.1 势函数和团

关于马尔可夫随机场,有几个非常重要的概念。

❏ 势函数(potential function):定义在变量子集上的非负实函数,用于定义概率分布函数。
❏ 团(clique):图中节点的子集,其中任意两个节点之间都有边连接。
❏ 极大团(maximum clique):一个团,其中加入任何一个其他的节点都不能再形成团。

在马尔可夫随机场中,多个变量之间的联合概率分布可以基于团分解为多个势函数的乘积,每个势函数仅与一个团相关。

16.1.2 Hammersley-Clifford 定理

对于 N 个变量的马尔可夫随机场,其变量为 $X_1, X_2, \cdots, X_N$(在图 16-1 中, $N = 6$)。

设所有团构成的集合为 C,与团 $Q \in C$ 对应的变量集合记作 X_Q,则联合概率为:

$$P(X) = \frac{1}{Z}\prod_{Q \in C}\Psi_Q(X_Q)$$

其中 Ψ_Q 为与团 Q 对应的势函数,用于对团 Q 中的变量关系进行建模。

Z 为规范化因子,很多时候要计算它很困难,不过好在大多数情况下,我们无须计算 Z 的精确值。

当团 Q 不是极大团的时候,它必然属于某个极大团——实际上每一个非极大团都是如此,此时我们完全可以只用极大团来计算 $P(X)$: $P(X) = \frac{1}{Z^*}\prod_{Q \in C^*}\Psi_Q(X_Q)$,其中为 C^* 所有极大团的集合。

这叫作 Hammersley-Clifford 定理,是随机场的基础定理,它给出了一个马尔可夫随机场被表达为正概率分布的充分必要条件。

16.1.3 性质

在讨论马尔可夫随机场的性质之前,我们要学习两个概念。

❏ 分离(separating)。设 A、B、C 都是马尔可夫随机场中的节点集合,若从 A 中的节点到 B 中的节点都必须经过 C 中的节点,则称 A 和 B 被 C 分离,C 称为分离集(separating set)。参见图 16-2。

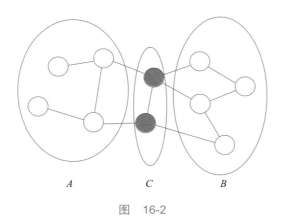

图　16-2

- 马尔可夫性（markov property）。马尔可夫性的原始定义为：当一个随机过程在给定当前状态及所有过去状态情况下，其未来状态的条件概率分布仅依赖于当前状态。换句话说，在给定当前状态时，它与过去状态（即该过程的历史路径）是条件独立的，那么此随机过程具有马尔可夫性。

我们把马尔可夫性引入马尔可夫随机场中，将当前状态看作无向图中的一个节点，过去状态看作与当前状态节点有历史路径（边）连接的其他节点。

可以这样理解：在马尔可夫随机场的无向图中，任何一个节点的概率分布都仅和与它相连的节点有关。形式化的表达为：设 v 为无向图中任意一个节点，W 是所有与 v 相连的节点的集合，则 v 的概率分布仅和 W 有关，和 v 与 W 之外的节点无关。

如图 16-3 所示，给定灰色节点，则黑色节点独立于其他所有节点。

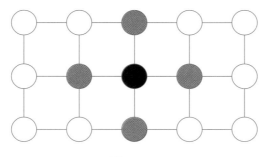

图　16-3

马尔可夫随机场具备全局马尔可夫性（global markov property）：给定两个变量子集的分离集，则这两个变量子集条件独立。

令 A、B 和 C 对应的变量集合分别为 X_A、X_B、X_C，则 X_A 和 X_B 在给定 X_C 的条件下独立，记作：$X_A \perp X_B \mid X_C$。即：

$$P(X_A, X_B \mid X_C) = P(X_A \mid X_C)P(X_B \mid X_C)$$

由全局马尔可夫性，又可以推导出两种性质。

- 局部马尔可夫性（local markov property）：给定某变量的邻接变量，则该变量条件独立于其他变量。用公式描述是：$P(X_v, X_O \mid X_W) = P(X_v \mid X_W)P(X_O \mid X_W)$，其中 v 为无向图中任意节点，W 是与 v 有边连接的所有节点的集合，O 是 v 和 W 之外的所有其他节点。
- 成对马尔可夫性（pairwise markov property）：给定所有其他变量，两个非连接变量条件独立。公式描述为：$P(X_u, X_v \mid X_O) = P(X_u \mid X_O)P(X_v \mid X_O)$，其中 u 和 v 为无向图中任意两个没有边连接的点，O 为其他所有点的集合。

16.2　CRF

CRF 也是一种无向图模型，它和马尔可夫随机场的不同点在于：马尔可夫随机场是生成式模型，直接对联合分布进行建模；而 CRF 是判别式模型，对条件分布进行建模。

但两者又是相关的，CRF 是"有条件的"马尔可夫随机场。也就是说，CRF 是给定随机变量 X 条件下，随机变量 Y 的马尔可夫随机场。

这里我们给出 CRF 的定义：设 X 和 Y 是随机变量，$P(Y \mid X)$ 是给定 X 条件下 Y 的条件概率分布。如果随机变量 Y 构成一个由无向图 $G = <V, E>$ 表示的马尔可夫随机场，则称条件概率分布 $P(Y \mid X)$ 为 CRF。

换言之，设 X 和 Y 是随机变量，$P(Y \mid X)$ 是给定 X 条件下 Y 的条件概率分布。如果随机变量 Y 构成一个无向图 $G = <V, E>$，且图 G 中每一个变量 Y_v 都满足马尔可夫性——$P(Y_v \mid X, Y_Z) = P(Y_v \mid X, Y_W)$，其中 Z 表示无向图中节点 v 以外所有点的集合，W 表示无向图中与节点 v 有边连接的所有节点集合——则 $P(Y \mid X)$ 为 CRF。

CRF 是马尔可夫随机场的特例。假设有 X 和 Y 两种变量，X 是给定的，Y 是给定 X 条件下的输出。若 Y 的条件概率分布是马尔可夫随机场，则它是 CRF。

在 $P(Y \mid X)$ 中，X 是输入变量，表示需要标注的观测序列；Y 是输出变量，表示状态（或称标记）序列。

从定义层面，没有要求 X 和 Y 具有相同结构，不过在实际运行中，一般假设 X 和 Y 具有相同图结构。

16.3 线性链 CRF

在现实应用中，最常被用到的 CRF 是线性链 CRF（linear-chain CRF），其结构如图 16-4 所示。

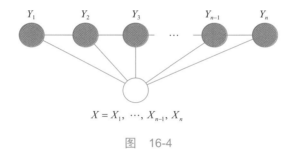

$$X = X_1, \cdots, X_{n-1}, X_n$$

图　16-4

当 X 和 Y 具有相同的结构时，其形式如图 16-5 所示。

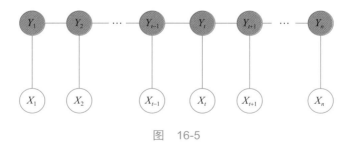

图　16-5

在图 16-5 中，X 为观测序列，Y 为状态序列。设 $X = (X_1, X_2, \cdots, X_n)$，$Y = (Y_1, Y_2, \cdots, Y_n)$，它们都是线性链表示的随机变量序列。

如果在给定随机变量序列 X 的条件下，随机变量序列 Y 的条件概率分布 $P(Y|X)$ 构成 CRF，也就是说它满足马尔可夫性：

$$P(Y_i \mid X, Y_1, \cdots, Y_{i-1}, Y_{i+1}, \cdots, Y_n) = P(Y_i \mid X, Y_{i-1}, Y_{i+1})$$

其中 $i = 1, 2, \cdots, n$（当 $i = 1$ 和 n 时只考虑单边），则称 $P(Y|X)$ 为线性链 CRF。X 为输入序列 / 观测序列，Y 为输出序列 / 标记序列 / 状态序列。

看到此处是不是很眼熟，是不是又想到了 HMM ？确实，HMM 和线型链 CRF 看起来蛮像的，如图 16-6 所示。

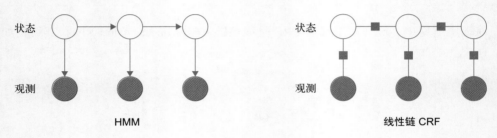

图   16-6

但是要注意：HMM 是有向图，CRF 是无向图；HMM 计算的是状态和观测的联合概率，而 CRF 计算的是状态基于观测的条件概率。

从使用的角度来看，HMM 多用于"原生"状态，而观测是状态"生成"出来的场景。比如，用 HMM 来生成一段语音，则状态对应的是音节（声韵母）或文字，而观测则是这个音节所对应的声学特征。这时，状态是相对客观的，观测是状态的一种"表征"，是状态"产生"出来的。我们想象一下自己说话时的场景，也是头脑中先想好说什么话，有了语言文字音节，然后再由大脑指挥喉舌发声。发出来的声音，就是最终的观测。

CRF 则多用于观测"原生"，状态"后天"产生，用来标记观测的情况。比如，用 CRF 来做文本实体标记。输入一句话"我有一个苹果"，CRF 处理后将"苹果"标记成了"水果"。这个时候，"苹果"是观测，而"水果"则是对应的状态（或称标签）。

同一个观测值"苹果"，它的标签可以是"水果"，也可以是"手机"，具体是什么与训练数据有关，也与之前的状态值有关。但无论怎么样，观测才是客观存在的。而标签是人为"打"上去的，是以观测为条件进行"判别"的结果。

16.3.1　线性链 CRF 的形式化表示

首先让我们来看看 CRF 的形式化表达。

一般形式

设 $P(Y \mid X)$ 为线性链 CRF，在随机变量 X 取值为 x 的条件下，随机变量 Y 取值为 y 的条件概率具有如下形式：

$$P(y \mid x) = \frac{1}{Z(x)} \exp(\sum_{i,k} \lambda_k t_k(y_{i-1}, y_i, x, i) + \sum_{i,l} \mu_l s_l(y_i, x, i))$$

其中，求和是在所有可能的输出序列上进行的。t_k 和 s_l 是特征函数，λ_k 和 μ_l 是对应的权值，这 4 组参数确定了 CRF。

更进一步地解释，t_k 是定义在（图模型的）边上的特征函数，称为转移特征，依赖当前和前一个位置。s_l 是定义在（图模型的）节点上的特征函数，称为状态特征，依赖于当前位置。t_k 和 s_l 都是局部特征函数，因为它们都依赖于位置，通常的取值为 1 或者 0，取值为 1 表示满足特征条件，否则为 0。

$Z(x)$ 为规范化因子：

$$Z(x) = \sum_y \exp(\sum_{i,k} \lambda_k t_k(y_{i-1}, y_i, x, i) + \sum_{i,l} \mu_l s_l(y_i, x, i))$$

在实际使用中，当样本既定后，$Z(x)$ 也是既定的。在这种情况下，$Z(x)$ 就可以被看作一个常数，因此有：

$$P(y \mid x) \propto \exp(\sum_{i,k} \lambda_k t_k(y_{i-1}, y_i, x, i) + \sum_{i,l} \mu_l s_l(y_i, x, i))$$

即：

$$P(y \mid x) \propto \exp(\sum_{k=1}^{K} \lambda_k \sum_{i=1}^{n} t_k(y_{i-1}, y_i, x, i) + \sum_{l=1}^{L} \mu_l \sum_{i=1}^{n} s_l(y_i, x, i))$$

上式表达的是，线性链 CRF 一共有 K 个转移特征和 L 个状态特征，它的观测序列和状态序列的长度为 n。它在 $X = x$ 条件下，$Y = y$ 的条件概率分布正比于经历如下步骤得出的内容：

(1) 将同一个特征（转移特征及状态特征）在各个位置求和，将局部特征转化为全局特征；

(2) 分别计算全局转移特征向量和全局状态特征向量与对应的权值向量的内积；

(3) 对步骤 (2) 的结果求 $\exp(\cdot)$。

简化形式

如果我们将转移特征和状态特征及其权值用统一的符号表示，线性链 CRF 形式化的表示就会简单许多。

设有 K_1 个转移特征和 K_2 个状态特征，且 $K = K_1 + K_2$。我们用 $f_k(\cdot)$ 来表示转移 / 状态特征函数：

$$f_k(y_{i-1}, y_i, x, i) = \begin{cases} t_k(y_{i-1}, y_i, x, i), & k = 1, 2, \cdots, K_1 \\ s_l(y_i, x, i), & k = K_1 + l, \, l = 1, 2, \cdots, K_2 \end{cases} \tag{1}$$

这样一来，在所有位置对转移 / 状态特征求和，就变成了：

$$f_k(y, x) = \sum_{i=1}^{n} f_k(y_{i-1}, y_i, x, i), \quad k = 1, 2, \cdots, K$$

用 w_k 表示特征 $f_k(y, x)$ 的权值，即：

$$w_k = \begin{cases} \lambda_k, & k = 1, 2, \cdots, K_1 \\ \mu_l, & k = K_1 + l, \, l = 1, 2, \cdots, K_2 \end{cases} \tag{2}$$

于是，线性链 CRF 的表示可以写作：

$$P(y \mid x) = \frac{1}{Z(x)} \exp\left(\sum_{k=1}^{K} w_k f_k(y, x)\right)$$

其中，$Z(x) = \sum_y \exp\left(\sum_{k=1}^{K} w_k f_k(y, x)\right)$。

设：$w = (w_1, w_2, \cdots, w_K)^{\mathrm{T}}$，$F(y, x) = (f_1(y, x), f_2(y, x), \cdots, f_K(y, x))^{\mathrm{T}}$，则有：

$$P_w(y \mid x) = \frac{\exp(w \cdot F(y, x))}{Z_w(x)}$$

其中，$Z_w(x) = \sum_y \exp(w \cdot F(y, x))$。

16.3.2　线型链 CRF 的 3 个基本问题

类比于之前的 HMM，线性链 CRF 同样有 3 个基本问题。

1. 概率计算问题

已知信息：给定 CRF 的 $P(Y \mid X)$，观测序列 x，状态序列 y。

求解目标：求条件概率 $P(Y_i = y_i \mid x)$，$P(Y_{i-1} = y_{i-1}, Y_i = y_i \mid x)$ 以及相应的数学期望。

2. 预测问题

已知信息：给定 CRF 的 $P(Y \mid X)$，观测序列 x。

求解目标：条件概率最大的状态序列 y^*，也就是对观测序列进行标注。

3. 学习问题

已知信息：训练数据集。

求解目标：求 CRF 模型的参数。

下面我们来对比一下 CRF 和 HMM 的 3 个基本问题。

如果我们根据已知条件和求解目标来对比 CRF 和 HMM 的 3 个基本问题，则不难发现，它们在预测问题和学习问题上很类似。

对于预测问题，无论 HMM 还是 CRF 都是在模型已经存在（各个参数都已知）的情况下，给定观测序列，求最有可能与之对应的状态序列。

学习问题则都是在模型参数未知的时候，根据训练数据（观测序列）将模型的参数学习出来。

两者区别较大的是概率计算问题。

虽然在解决概率计算问题时，两者都已经有了既定的模型，但对于 HMM 而言，概率计算只需要观测序列，无须确定的状态序列，最终计算出的结果是当前观测序列出现的可能性。CRF 则需要既有已知观测序列，又有已知状态序列，才能够去计算概率。CRF 计算的是当前观测序列条件下，i 节点对应的状态为 y_i 的概率，或是当前观测序列条件下 i 节点及其前面一个节点 $i-1$ 的状态分别为 y_i 和 y_{i-1} 的概率，或者是它们的数学期望。

鉴于 CRF 模型的具体算法较 HMM 难度更大，我们在此仅作简要说明。大家如果有兴趣，可以自行进一步学习。

● **概率计算问题**

概率计算问题本身与 HMM 差别较大，但计算方法却借鉴了 HMM 的前向 – 后向算法，引入前向 – 后向向量，递归地计算每一步的概率。

我们将 CRF 的简易形式化表达稍微改写一下：

$$P(y \mid x) = \frac{1}{Z(x)} \exp(\sum_{k=1}^{K} \sum_{i=1}^{n} w_k f_k(y_{i-1}, y_i, x, i))$$

其中：

$$Z(x) = \sum_{y} \exp(\sum_{k=1}^{K} \sum_{i=1}^{n} w_k f_k(y_{i-1}, y_i, x, i))$$

设：

$$W_i(y_{i-1}, y_i \mid x) = \sum_{k=1}^{K} w_k f_k(y_{i-1}, y_i, x, i)$$

$$M_i(y_{i-1}, y_i \mid x) = \exp(W_i(y_{i-1}, y_i \mid x))$$

令 $M_i(y_{i-1}, y_i \mid x)$ 构成矩阵：$\boldsymbol{M}_i(x) = [M_i(y_{i-1}, y_i \mid x)]$，$\boldsymbol{M}_i(x)$ 是一个 m 阶的矩阵（m 是状态 y_i 取值的个数）。状态序列原本有 n 个节点，对应状态为 $(y_1, y_2, \cdots, y_n)$。

这里为了下面的计算，我们引入一个起点和一个终点。起点位置为 0，状态为 y_0；终点位置为 $n+1$，状态是 y_{n+1}。于是有：

$$P(y \mid x) = \frac{1}{Z(x)} \prod_{i=1}^{n+1} \boldsymbol{M}_i(y_{i-1}, y_i, x, i)$$

其中 $\mathbf{Z}(x)$ 是 $n+1$ 个 $m\times m$ 矩阵的相乘之后的 $m\times m$ 矩阵中的一个元素的值，这个元素的行号对应的是 y_0 所对应的状态序号，列号是 y_{n+1} 所对应的状态序号：

$$\mathbf{Z}(x) = (\mathbf{M}_1(x)\mathbf{M}_2(x)\cdots\mathbf{M}_{n+1}(x))_{y_0, y_{n+1}}$$

有了以上这种表达方式之后，我们用前向 – 后向算法来解决 CRF 的概率计算问题就容易多了。对每一个位置（包括起点和终点）$i = 0, 1, 2, \cdots, n, n+1$，定义前向向量：

$$\boldsymbol{\alpha}_0(y \mid x) = \begin{cases} 1, & y = y_0 \\ 0, & \text{otherwise} \end{cases} \tag{3}$$

$$\boldsymbol{\alpha}_i(y_i \mid x) = \boldsymbol{\alpha}_{i-1}(y_{i-1} \mid x)\mathbf{M}_i(y_{i-1}, y_i \mid x), \quad i = 1, 2, \cdots, n+1$$

并定义后向向量：

$$\boldsymbol{\beta}_{n+1}(y \mid x) = \begin{cases} 1, & y = y_{n+1} \\ 0, & \text{otherwise} \end{cases} \tag{4}$$

$$\boldsymbol{\beta}_i(y_i \mid x) = \mathbf{M}_i(y_i, y_{i+1} \mid x)\boldsymbol{\beta}_{i-1}(y_{i+1} \mid x)$$

根据前向向量和后向向量，推算出：

$$P(Y_i = y_i \mid x) = \frac{\boldsymbol{\alpha}_i(y_i \mid x)\boldsymbol{\beta}_i(y_i \mid x)}{\mathbf{Z}(x)}$$

$$P(Y_{i-1} = y_{i-1}, Y_i = y_i \mid x) = \frac{\boldsymbol{\alpha}_{i-1}(y_{i-1} \mid x)\mathbf{M}_i(y_{i-1}, y_i \mid x)\boldsymbol{\beta}_i(y_i \mid x)}{\mathbf{Z}(x)}$$

其中，$\mathbf{Z}(x) = \boldsymbol{\alpha}_n(x)\cdot\mathbf{1}$，$\mathbf{1}$ 是元素均为 1 的 m 维列向量。

● **预测问题**

预测问题实际上是对观测序列进行标注。在给定的 CRF 之下，求给定观测序列最有可能对应的状态序列。我们用 x 表示观测序列，用 y^* 表示最有可能的状态序列，则：

$$y^* = \max P(y \mid x) = \max\left(\frac{1}{\mathbf{Z}(x)}\exp\sum_{k=1}^{K} w_k f_k(y, x)\right)$$

因为 $Z(x)$ 是规范化因子，所以实际上有：

$$y^* \propto \max(\exp(\sum_{k=1}^{K} w_k f_k(y, x)) \propto \max(\sum_{k=1}^{K} w_k f_k(y, x))$$

最后问题变成了 $\max(\sum_{k=1}^{K} w_k f_k(y, x))$，也就是我们要找到使输出序列权值向量和特征向量内积最大的最优路径。

针对这一问题，可以和应对 HMM 的预测问题一样，采用维特比算法。

● 学习问题

线性链 CRF 模型实际上是定义在序列数据上的对数线形模型，可以通过极大化训练数据的对数似然函数来求模型参数。训练数据的对数似然函数为：

$$L(w) = \sum_{i=1}^{n} \sum_{k=1}^{K} w_k f_k(y_i, x_i) - \sum_{i=1}^{n} \log Z(x_i)$$

学习方法则有极大似然估计和正则化的极大似然估计。

具体的优化实现算法有：改进的迭代尺度法（IIS）、梯度下降法以及拟牛顿法。目前应用较广的 BFGS 算法，属于拟牛顿法。

实例代码

CRF 的代码较多，就不直接贴在这里了，请参见下面链接：

https://github.com/juliali/CRFExample

第五部分

无监督学习

第 17 章

从有监督到无监督：由 KNN 引出 K-means

有监督学习和无监督学习是机器学习两个大的类别。我们之前讲的都是有监督学习，毕竟有监督学习现阶段还是机器学习在实际应用中的主流。

关于有监督学习和无监督学习的区别，我们在第 4 章里讲过。在此进一步说明一下。

所谓有监督学习，即：

(1) 训练数据同时拥有输入变量（x）和输出变量（y）；

(2) 用一个算法把从输入到输出的映射关系（$y = f(x)$）学习出来；

(3) 当我们拿到新的数据 x' 后，可以通过已经被学习出的 $f(\cdot)$，得到相应的 y'。

有监督学习就像在学校上课。老师给我们留作业，盯着我们做作业，再给我们判作业。每道作业题（输入变量）都有正确答案（输出变量）；而整个算法运行的过程，就像有一个老师在监督着学生的每个解答，跟随指导，一旦出现错题立刻予以纠正——把有可能"跑偏"的参数给"拽"回来。

等到老师觉得学生已经掌握了现在的知识，就可以下课了——有监督学习在算法获得可接受的性能之后便停止。

无监督学习和有监督学习相对，即：

(1) 训练数据只有输入变量（x），并没有输出变量；

(2) 无监督学习的目的是将这些训练数据潜在的结构或者分布找出来，以便我们对这些数据有更多的了解。

无监督学习没有正确答案也没有老师，只有算法自己在数据中探索，去发现蕴含在数据之中的有趣结构。比较起来，有监督学习可以类比人类学习已有知识；而无监督学习则更像是去探索新的课题。

还有一种介于有监督和无监督之间的半监督学习，或者说是一种混合应用有监督和无监督学习的方法。它所对应的场景是：有一部分训练数据的输入变量（x）有对应的输出变量（y），另一些则没有。

有监督学习虽然有效，但标注数据（给训练数据的 x 指定正确的 y）在目前还是一种劳动力密集型的人工劳动，所需的投入巨大。在现实当中，如果用有监督学习效果会比较好，可惜标注数据太少，大量数据都没有被人工标注过。在这种情况下，我们可以尝试半监督学习，步骤如下：

(1) 用无监督学习技术来发现和学习输入变量的结构；
(2) 用有监督学习对未标注数据的输出结果进行"猜测"；
(3) 将带着猜测标签的数据作为训练数据训练有监督模型。

这就是半监督学习。

由图 17-1 可见这 3 类学习算法的差异。

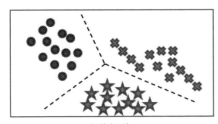

有监督学习

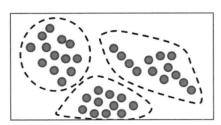

无监督学习

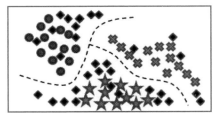

半监督学习

图　17-1

17.1 发展趋势

单纯就机器学习而言，目前无论是对模型、算法的研究还是在实际问题上的应用，都以有监督学习为主流。

原因很简单：有监督学习的预测结果可控，优化目标明确，因此只要方法得当，数据质量好，一般模型质量也能比较好。

而无监督学习最终能得出什么结果，可能建模的人自己都不知道；有了结果也不知道往哪个方向去调优；现有的数据好不容易调出了一个可以接受的结果，新数据进来，重新学习后的模型说不定和之前大相径庭……

不过随着大数据时代的来临，各行各业的数据存量和增量迅速攀升，无监督学习的重要性也随之悄然提升。

究其原因，还是那个最简单的因素：成本。对有监督学习而言，没有标注数据，一切都是空谈，而标注工作需要投入大量人工成本：

- ❑ 有些数据，虽然样本标注相对简单，但因为和业务结合紧密，随时需要调整标注原则；
- ❑ 有些数据，需要的标注量极大，比如图片标注，一张人体或人脸图片就需要标出十几个，几十个，甚至更多的关键点；
- ❑ 还有些数据，需要深厚的领域知识才有可能做出标注，比如医学图像的诊断等。

而当数据被派遣给不同的标注人做标注后，又面临着标注一致性的问题。

一面是大量易得的源数据，另一面是高昂的标注成本。这种客观的情况也促进了半监督学习等中间地带方法的出现和应用。

当然，从实际的效用角度而言，目前真正解决实际问题的模型还是以有监督学习为主。不过在当前大数据技术普及的背景之下，在数据分析、机器学习中，特别是深度学习方法的研究中，无监督学习越来越被重视。

从今天开始，我们就要进入无监督模型的学习了。首先，我们来讲讲 KNN。

17.2　KNN 算法

KNN（K-Nearest Neighbor，常译作 K- 近邻）算法，是一种既可以用于分类，又可以用于回归的非参数统计方法。

KNN 是一种基于实例的学习，是所有机器学习算法中最简单的一个。

17.2.1　KNN 算法原理

KNN 算法的基本思想是：

(1) 训练数据包括样本的特征向量 (x) 和标签 (y)；

(2) K 是一个常数，由用户来定义；

(3) 一个没有标签的样本进入算法后，首先找到与它距离最近的 K 个样本，然后用它的 K 个最近邻的标签来确定它的标签。

KNN 算法的步骤如下。

(1) 算距离：给定未知对象，计算它与训练集中的每个样本的距离。在特征变量连续的情况下，将欧氏距离作为距离度量；若特征是离散的，也可以用重叠度量或者其他指标作为距离，这要结合具体情况分析。

(2) 找近邻：找到与未知对象距离最近的 K 个训练样本。

(3) 做分类 / 回归：将在这 K 个近邻中出现次数最多的类别作为未知对象的预测类别（多数表决法），或者是取 K 个近邻的目标值平均数，作为未知对象的预测结果。

多数表决法有个问题，如果训练样本的类别分布不均衡，那么出现频率较多的样本将会主导预测结果。

这一问题的解决办法有多种，其中常见的一种是：不再简单计算 K 个近邻中的多数，而是同时考虑 K 个近邻的距离，K 个近邻中每一个样本的类别（或目标值）都以距离的倒数为权值，最后求全体加权结果。

17.2.2　有监督学习算法 KNN 与无监督学习算法 K-means

前面说了，KNN 是有监督学习模型。无论是做分类还是做回归，KNN 的每个训练样本都带有一个标签（目标值或类别）。

既然是有监督学习算法，我们为什么样要放在这一章讲呢？就是为了和 K-means 做对比！

为什么要和 K-means 做对比呢？

原因一：这两个算法虽然非常不同，但经常被初学者搞混，可能是因为名字乍看有几分相似吧。

原因二：两者都有"K"—— 一个需要用户主动指定的常数。两个 K 虽然含义和作用不同，但在重要性程度和取值的"艺术性"上，却颇有些异曲同工之妙。

17.2.3　KNN 的 K

在 KNN 算法中，假设训练样本一共有 m 个，当一个待预测样本进来的时候，它要与每一个训练样本进行距离计算，然后从中选出 K 个最近的邻居，根据这 K 个近邻标签确定自己的预测值。

此处的 K 是一个正整数。若 $K = 1$，则该对象的预测值直接由最近的一个样本确定。若 $K = m$，则整个训练集共同确定待测样本。

通常 $K > 1$，但也不会太大，是一个"较小"的正整数。具体取何值最佳，则取决于训练数据和算法目标。

在一般情况下，K 值越大，受噪声的影响越小；但 K 值越大，也越容易模糊类别之间的界限。

比如图 17-2 所示的这个例子，用 KNN 做分类，黑色为 A 类，蓝色为 B 类，五角星的是待测样本。

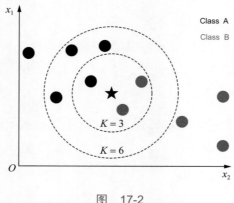

图　17-2

当我们取 $K = 3$ 时，根据多数选举法，预测结果为 B；但当 $K = 6$ 时，依然是根据多数选举法，预测结果就成了 A。可见，K 的取值大小直接影响着算法的结果。

当然，超参数的选择并不是 KNN 独有的问题，而是机器学习的一个常见共性问题。因此专门有一系列超参数最优化方法（例如网格搜索法、随机搜索法、贝叶斯最优化法等）来帮助我们选择最佳的超参数。

因为 K 是 KNN 算法唯一的超参数，所以它对于 KNN 尤其重要。这一点和 K-means 的 K 参数之于 K-means 颇为神似。

第 18 章
K-means——最简单的聚类算法

什么是聚类?

聚类并非一种机器学习专有的模型或算法,而是一种统计分析技术,目前已经在许多领域得到广泛应用。

从广义上讲,聚类就是通过对样本静态特征的分析,把相似的对象分成不同子集(后面我们将聚类分出的子集称为"簇"),被分到同一个子集的样本对象具有相似的属性。

在机器学习领域,聚类属于无监督学习算法。

许多聚类算法在执行之前,需要指定从输入数据集中产生的簇的数量。除非事先准备好一个合适的值,否则必须决定一个大概值,这是当前大多数实践的现状。我们今天要讲的 K-means 就是如此。

18.1 常用的几种距离计算方法

在聚类算法中,样本的属性通常主要由其在特征空间中的相对距离表示。这就使得距离这个概念对于聚类非常重要。

在正式讲解聚类算法之前,我们先来看几种最常见的距离计算方法。

1. 欧氏距离

欧氏距离又称 2-norm 距离,在欧几里得空间中,点 $\boldsymbol{x} = \begin{bmatrix} \boldsymbol{x}_1 \\ \boldsymbol{x}_2 \\ \vdots \\ \boldsymbol{x}_n \end{bmatrix}$ 和 $\boldsymbol{y} = \begin{bmatrix} y_1 \\ y_2 \\ \vdots \\ y_n \end{bmatrix}$ 之间的欧氏距离为:

$$d(\boldsymbol{x}, \boldsymbol{y}) = \sqrt{(\boldsymbol{x}_1 - y_1)^2 + (\boldsymbol{x}_2 - y_2)^2 + \cdots + (\boldsymbol{x}_n - y_n)^2} = \sqrt{\sum_{i=1}^{n}(\boldsymbol{x}_i - y_i)^2}$$

在欧几里得度量下，两点之间线段最短。

2. 余弦距离

余弦距离又称余弦相似性，两个向量间的余弦值可以通过使用欧几里得点积公式 $a \cdot b = \|a\|\|b\|\cos(\theta)$ 求出，所以：

$$\cos(\theta) = \frac{a \cdot b}{\|a\|\|b\|}$$

也就是说，给定两个属性向量 $\boldsymbol{A}$ 和 $\boldsymbol{B}$，其余弦距离（也可以理解为两向量夹角的余弦）由点积和向量长度给出：

$$\cos(\theta) = \frac{\boldsymbol{A} \cdot \boldsymbol{B}}{\|\boldsymbol{A}\|\|\boldsymbol{B}\|} = \frac{\sum_{i=1}^{n}\boldsymbol{A}_i \times \boldsymbol{B}_i}{\sqrt{\sum_{i=1}^{n}(\boldsymbol{A}_i)^2} \times \sqrt{\sum_{i=1}^{n}(\boldsymbol{B}_i)^2}}$$

这里的 $\boldsymbol{A}_i$ 和 $\boldsymbol{B}_i$ 分别代表向量 $\boldsymbol{A}$ 和 $\boldsymbol{B}$ 的各分量。可以看出，余弦距离的范围是从 –1 到 1：

(1) –1 意味着两个向量指向的方向截然相反；

(2) 1 表示它们的指向是完全相同的；

(3) 0 表示它们之间是独立的；

(4) 区间 [–1, 1] 中的其他值表示中间程度的相似性或相异性。

3. 曼哈顿距离

曼哈顿距离又称 1-norm 距离，它的定义来自规划在方形建筑区块的城市（如曼哈顿）中行车的最短路径的问题。

假设一个城市按照块状划分，从一点到达另一点必须沿着它们之间所隔着的区块的边缘走，没有其他捷径，如图 18-1 所示。

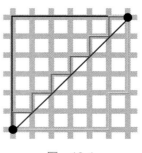

图 18-1

那么曼哈顿距离就是直角坐标系中，两点所形成的线段对 x 轴和 y 轴投影的长度总和。从点 (x_1, y_1) 到点 (x_2, y_2) 的曼哈顿距离为：

$$|x_1 - x_2| + |y_1 - y_2|$$

除了上述最常用的几种距离之外，还有 infinity norm（又称 uniform norm）、马氏距离、汉明距离等。

在本书的例子中，计算距离时如无特别说明，采用的都是欧氏距离。

18.2 K-means

简单来说，K-means（K 均值）是一种聚类方法，K 是一个常数值，由使用者指定，这种算法负责将特征空间中的 n 个向量聚集到 K 个簇中。

比如图 18-2 就是一个 $K = 3$ 的 K-means 算法聚类前后的情况。

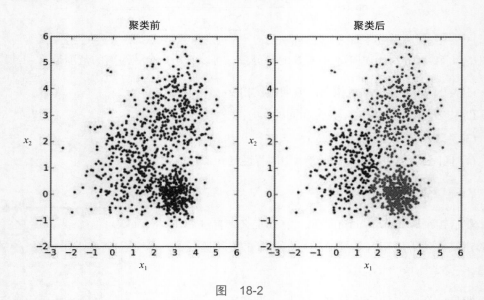

图　18-2

1. 算法步骤

K-means 的算法运行过程大致如下。

Step 0：用户确定 K 值，并将 n 个样本投射为特征空间中的 n 个点（$K \leqslant n$）。

Step 1：算法在这 n 个点中随机选取 K 个点，作为初始的簇核心。

Step 2：分别计算每个样本点到 K 个簇核心的距离（这里的距离一般取欧氏距离或余弦距离），找到离该点最近的簇核心，将它归到对应的簇。

Step 3：所有点都归属到簇之后，n 个点就分为了 K 个簇。之后重新计算每个簇的重心（平均距离中心），将其定为新的簇核心。

Step 4：反复迭代 Step 2 ~ Step 3，直到簇核心不再移动。

算法的执行过程可用图 18-3 直观地表现出来。

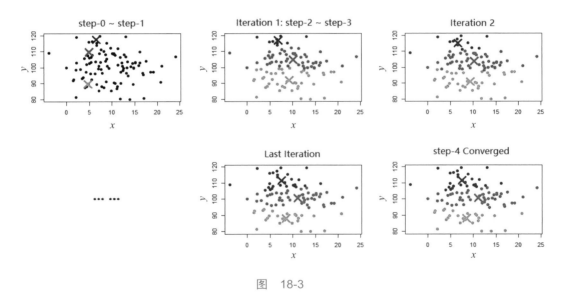

图　18-3

2. 计算目标和细节

在上面 Step 3 中，各点归入簇的迭代完成后，要重新计算这个簇的重心位置。重心位置是根据簇中每个点的平均距离来计算的。

这个平均距离如何计算呢？

要明确算法的细节，首先要搞清楚 K-means 算法的目标，即在用户提供了 K 值之后，以一种什么样的原则来将现有的 n 个样本分成 K 簇才是最理想的。

1) 目标

有 n 个样本 $\boldsymbol{x}_1, \boldsymbol{x}_2, \cdots, \boldsymbol{x}_n$，每个都是 d 维实向量，K-means 聚类的目标是将它们分为 K 簇（$K \leqslant n$），这些簇表示为 $\boldsymbol{S} = \{\boldsymbol{S}_1, \boldsymbol{S}_2, \cdots, \boldsymbol{S}_K\}$。

K-means 算法的目标是簇内平方和最小：

$$\min \sum_{i=1}^{K} \sum_{\boldsymbol{x} \in S_i} \left\| \boldsymbol{x} - \boldsymbol{\mu}_i \right\|^2$$

其中 $\boldsymbol{\mu}_i$ 是 $\boldsymbol{S}_i$ 的重心。

2) 分配

前面算法步骤中的 Step 2 又叫作分配。

设此时为时刻 t，当前 $\boldsymbol{S}_i$ 的簇核心为 $\mu_i^{(t)}$。将某个样本点 x_p 归入簇 $\boldsymbol{S}_i^{(t)}$ 的原则是：它归入该簇后，对该簇 WCSS 的贡献最小：

$$\boldsymbol{S}_i^{(t)} = \left\{ x_p : \left\| x_p - \mu_i^{(t)} \right\|^2 \leqslant \left\| x_p - \mu_j^{(t)} \right\|^2 \quad \forall j, \ 1 \leqslant j \leqslant k \right\}$$

因为 WCSS 等于簇中各点到该簇核心的欧氏距离的平方和，又因为在每次进行 Step 2 之前，我们已经认定了当时所有簇的簇核心 $\mu_i^{(t)}(i = 1, 2, \cdots, K)$ 已经存在，所以只要把 x_p 分配到离它最近的簇核心即可。

> **注意**
>
> 尽管在理论上，x_p 可能被分配到 2 个或者更多的簇中，但在实际操作中，它只被分配给 1 个簇。

3) 更新

前面算法步骤中的 Step 3 又叫作更新。

这一步要重新求簇核心，具体计算非常简单，对于该簇中的所有样本求均值就好：

$$\mu_i^{(t+1)} = \frac{1}{\left|\boldsymbol{S}_i^{(t)}\right|} \sum_{x_j \in \boldsymbol{S}_i^{(t)}} x_j$$

其中 $|\boldsymbol{S}_i|$ 表示 $\boldsymbol{S}_i$ 中样本的个数。

3. 启发式算法

启发式算法是一种基于直观或经验构造的算法。相对于最优化算法要求得待解决问题的最优解，启发式算法力求在可接受的花费（消耗的时间和空间）下，给出待解决问题的一个可行解，该可行解与最优解的偏离程度一般不能被预计。

启发式算法常能发现不错的解，但也没办法证明它不会得到较坏的解，它通常可在合理时间内解出答案，但也没办法知道它是否每次都能够以这样的速度求解。

虽然有种种不确定性，且其性能无法得到严格的数学证明，但启发式算法直观、简单、易于实现。在某些特殊情况下，启发式算法会得到很坏的答案或效率极差，不过造成那些特殊情况的数据组合也许永远不会在现实世界出现。因此现实世界中常用启发式算法来解决问题。

最常见的用于实现 K-means 的启发式算法为 Lloyd's 算法。Lloyd's 算法是一种很高效的算法，通常它的时间复杂度是 $O(nkdi)$，其中 n 为样本数，k 为簇数，d 为样本维度数，而 i 为从开始到收敛的迭代次数。

如果样本数据本身就有一定的聚类结构，那么收敛所需的迭代次数通常是很少的，而且一般前几十次迭代之后，每次迭代的改进就很小了。

因此，在实践中，Lloyd's 算法往往被认为是线性复杂度的算法，虽然在最糟糕的情况下时间复杂度是超多项式的。

目前，Lloyd's 算法是 K-means 聚类的标准方法。当然，每一次迭代它都要计算每个簇中各个样本到簇核心的距离，这是很耗费算力的。不过在大多数情况下，经过头几轮的迭代，各个簇就相对稳定了，大多数样本不会再改变簇的归属，可以利用缓存等方法来简化后续的计算。

4. 局限

K-means 简单直观，有了启发式算法后，计算复杂度也可以接受，但存在以下问题。

(1) K 值对最终结果的影响很大，而它却必须预先给定。给定合适的 K 值需要先验知识，很难凭空估计，否则可能导致效果很差。

(2) 初始簇核心很重要，几乎可以说是算法敏感的，偏偏它们一般是被随机选定的。一旦选择得不合适，就只能得到局部最优解。当然，这也是由 K-means 算法本身的局部最优性决定的。

K-means 存在的问题造成了 K-means 的应用有限，使得它并不适合所有的数据。例如，对于非球形簇，或者多个簇之间尺寸和密度相差较大的情况，K-means 就处理不好了。

18.3 实例

下面我们来看两个实例，对比一下 K-means 和 KNN。

1. K-means 实例

下面是一个简单的 K-means 实例，其中的训练样本是 10 个人的身高体重数据：

```python
from sklearn.cluster import K-means
import numpy as np
import matplotlib.pyplot as plt

X = np.array([[185.4, 72.6], [155.0, 54.4], [170.2, 99.9], [172.2, 97.3],
    [157.5, 59.0], [190.5, 81.6], [188.0, 77.1], [167.6, 97.3],
    [172.7, 93.3], [154.9, 59.0]])

K-means = K-means(n_clusters=3, random_state=0).fit(X)
y_K-means = K-means.predict(X)
centroids = K-means.cluster_centers_

plt.scatter(X[:, 0], X[:, 1], s=50);
plt.yticks(())
plt.show()

plt.scatter(X[:, 0], X[:, 1], c=y_K-means, s=50, cmap='viridis')
plt.scatter(centroids[:, 0], centroids[:, 1], c='black', s=200, alpha=0.5);
plt.show()
```

输入的原始训练数据如图 18-4 所示。

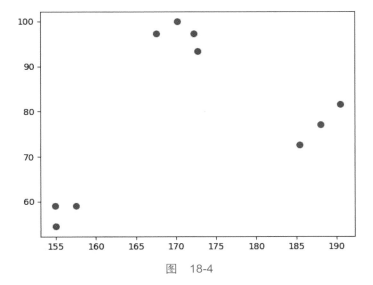

图　18-4

K-means 聚类后，它们被分到 3 个簇，如图 18-5 所示。

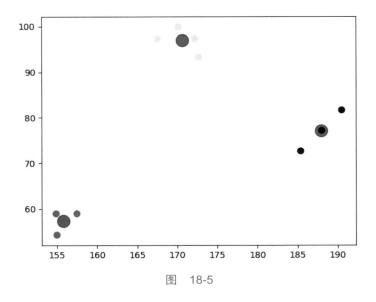

图　18-5

我们可以预测一下两个新的样本：

```
print(K-means.predict([[170.0, 60], [155.0, 50]]))
```

得到输出如下：

```
[1 1]
```

1 对应的是哪个簇呢？我们看看训练样本的归属：

```
print(y_K-means)
```

输出为：

```
[0 1 2 2 1 0 0 2 2 1]
```

可见，1 对应的是图 18-5 中左下角的那一簇。

2. KNN 实例

同样的问题，如果我们要用 KNN 来解决，应该如何做呢？我们指望只输入原始身高体重数据是不够的，还必须给每组数据打上标签，将标签也作为训练样本的一部分。

如何打标签呢？就用上面 K-means 的输出好了：

```
from sklearn.neighbors import KNeighborsClassifier

X = [[185.4, 72.6],
[155.0, 54.4],
[170.2, 99.9],
[172.2, 97.3],
[157.5, 59.0],
[190.5, 81.6],
[188.0, 77.1],
[167.6, 97.3],
[172.7, 93.3],
[154.9, 59.0]]
y = [0, 1, 2, 2, 1, 0, 0, 2, 2, 1]

neigh = KNeighborsClassifier(n_neighbors=3)
neigh.fit(X, y)
```

然后我们也来预测和 K-means 例子中同样的新数据：

```
print(neigh.predict([[170.0, 60], [155.0, 50]]))
```

最后输出结果为：

```
[1 1]
```

第 19 章
谱聚类——无须指定簇数量的聚类

说到聚类,最常见的模型当然是 K-means。不过如果使用 K-means 的话,需要在算法运行前指定 K 的值,也就是要在训练前指定最后的结果被分为几簇。

现实中有相当多的聚类问题是无法事先指定簇的数量的,如此一来,K-means 就无法完成这类任务。

好在聚类方法有很多,有一种算法,不仅不需要事先指定 K 值,还可以在结果中保证每个簇中的个体数量低于某个量值,这就是基于图切割的谱聚类。

19.1 算法实现

基于图切割的谱聚类算法,其过程分为两个大的步骤:图切割和谱聚类。具体步骤如下。

(1) 生成一张图 $G = <V, E>$,其中每个顶点对应一个样本对象,每两个顶点之间的边代表这两个样本之间的距离。此处的距离可以是欧氏距离、余弦距离或者任何一种距离,我们用 c_{ij} 表示顶点 i 和顶点 j 之间的距离,那么这张图就可以用矩阵 C 来表示了:

$$C = [c_{ij}]$$

(2) 确定距离阈值 threshold_c,将所有 $c_{ij} > \text{threshold}_c$ 的顶点对 $\{i, j\}$ 视为断开。据此将完整的 G 分割为若干连通图 $G_1, G_2, \cdots, G_n$。计算每一个子图的 Radius(最远边缘节点到中心节点的距离)和 Size(包含顶点数),如果 $(\text{cluster}_{radius} \leqslant \text{threshold}_{radius})$ && $(\text{cluster}_{size} \leqslant \text{threshold}_{size})$,则该连通图本身就是一个独立的簇;否则,对该簇进行下一个步骤。

(3) 图切割，主要包括以下两个步骤。

① 将待切割图 G 切割为两个子图 G_{s_1} 和 G_{s_2}，使得 G_{s_1} 和 G_{s_2} 之间距离尽量大，而两个子图内部节点间距离尽量小，具体切割过程如下。

a. 构造一个和 C 同等大小的矩阵：

$$W = \left[w_{ij} \right]$$

$$w_{ij} = \exp\left(-\frac{c_{ij}^2}{2\sigma^2} \right)$$

$$w_{ij} = \exp\left(-\frac{\left\| x_i - x_j \right\|^2}{2\sigma^2} \right)$$

这里用到了高斯相似度函数，σ 是一个用来控制变换速度的参数，$\| x_i - x_j \|$ 是样本 i 到样本 j 的距离，也就是说 $\| x_i - x_j \| = c_{ij}$。

b. 构造一个对角矩阵 D，对角项 $d_i = \sum_j w_{ij}$。

c. 令 $L = D - W$，构造等式：

$$Lv = (D - W)v = \lambda v$$

其中 λ 为常数，v 为向量。

d. 计算上述等式的第二小的特征值所对应的特征向量 f。

> **注意**
>
> 为什么要取第二小的特征值对应的特征向量？理由见后面描述。

设被分割图 G 一共包含 n 个顶点，那么它可以用一个 $n \times n$ 矩阵表达，由此得出的特征向量 f 也是 n 维向量。f 中的每一维代表一个顶点（即一个样本）：

$$f = \begin{bmatrix} f_1 \\ f_2 \\ \vdots \\ f_n \end{bmatrix}$$

如果 $f_i \geqslant 0$，那么对应的顶点 i 属于 G_{s_1}；如果 $f_i < 0$，则对应的顶点 i 属于 G_{s_2}。这样就把 G 分成了两部分：G_{s_1} 和 G_{s_2}。

② 计算 G_{s_1} 和 G_{s_2} 的大小和半径，然后进行如下伪代码所示的步骤：

```
IF ((cluster_radius > threshold_radius && cluster_size > threshold_size))
THEN 重复步骤 (1)，直到所有被分割的结果满足上述条件
```

(4) 将步骤 (3) 运用到步骤 (2) 中所有的连通图 $\{G_1, G_2, \cdots, G_n\}$ 上。

19.2 算法原理

谱聚类的目的就是要找到一种合理的分割，使得分割后连接不同子图的边的权重尽可能低，同一子图内边的权重尽可能高。

19.1 节步骤 a 中根据对称阵 C 构造的矩阵 W，也是一个对称阵，它描述了 G 中各节点间的相似度。

> **注意**
>
> 在步骤 (1) 构造的矩阵 $C = [c_{ij}]$ 中，c_{ij} 表示顶点 i 到顶点 j 的距离，c_{ij} 越大，距离越远。但是在矩阵 W 中的节点 $w_{ij} = \exp(-\dfrac{c_{ij}^2}{2\sigma^2})$ 中，c_{ij} 越大，w_{ij} 越小。也就是说 W 中的节点 w_{ij} 的数值越小，它所表示的对应的两个点之间的距离也就越大。

步骤 b 构造了 W 的对角矩阵 D。

在步骤 c 中，根据相似度矩阵 W 和其对角矩阵 D，我们构造了一个新的矩阵：$L = D - W$。L 是一个拉普拉斯矩阵，称作非规范化的拉普拉斯矩阵。

> **注意**
>
> 本章涉及一系列重要的线性代数概念，在这里统一解释一下。
>
> 给定一个有 n 个顶点的图 G。
>
> D 是一个对角矩阵，其中包含的信息为 G 中每个顶点的度数，也就是每个顶点相邻的边数。D 称为 G 的度矩阵。
>
> A 是一个方阵，它的每个元素代表 G 各个节点之间是否有边相连。$A = [a_{ij}]$，当 $i \neq j$ 时，若图 G 中节点 i 与节点 j 相邻，则 $a_{ij} = 1$，否则 $a_{ij} = 0$。A 称为 G 的邻接矩阵。
>
> $L = D - A$，L 称为 G 的拉普拉斯矩阵，它是一个半正定矩阵。
>
> 对于一个 $n \times n$ 的实对称矩阵 M，当且仅当它对所有非零实系数向量 z 都有 $z^{\mathrm{T}} M z \geqslant 0$，$M$ 称为半正定矩阵。
>
> 对于 $n \times n$ 的方阵 A，若标量 λ 和 n 维非零列向量 v 满足 $Av = \lambda v$，那么称 λ 为 A 的特征值，v 称为对应于特征值 λ 的特征向量。

由拉普拉斯矩阵的性质可知，L 是对称半正定矩阵，它的最小特征值是 0，相应的特征向量是 I，L 有 n 个非负实特征值：$0 \leqslant \lambda_1 \leqslant \lambda_2 \leqslant \cdots \leqslant \lambda_n$。又因为 $L = D - W$，所以对于任意实向量 f，都可以做如下计算：

$$
\begin{aligned}
f^{\mathrm{T}} L f = f^{\mathrm{T}} D f - f^{\mathrm{T}} W f &= \sum_{i=1}^{n} d_i f_i^2 - \sum_{i=1}^{n} \sum_{j=1}^{n} f_i f_j w_{ij} = \frac{1}{2} \left(\sum_{i=1}^{n} d_i f_i^2 - 2 \sum_{i=1}^{n} \sum_{j=1}^{n} f_i f_j w_{ij} + \sum_{j=1}^{n} d_j f_j^2 \right) \\
&= \frac{1}{2} \sum_{i=1}^{n} \sum_{j=1}^{n} w_{ij} (f_i - f_j)^2
\end{aligned}
$$

我们将上式记为式子 1，然后我们回过头来，看图切割这件事情。

1. 将图切割成两个子图

首先我们把 L 所对应的原图进行图切割，成为两个新的图：A 和 $\overline{A}$。

也就是说，之前的 $n \times n$ 矩阵 L 所对应的 n 个顶点被分为两部分，一部分属于 A，另一部分属于 $\overline{A}$。到底哪些点被分给了 A，哪些点被分给了 $\overline{A}$ 呢？

我们可以用一个向量来表示。假设存在一个向量 $\boldsymbol{f} = \begin{bmatrix} f_1 \\ f_2 \\ \vdots \\ f_n \end{bmatrix}$，其中不同维度的值可以指示该维度对应的顶点属于新分出来的哪个子图。具体如下：

$$f_i = \begin{cases} \sqrt{\dfrac{|\overline{\boldsymbol{A}}|}{|\boldsymbol{A}|}}, & \text{if } v_i \in \boldsymbol{A} \\[3mm] -\sqrt{\dfrac{|\boldsymbol{A}|}{|\overline{\boldsymbol{A}}|}}, & \text{if } v_i \in \overline{\boldsymbol{A}} \end{cases}$$

将 $\boldsymbol{f}$ 代入式子 1：$\boldsymbol{f'Lf} = \dfrac{1}{2}\displaystyle\sum_{i=1}^{n}\sum_{j=1}^{n} w_{ij}(f_i - f_j)^2$。

又因为当 i、j 同属于 $\boldsymbol{A}$ 或者 $\overline{\boldsymbol{A}}$ 时，$f_i - f_j = 0$。

所以 $\boldsymbol{f'Lf}$ 就可以被转化为如下形式，我们将其记为式子 2：

$$\frac{1}{2}\sum_{i\in A, j\in\overline{A}} w_{ij}\left(\sqrt{\frac{|\overline{\boldsymbol{A}}|}{|\boldsymbol{A}|}} + \sqrt{\frac{|\boldsymbol{A}|}{|\overline{\boldsymbol{A}}|}}\right)^2 + \frac{1}{2}\sum_{i\in A, j\in A} w_{ij}\left(-\sqrt{\frac{|\overline{\boldsymbol{A}}|}{|\boldsymbol{A}|}} - \sqrt{\frac{|\boldsymbol{A}|}{|\overline{\boldsymbol{A}}|}}\right)^2$$

$$=> \frac{1}{2}\sum_{i\in A, j\in\overline{A}} w_{ij}\left(\frac{|\overline{\boldsymbol{A}}|}{|\boldsymbol{A}|} + 2 + \frac{|\boldsymbol{A}|}{|\overline{\boldsymbol{A}}|}\right) + \frac{1}{2}\sum_{i\in A, j\in A} w_{ij}\left(\frac{|\overline{\boldsymbol{A}}|}{|\boldsymbol{A}|} + 2 + \frac{|\boldsymbol{A}|}{|\overline{\boldsymbol{A}}|}\right)$$

$$=> \left(\frac{|\overline{\boldsymbol{A}}|}{|\boldsymbol{A}|} + 2 + \frac{|\boldsymbol{A}|}{|\overline{\boldsymbol{A}}|}\right)\left(\frac{1}{2}\sum_{i\in A, j\in\overline{A}} w_{ij} + \frac{1}{2}\sum_{i\in A, j\in A} w_{ij}\right)$$

2. Cut(·) 函数

取出上面式子 2 的后一部分：

$$\left(\frac{1}{2}\sum_{i\in A, j\in\overline{A}} w_{ij} + \frac{1}{2}\sum_{i\in A, j\in A} w_{ij}\right) = \frac{1}{2}\boldsymbol{W}(\boldsymbol{A}, \overline{\boldsymbol{A}}) + \frac{1}{2}\boldsymbol{W}(\overline{\boldsymbol{A}}, \boldsymbol{A}) = \frac{1}{2}\sum_{i=1}^{k}\boldsymbol{W}(A_i, \overline{A}_i)$$

其中，k 表示不同类别的个数，这里 $k = 2$。

令 $\text{Cut}(\boldsymbol{A}, \overline{\boldsymbol{A}}) = \dfrac{1}{2}\displaystyle\sum_{i=1}^{k}\boldsymbol{W}(A_i, \overline{A}_i)$，这里的 $\boldsymbol{W}(\boldsymbol{A}, \overline{\boldsymbol{A}})$ 表示子图 $\boldsymbol{A}$ 和 $\overline{\boldsymbol{A}}$ 之间边的权重。

此处定义的 Cut(·) 函数又可以被称为截函数。

当一个图被划分成为两个子图时，"截"指子图间的连接密度，即被切割后子图之间边的值的加权和。

我们要找到一种分割，使得分割后，连接被分割出来的两个子图的边的权重尽可能低，即"截最小"。

因此，Cut(·) 函数就是我们求取图切割方法的目标函数。

3. 求解目标函数

Cut(·) 函数中的值就是 w_{ij}（顶点 i 位于 A，顶点 j 位于 $\overline{A}$）。w_{ij} 越小，则对应的两点间的距离越大。

我们既然要让切割出来的结果使两个子图之间的加权距离尽量大，那么自然，我们就要求：

$$\mathrm{minCut}(A, \overline{A}) => \min \frac{1}{2}\sum_{i=1}^{2}W(A_i, \overline{A}_i) = \min \frac{1}{2}W(A, \overline{A}) + \frac{1}{2}W(\overline{A}, A)$$

我们将 Cut(·) 函数带回到式子 2 中，得到结果如下：

$$\mathrm{Cut}(A, \overline{A})\left(\frac{|A| + |\overline{A}|}{|A|} + \frac{|A| + |\overline{A}|}{|\overline{A}|}\right) = (|A| + |\overline{A}|)\left(\frac{\mathrm{Cut}(A, \overline{A})}{|A|} + \frac{\mathrm{Cut}(A, \overline{A})}{|\overline{A}|}\right)$$

其中：

$$\frac{\mathrm{Cut}(A, \overline{A})}{|A|} + \frac{\mathrm{Cut}(A, \overline{A})}{|\overline{A}|} = \sum_{i=1}^{k}\frac{\mathrm{Cut}(A_i, \overline{A}_i)}{|A_i|} = \mathrm{RatioCut}(A, \overline{A})$$

因此：

$$(|A| + |\overline{A}|)\mathrm{RatioCut}(A, \overline{A}) = |V|\mathrm{RationCut}(A, \overline{A})$$

其中 $|V|$ 表示的是顶点的数目，对于确定的图来说是个常数。

由上述的推导可知，由 $f'Lf$ 推导出了 RatioCut(·) 函数。到此，我们得出了：

$$f'Lf = |V| \text{RatioCut}(A, \overline{A})$$

因为 Cut(·) 函数和 RatioCut(·) 函数相差的是一个常数，所以求 Cut(·) 的最小值就是求 RatioCut(·) 的最小值。

又因为 $|V|$ 是常数，所以我们求 RatioCut(·) 函数的最小值就是求 $f'Lf$ 的最小值。

到此时，图切割问题就变成了求 $f'Lf$ 的最小值的问题。

4. 通过求 $f'Lf$ 的最小值来切割图

假设 λ 是 Laplacian 矩阵 L 的特征值，f 是特征值 λ 对应的特征向量，则有 $Lf = \lambda f$，等式的两端同时左乘 f'，得到 $f'Lf = \lambda f'f$。

已知 $\|f\| = n^{\frac{1}{2}}$，则 $f'f = n$，上式可以转化为：$f'Lf = \lambda n$。

既然我们的目标是求 $\min f'Lf$，那么我们只需求得最小特征值 λ。

由 Laplacian 矩阵的性质可知，Laplacian 矩阵的最小特征值为 0，相应的特征向量是 I。

向量 I 中所有维度都为 1，无法将对应顶点分为两份。因此我们用 L 第二小的特征值（也就是最小的非零特征值）来近似取 RatioCut(·) 的最小值（此处背后实际的理论依据是 Rayleigh-Ritz 理论）。

我们先求出 L 第二小的特征向量 f，再通过如下变换，将 f 转化为一个离散的指示向量。

对于求解出来的特征向量 $f = (f_1, f_2, \cdots, f_n)^{\mathrm{T}}$ 中的每一个分量 f_i，根据每个分量的值来判断对应的点所属的类别：

$$\begin{cases} v_i \in A, & \text{if } f_i \geq 0 \\ v_i \in \overline{A}, & \text{if } f_i < 0 \end{cases}$$

5. 从切割成 2 份到切割成 k 份的推演

如果不是要一次将图切成 2 份，而是要切成 k 份，那么就要先求 L 的前 k 小个特征向量。这 k 个特征向量表示为 $f^{(1)}, f^{(2)}, \cdots, f^{(k)}$。

由特征向量构成如下这样一个 $n \times k$ 的特征向量矩阵：

$$\begin{bmatrix} f_1^{(1)} & f_1^{(2)} & \cdots & f_1^{(k)} \\ f_2^{(1)} & f_2^{(2)} & \cdots & f_2^{(k)} \\ \vdots & \vdots & \vdots & \vdots \\ f_n^{(1)} & f_n^{(2)} & \cdots & f_n^{(k)} \end{bmatrix}$$

将特征向量矩阵中的每一行作为一个样本，利用 K-means 聚类方法对其进行聚类。也就是对 n 个 k 维向量进行聚类，将其聚为 k 个簇。

聚类完成之后，如果特征矩阵中的第 i 个 k 维向量被聚集到了第 j 个簇中，则原本图中的第 i 个点就被聚集到了第 j 个簇中。

以上就是根据非规范化拉普拉矩阵进行基于图切割的谱聚类的算法原理。

6. 规范化的拉普拉斯矩阵

L 也可以被规范化，$D^{-\frac{1}{2}}LD^{-\frac{1}{2}}$ 就是 L 的规范化形式。$L' = D^{-\frac{1}{2}}LD^{-\frac{1}{2}}$ 又称为规范化的拉普拉斯矩阵。

对于规范化的拉普拉斯矩阵，不能通过直接求其特征值和特征向量来做图切割。不过大体过程和思路与非规范化拉普拉斯矩阵一致，在此不赘述。

19.3　实例

将 10 个人的身高体重数据用谱聚类进行聚类：

```
from sklearn.cluster import SpectralClustering
import numpy as np
import math

X = np.array([[185.4, 72.6],
[155.0, 54.4],
[170.2, 99.9],
[172.2, 97.3],
[157.5, 59.0],
[190.5, 81.6],
[188.0, 77.1],
[167.6, 97.3],
[172.7, 93.3],
[154.9, 59.0]])

w, h = 10, 10;
```

```
# 构建相似度矩阵，任意两个样本间的相似度 = 100 - 两个样本的欧氏距离
Matrix = [[100 - math.hypot(X[x][0] - X[y][0], X[x][1] - X[y][1])
    for x in range(w)] for y in range(h)]

sc = SpectralClustering(3, affinity='precomputed', n_init=10)
sc.fit(Matrix)

print('spectral clustering')
print(sc.labels_)
```

输出为：

```
spectral clustering
[2 1 0 0 1 2 2 0 0 1]
```

第 20 章
EM 算法——估计含有隐变量的概率模型的参数

EM 算法即最大化期望算法（expectation maximization algorithm），是一种迭代式的，从存在隐变量的数据中求解概率模型参数的最大似然估计方法，本章我们就来学习它。

20.1 含有隐变量的概率模型

有些概率模型除了含有已知参数，还含有未知参数，也就是隐变量。

通过极大化对数似然函数求解概率模型参数。

下面我们假设存在一个概率模型，X 表示其样本变量，Θ 表示其参数。

我们知道这个概率模型的形式，又有很多的样本数据（X 取值已知），但是不知道概率模型的具体参数值（Θ 取值未知）。有没有办法求出 Θ 的取值呢？

早在学习朴素贝叶斯模型的时候，我们就知道：当一个概率模型参数未知，但有一系列样本数据时，可以采用极大似然估计法来估计它的参数。

该概率模型的学习目标是极大化其对数似然函数：

$$LL(\Theta \mid X) = \log P(X \mid \Theta)$$

此时，根据 X 直接极大化 $LL(\Theta \mid X)$ 来求 Θ 的最优取值即可。

此处的 X 必须是完全数据——也就是样本数据所有变量的值都是可见且完整的情况下，才可以通过直接极大化对数似然函数来求解参数的值。

有的时候，概率模型既含有可以看到取值的观测变量，又含有直接看不到的隐变量。

设存在一个概率模型，X 表示其观测变量集合，Z 表示其隐变量集合，$\varTheta$ 表示该模型参数。

> **注意**
>
> 　X 和 Z 合在一起被称为完全数据（Complete-data），仅有 X 称为不完全数据（Incomplete-data）。

对 $\varTheta$ 进行极大似然估计就是要极大化 $\varTheta$ 相对于完全数据的对数似然函数，隐变量 Z 存在时的对数似然函数为：

$$LL(\varTheta \mid X, Z) = \log P(X, Z \mid \varTheta)$$

我们无法通过观测获得隐变量的取值，样本数据不完全。在这种情况下，就不能直接用极大似然函数估计了，只好请 EM 算法出马。

20.2　EM 算法基本思想

EM 算法是一种用于对含有隐变量的概率模型的参数进行极大似然估计的迭代算法。

20.2.1　近似极大化

EM 算法的基本思想是：近似极大化——通过迭代来逐步近似极大化。

我们有一个目标函数：$\operatorname{argmax} f(\theta)$。

然而，由于种种原因，我们对于当前这个要求取极大值的函数本身的形态并不清楚，因此无法通过诸如求导函数并令其为零（梯度下降）等方法来直接探索目标函数的极大值。也就是不能直接优化 $f(\theta)$！

但是我们可以采用一个近似的方法。

首先构建一个我们确定可以极大化的函数 $g^{(1)}(\theta)$，并且确保：

(1) $f(\theta) \geqslant g^{(1)}(\theta)$；

(2) 存在一个点 θ_0，$f(\theta_0)$ 和 $g^{(1)}(\theta_0)$ 在 θ_0 点相交，即：$f(\theta_0) = g^{(1)}(\theta_0)$；

(3) θ_0 不是 $g^{(1)}(\theta)$ 的极大值点。

在这种情况下，我们极大化 $g^{(1)}(\theta)$，得到 $g^{(1)}(\theta)$ 的极大值点 θ_1，即：$\max g^{(1)}(\theta) = g^{(1)}(\theta_1)$。

由 (1)、(2) 和 (3) 可知，$g^{(1)}(\theta_1) > g^{(1)}(\theta_0) => f(\theta_1) > f(\theta_0)$。

可见，极大化 $g^{(1)}(\theta)$ 的过程，就相当于沿着 θ 方向，向着 $f(\theta)$ 的极大值前进了一步（见图 20-1）。

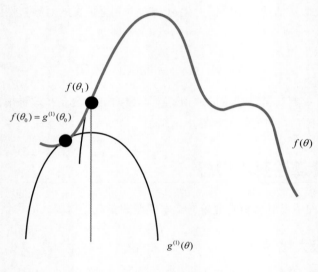

图　20-1

然后，再构建一个函数 $g^{(2)}(\theta)$，使得：

(1) $f(\theta) \geqslant g^{(2)}(\theta)$；

(2) $f(\theta_1) = g^{(2)}(\theta_1)$；

(3) θ_1 不是 $g^{(2)}(\theta)$ 的极大值点。

接着极大化 $g^{(2)}(\theta)$，得到 $g^{(2)}(\theta)$ 的极大值点 θ_2，于是 $f(\theta_2) > f(\theta_1)$，$f(\theta)$ 又朝着自身极大化前进了一步（见图 20-2）。

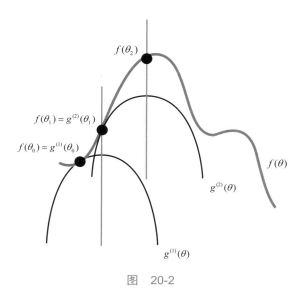

图　20-2

我们不断重复上述的过程，一次又一次。每一次分别构建出函数 $g^{(1)}(\theta)$, $g^{(2)}(\theta)$, …, $g^{(m-1)}(\theta)$, $g^{(m)}(\theta)$，直到过程收敛——新创建出来的函数 $g^{(m)}$ 的极大值和 $g^{(m-1)}$ 的极大值几乎无差别。

这个时候，我们就取 $g^{(m)}(\theta)$ 的极大值作为 $f(\theta)$ 的极大值，虽然可能还不是 $f(\theta)$ 事实上的极大值，但是已经非常近似了。

20.2.2　真正的目标

要知道，整个算法的**目**的是用近似法估计参数 θ，我们真正的目标是：求出让 $f(\theta)$ 达到近似极大值的 θ^*；而不是去求 $f(\theta^*)$ 或是逼近它的 $g^{(m)}(\theta^*)$ 本身的值！

实际上，如果我们有办法一步步推进 θ 的取值，先求出 θ_1，再求出 θ_2、θ_3……直到求出让 $g^{(m)}(\theta)$ 达到极大值的 θ^*，也就达到目的了。而其间用来逐步推进的 $g^{(1)}(\theta)$, $g^{(2)}(\theta)$, …, $g^{(m)}(\theta)$ 等函数的具体形式到底是什么，我们并不关心。

这么说到底是什么意思呢？别急，到下一节你就明白了。

20.3 EM 算法的推导过程

上面我们详细讲解了 EM 算法的原理，那么原理又如何对应到求概率模型的参数呢?

20.3.1 优化目标

我们不妨这样来看。

概率模型参数估计问题的目标是极大化对数似然函数: $LL(\Theta \mid X) = \log P(X \mid \Theta)$。

我们要找到一个具体的 Θ^*, 将这个 Θ^* 代入对数似然函数后, 在当前所有样本观测数据 X 的前提之下, 使得对数似然函数达到极大值。

这里比较麻烦的是 X 不是完全数据而只是观测变量, 我们还有个隐变量 Z。

将观测数据表示为 $X = [X_1, X_2, \cdots, X_n]$, 隐变量表示为 $Z = [Z_1, Z_2, \cdots, Z_n]$, 则观测数据的似然函数为 $P(X \mid \Theta) = \sum_Z P(X \mid Z, \Theta) P(Z \mid \Theta)$。

> **注意**
>
> 此处需要运用一个计算技巧: 通过对隐变量 Z 进行求积分 (或求和) 操作, 来将其转化为观测变量的"边际似然"。

故而:

$$LL(\Theta \mid X) = \log P(X \mid \Theta) = \log \sum_Z P(X \mid Z, \Theta) P(Z \mid \Theta)$$

因为其中的 Z 是不可见的 (未知的), 所以我们无法直接最优化 $LL(\Theta \mid X)$。

20.3.2 应用 EM 算法

无法直接最优化目标, 那就按我们刚才介绍的方法来做近似最优化吧。此处, $LL(\Theta \mid X)$ 就相当于原理中的 $f(\theta)$。我们只需要找到对应的 $g^{(t)}(\theta)$ 就可以运用 EM 算法啦 (这里的 t 表示时刻, 也可以理解为迭代的序号)!

我们知道, EM 是一个迭代算法, 每一次迭代结果会估计出一个新的参数值 Θ^t, 相应地也就可以求出 $LL(\Theta^t \mid X)$。

我们希望的是每一次迭代都能让 $LL(\Theta \mid X)$ 的取值增加，那么自然，具体的一次迭代的结果必然比函数本身的极大值要小，也就是有 $LL(\Theta \mid X) > LL(\Theta^t \mid X)$。

注意

此处的 Θ^t 是上一个迭代算出来的确定结果，对于当前迭代，是一个已知的定值。

此处的 Θ 还是一个未知的值，是我们要求取的能够让 $LL(\Theta \mid X)$ 达到极大值的参数。

为了达到 $LL(\Theta \mid X) > LL(\Theta^t \mid X)$ 的效果，我们当然需要想办法使得 $LL(\Theta \mid X) - LL(\Theta^t \mid X) > 0$。

于是就要先来计算：

$$LL(\Theta \mid X) - LL(\Theta^t \mid X)$$

$$= \log\sum_Z P(X \mid Z, \ \Theta)P(Z \mid \Theta) - \log P(X \mid \Theta^t)$$

$$= \log\sum_Z P(Z \mid X, \ \Theta^t)\frac{P(X \mid Z, \ \Theta)P(Z \mid \Theta)}{P(Z \mid X, \ \Theta^t)} - \log P(X \mid \Theta^t)$$

在这里我们运用詹森不等式，有：

$$LL(\Theta \mid X) - LL(\Theta^t \mid X) \geqslant \sum_Z P(Z \mid X, \ \Theta^t)\log\frac{P(X \mid Z, \ \Theta)P(Z \mid \Theta)}{P(Z \mid X, \ \Theta^t)} - \log P(X \mid \Theta^t)$$

其中 $\sum_Z P(Z \mid X, \ \Theta^t) = 1$。

詹森不等式：对于一个凸函数，函数的积分大于等于积分的函数。形式化表示为：$\log\sum_j \lambda_j x_j \geqslant \sum_j \lambda_j \log x_j$，其中 $\lambda_j \geqslant 0$，$\sum_j \lambda_j = 1$。

不等式的右侧：

$$\sum_Z P(Z \mid X, \ \Theta^t)\log\frac{P(X \mid Z, \ \Theta)P(Z \mid \Theta)}{P(Z \mid X, \ \Theta^t)} - \log P(X \mid \Theta^t) = \sum_Z P(Z \mid X, \ \Theta^t)\log\frac{P(X \mid Z, \ \Theta)P(Z \mid \Theta)}{P(Z \mid X, \ \Theta^t)P(X \mid \Theta^t)}$$

令：

$$l(\Theta, \Theta') = LL(\Theta^t \mid X) + \sum_{Z} P(Z \mid X, \Theta') \log \frac{P(X \mid Z, \Theta)P(Z \mid \Theta)}{P(Z \mid X, \Theta')P(X \mid \Theta')}$$

则有：$LL(\Theta \mid X) \geqslant l(\Theta, \Theta')$，并且 $LL(\Theta^t \mid X) = l(\Theta^t, \Theta')$。$LL(\Theta \mid X)$ 相当于原理中的 $f(\theta)$，而 $l(\Theta, \Theta')$ 则相当于 $g^{(t)}(\theta)$。这两者的关系在二维坐标中就像图 20-3 这样。

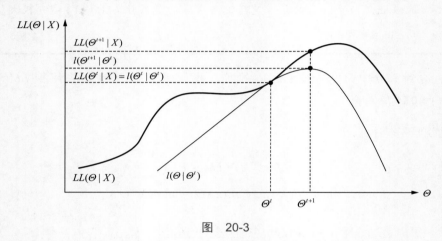

图　20-3

那么自然，Θ^t 就是本次迭代中原目标函数与近似函数相交的交点：$LL(\Theta^t \mid X) = l(\Theta^t, \Theta')$（此处请类比：$f(\theta_t) = g^{(t)}(\theta_t)$，想想图 20-1 里的 θ_0）。而 Θ^{t+1} 则是使得本次迭代的近似函数 $l(\Theta, \Theta')$ 达到极大值的参数（想想图 20-1 中的 θ_1）。

又因为：

$$\Theta^{t+1} = \mathrm{argmax}_{\Theta} l(\Theta, \Theta') = \mathrm{argmax}[LL(\Theta^t \mid X) + \sum_{Z} P(Z \mid X, \Theta') \log \frac{P(X \mid Z, \Theta)P(Z \mid \Theta)}{P(Z \mid X, \Theta')P(X \mid \Theta')}]$$

$$= \mathrm{argmax}[\sum_{Z}(P(Z \mid X, \Theta') \log \frac{P(X \mid Z, \Theta)P(Z \mid \Theta)}{P(Z \mid X, \Theta')}]$$

$$= \mathrm{argmax}[\sum_{Z}(P(Z \mid X, \Theta')(\log P(X \mid Z, \Theta)P(Z \mid \Theta) - \log P(Z \mid X, \Theta')))]$$

而且上式是在优化 Θ，其中的 $\log P(Z \mid X, \Theta')$ 和 Θ 的优化无关，所以可以直接不去管它。

因此：

$$\text{argmax}_{\Theta} l(\Theta, \Theta^t) = \text{argmax}[\sum_Z P(Z \mid X, \Theta^t) \log P(X \mid Z, \Theta) P(Z \mid \Theta)]$$

$$= \text{argmax}[\sum_Z P(Z \mid X, \Theta^t) \log P(X, Z \mid \Theta)]$$

设：

$$Q(\Theta, \Theta^t) = \sum_Z P(Z \mid X, \Theta^t) \log P(X, Z \mid \Theta)$$

那么只要求出使得函数 $Q(\Theta, \Theta^t)$ 极大化的 Θ，就是 Θ^{t+1} 了，它同时也是下一次迭代的近似函数和目标函数的交点。

于是在 EM 算法的每一次迭代中，我们只需要：

(1) 求 $Q(\Theta, \Theta^t)$；

(2) 求使得 $Q(\Theta, \Theta^t)$ 极大化的 Θ^{t+1}，确定下一次迭代的参数估计值。

这样就可以了！

第一次迭代的初始参数估计 Θ^0 可以人工选取，此后的每次迭代都如此这般，一次次迭代下来，就可以通过近似极大化的方法得出我们的参数估计结果了！

20.4 EM 算法步骤

前面我们讲了 EM 算法的基本原理和推导，现在我们来看看它的具体过程。

Step 1：选择参数的初始值 Θ^0，将它作为起点开始迭代。

理论上，Θ^0 的值可以任意选择，不过 EM 算法对于初值敏感，如果初值选择不当可能会影响算法效率甚至最终的结果。

Step 2：E 步。E 的含义是期望（Expectation）。在 E 步，我们要做的就是求出 $Q(\Theta, \Theta^t)$。

Θ^t 为上一次迭代时 M 步（Step 3）得出的参数估计结果（第一次迭代时 Θ^t 等于初值 Θ^0），在此次迭代的本步中，我们要计算 Q 函数：

$$Q(\Theta, \Theta^t) = \sum_Z P(Z \mid X, \Theta^t) \log P(X, Z \mid \Theta)$$

其中 $P(Z \mid X, \Theta')$ 是在给定观测数据 X 和当前的参数估计 Θ' 下，隐变量数据 Z 的条件概率分布。

因为：

$$\sum_Z P(Z \mid X, \Theta') \log P(X, Z \mid \Theta) = E_{Z \mid X, \Theta'}[\log P(X, Z \mid \Theta)] = E_{Z \mid X, \Theta'} LL(\Theta \mid X, Z)$$

所以说，E 步计算的是完全数据的对数似然函数 $LL(\Theta \mid X, Z)$，在给定观测数据 X 和当前参数 Θ' 下，对于未观测数据 Z 的期望。

因为 Θ' 在此时是已知的，且 X 原本就是已知的，所以可以根据训练数据推断出隐变量 Z 的期望，记作 $E^{(t)}(Z)$。

而 $Q(\Theta, \Theta') = E_{Z \mid X, \Theta'} LL(\Theta \mid X, Z)$ 本来是一个含有变量 Θ 和 Z 的函数，我们能将它转换成含有变量 Θ 和 $E^{(t)}(Z)$ 的函数形式：

$$Q(\Theta, \Theta') = R(\Theta, E^{(t)}(Z))$$

再将刚刚得出的 $E^{(t)}(Z)$ 代入其中，就将其转变成了关于 Θ 的函数：

$$Q(\Theta, \Theta') = R(\Theta, E^{(t)}(Z)) = R^{(t)}(\Theta)$$

Step 3：M 步。M 的含义是最大化（Maximization）。在 M 步，我们要求的是使得 $Q(\Theta, \Theta')$ 极大化的 Θ，也就是下一次迭代的参数估计值：

$$\Theta^{t+1} = \mathrm{argmax}_\Theta Q(\Theta, \Theta')$$

因为上面 E 步已经成功将 $Q(\Theta, \Theta')$ 转化成了一个仅含有 Θ 变量的函数 $R^{(t)}(\Theta)$，所以本步自然可以方便地对参数 Θ 做极大似然估计了。

Step 4：迭代执行 E~M 两步，直至收敛。

每一次 E~M 迭代都使得对数似然函数增大。这样一轮轮地迭代下来，直至收敛。收敛的条件如下：存在非常小的两个正数 ϵ_1 和 ϵ_2，满足 $\| \Theta^{t+1} - \Theta' \| < \epsilon_1$ 或者 $\| Q(\Theta^{t+1}, \Theta') - Q(\Theta', \Theta') \| < \epsilon_2$，停止迭代。因为整个算法中最关键的是 E 步和 M 步，所以这个算法称为 EM 算法。

第 21 章

GMM

现实中，我们经常会遇到多个高斯（正态）分布混合在一起的情况。为了得到精确的量化变量分布，需要把这几个类型相同而参数不同的概率密度函数区分开，这时就轮到 GMM（gaussian mixture model，高斯混合模型）出场了。

21.1 将"混"在一起的样本各归其源

先来看看几个高斯分布混合在一起的情况。

21.1.1 个体与集体

前面我们讲的 K-means 和谱聚类都是将特征空间中的一个个个体，依据它们相互之间的关系，归属到不同的簇中。

用个形象点的比喻，我们将特征空间想象成一个二维的平面，样本数据则是"散落"在这个平面上的一颗颗"豆子"。

前面讲的聚类方法就好像：我们根据某种原则（K-means 和谱聚类的具体原则不同），把这些"散落在地"的"豆子"捡到一个个"筐"里。

这些"豆子"原本并没有一个特定的归属，是我们在"捡"的过程中决定了把它们扔到哪个"筐"里。某一颗"豆子"被归属到某个"筐"的原因，很大程度上受它周围"豆子"归属的影响。

而 GMM 的适用场景更像是下面这样。

我们拿了一个西红柿，"啪"一下摔在了厨房的地板上，形成了左下的一片红色"颗粒"；

然后拿了一个猕猴桃,"啪"地摔成了右侧那一片绿色"颗粒";又摔了个苦瓜,形成了左上的一片黄色颗粒,如图 21-1 所示。

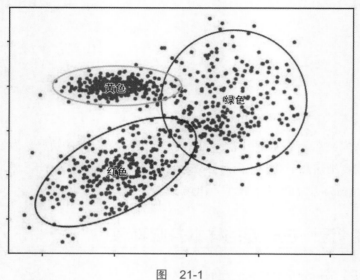

图 21-1

这个时候,我们让一个小机器人来把这 3 种瓜果的碎屑颗粒分别收拾到 3 个不同的容器里。可是这个小机器人是个色盲,它看到的厨房地板是图 21-2 这个样子的。

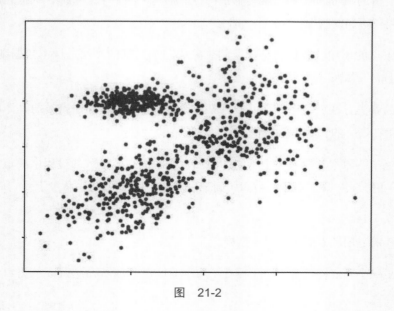

图 21-2

这个时候它该如何去区分 3 种不同瓜果的碎屑呢？

> 有时候，样本有各自的归属。只不过，在我们拿到样本的时候，原本属于不同簇的若干样本在特征空间中"混在了一起"。
>
> GMM 要做的，就是把它们按照原本的归属区分开。

21.1.2 已知每个簇的原始分布

直观分布

当然，什么都不告诉小机器人，只让它面对一堆"灰色斑点"，那我们确实太苛刻了。

我们可以将这样一些信息泄露给小机器人：一共摔了几个瓜果，每一个的残骸形成了什么样的形状，以及其位置核心在哪里。

告诉它：地板上一共摔碎了 3 个瓜果，残骸分别是圆的、椭圆的和斜着的椭圆的，3 片残骸的核心分别在 A，B 和 C 点（参见图 21-3）。

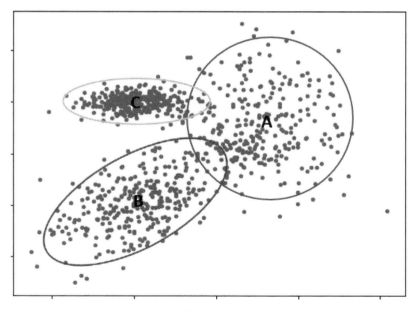

图 21-3

这样，小机器人在捡起一颗残骸后，就可以根据这个颗粒所在的位置，判断它在哪个瓜果的残骸区域里，从而推测它属于哪个瓜果。

形式化分布

上面描述的情景就是一个聚类问题，3 堆瓜果残骸就是从直观角度可视化的分为 3 个簇的样本。用形式化的方式来描述，每一个簇都有一个对应的概率分布，我们可以假定它们的概率密度函数分别是：$\phi_1(x)$、$\phi_2(x)$ 和 $\phi_3(x)$。

这里的 $\phi_i(\cdot)$ 表示了一种分布形式（比如高斯分布），对于一个特定的分布而言，只有分布形式显然是不够的，还需要有参数。

这样，概率密度函数就可以写作：$\phi_i(x \mid \theta_i)$, $i = 1, 2, \cdots, k$（对于上例而言，$k = 3$）。

> **注意**
>
> θ_i 表示对应概率密度函数的参数，虽然它本身用一个字母表示，但是每一个 θ_i 实际上代表的是一个参数集合，其中包括了相应概率密度函数所需要的全部参数。

那么，当 k 个分布混合起来时，样本 x 的综合概率密度为：

$$P_M(x) = \sum_{i=1}^{k} \alpha_i \phi_i(x \mid \theta_i)$$

其中 $\alpha_i > 0$，是相对应的概率密度函数 $\phi_i(\cdot)$ 的混合系数，相当于权重，表明这个分布对最终综合分布的占比，$\sum_{i=1}^{k} \alpha_i = 1$。

对于上例而言，$\alpha_1 = \alpha_2 = \alpha_3 = \dfrac{1}{3}$。

21.1.3　已知分布条件下的样本归属

如果 ϕ_i、θ_i 和 α_i 都是已知的，那么对于第 i 个样本 $x^{(i)}$，它归属于第 j 个簇的概率为：

$$P_M(c^{(i)} = j \mid x^{(i)}) = \frac{P(c^{(i)} = j) P_M(x^{(i)} \mid c^{(i)} = j)}{P_M(x^{(i)})} = \frac{\alpha_j \cdot \phi_j(x^{(i)} \mid \theta_j)}{\sum_{l=1}^{k} \alpha_l \cdot \phi_l(x^{(i)} \mid \theta_l)}$$

其中 $c^{(i)}$ 表示第 i 个样本的归属。

> **注意**
>
> 这一步转换的根据是贝叶斯公式。

那么,对于一个具体的样本,我们只需要计算出它归属于 k 个不同簇的概率,然后选择概率值最高的那个簇作为它最终的归属即可。

比如上面的例子,对于其中大多数样本而言,对应的区域都是明确和单一的,主要是图 21-4 中虚线圈中的样本,有较大的不止一种归属的可能性。

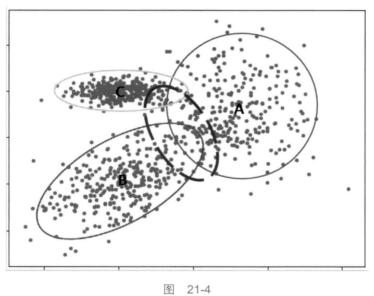

图　21-4

其中有些样本,可能属于 A 和 C(或者 A 和 B)的概率不是 1 和 0 的区别,而是 60% 和 40% 的区别。在这种情况下,将样本归属到概率较大的那个簇的操作,实际上是一种"软归属"(相对于 K-means 和谱聚类的"硬归属")。这种归属本身就带有一定的不确定性。

21.1.4　学习概率密度函数参数

上面说的是 k 个混合在一起的分模型中,每一个概率密度函数 $\phi_i(x|\theta_i)$ 的形态及其参数都已知的情况下,使用这个已知的结果去归属一个个样本的过程。

可是，偏偏有些时候，也许参数乃至概率密度函数的形式都是未知的，这个时候该怎么办啊？

想想我们之前讲的那么多机器学习模型，经常遇到类似的情况——有一堆样本，有一个目标，有一些未知的东西，然后用一个算法把未知的部分学习出来。

我们现在也有一堆样本，也有一些未知的东西，如果也有一个目标的话，是不是可以用一个算法把未知部分学习出来？

✧ 学习目标

我们有目标吗？

当然有目标啦！

假设我们现在一共有 N 个样本，一共有 K 个簇。

我们希望第 i 个样本 $x^{(i)}$ 之所以被归属到了第 k 个簇，是因为 $P_M(c^{(i)} = k \mid x^{(i)})$ 是所有的 $P_M(c^{(i)} = l \mid x^{(i)})$，$l = 1, 2, \cdots, K$ 中最大的。

我们来看看这一目标的形式化表达。

设：

$$\Theta = [\theta_k], \quad Z = [z_{ik}], \quad X = [x_i], \quad i = 1, 2, \cdots, N, \quad k = 1, 2, \cdots, K$$

其中：

$$z_{ik} = \begin{cases} 1, & \text{第}i\text{个样本}x^{(i)}\text{来自第}k\text{个分模型} \\ 0, & \text{否则} \end{cases}$$

我们要求取的目标为最大化样本集的集体概率：

$$P(X, Z \mid \Theta)$$
$$= \prod_{i=1}^{N} P_M(x^{(i)}, z_{i1}, z_{i2}, \cdots, z_{iK} \mid \Theta)$$
$$= \prod_{k=1}^{K}\prod_{i=1}^{N} [\alpha_k \cdot \phi_k(x^{(i)} \mid \theta_k)]^{z_{ik}}$$

$$= \prod_{k=1}^{K} \alpha_k^{n_k} \prod_{i=1}^{N} [\phi_k(x^{(i)} \mid \theta_k)]^{z_{ik}}$$

其中：

$$n_k = \sum_{i=1}^{N} z_{ik}; \quad \sum_{k=1}^{K} n_k = N$$

大家是否发现，这种连乘的形式和我们之前学习的极大似然估计的公式很像。其实 $P(X, Z \mid \Theta)$ 本身就是一个似然函数。

既然是似然函数，想想之前我们在学习朴素贝叶斯模型时，是怎么来优化似然函数的？我们采取的是极大化对数似然函数的方法。同样的方法，是否可以用到此处呢？

我们先来看看这里的对数似然函数。对于给定样本集 D，它的混合模型聚类的对数似然函数为：

$$LL(D) = LL(\Theta \mid X, Z) = \log P(X, Z \mid \Theta) = \sum_{k=1}^{K} \left[n_k \log \alpha_k + \sum_{i=1}^{N} z_{ik} \log(\phi_k(x^{(i)} \mid \theta_k)) \right]$$

我们的学习目标就是极大化 $LL(\Theta \mid X, Z)$。

21.1.5 同分布的混合模型

我们的学习目标是：

$$\text{argmax} LL(\Theta \mid X, Z) = \text{argmax} \left[\sum_{k=1}^{K} \left[n_k \log \alpha_k + \sum_{i=1}^{N} z_{ik} \log(\phi_k(x^{(i)} \mid \theta_k)) \right] \right]$$

看起来好像不是很难啊，可是不要忘记，这里面的每个 $\phi_k(x \mid \theta_k)$ 都是一个独立的概率密度函数形式，而 θ_k 是对应的参数集合！

如果 K 个分模型的概率分布都不相同，每个概率密度函数的形式不同，对应参数集合不同，参数本身又都是未知的，那该怎么求解呢？

我们只需要把所有的 $\phi_k(x \mid \theta_k)$ 都当作高斯分布即可。也就是说这些样本分属的模型对应的概率密度函数形式相同，参数类型也相同，只是参数的具体取值有所差别。

为什么可以这样呢？这和高斯分布的一个特殊的性质有关系，我们将在后面的学习中解答这个问题。

21.2　用 EM 算法求解 GMM

GMM 就是将若干概率分布为高斯分布的分模型混合在一起的模型。在具体讲解 GMM 之前，我们先来看看高斯分布。

21.2.1　高斯分布

高斯分布又名正态分布，它的密度函数为：

$$f(x;\ \mu,\ \sigma^2) = \frac{1}{\sqrt{2\pi\sigma^2}}\exp\left(-\frac{(x-\mu)^2}{2\sigma^2}\right)$$

分布形式如图 21-5 所示（4 个不同参数集的高斯分布概率密度函数）。

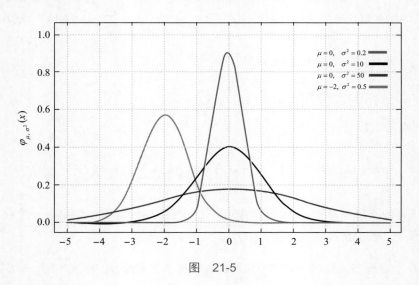

图　21-5

高斯分布的概率密度函数曲线呈钟形，因此人们经常将其称为钟形曲线（类似于寺庙里的大钟，因此得名）。

图 21-5 中黑色曲线是 $\mu = 0$ 、 $\sigma^2 = 1$ 的高斯分布,这个分布有个专门的名字:标准高斯分布。

1. 常见的分布

高斯分布是一种非常常见的概率分布,经常被用来定量自然界的现象。

现实生活中的许多自然现象都被发现近似地符合高斯分布,比如人类的寿命、身高、体重、智商等和我们生活息息相关的数据。

不仅是人类体征或者生物特征,在金融、科研、工业等各个领域都有大量现实业务产生的数据被证明是符合高斯分布的。

2. 中心极限定理

当我们遇到一个实际问题需要求取样本的概率分布,却又不知道这些样本符合哪种概率分布时,就可以用高斯分布来模拟。之所以可以这样做,是因为中心极限定理。

- **高斯分布的重要性质**

高斯分布有一个非常重要的性质:在适当的条件下,大量相互独立的随机变量的均值经适当标准化后,依分布收敛于高斯分布(即使这些变量自己的分布并不是高斯分布)——这就是中心极限定理。

严格说起来,中心极限定理并不是一个定理,而是一类定理。

这类定理从数学上证明了:在自然界与人类生产活动中,一些现象受到许多相互独立的随机因素的影响,当每个因素所产生的影响都很微小时,总的影响可以看作是服从高斯分布的。

- **经典中心极限定理**

中心极限定理中,最常用也最简单的是经典中心极限定理,这一定理说明了什么,我们看下面的解释。

设 $(x_1, \cdots, x_n)$ 为一个独立同分布的随机变量样本序列,且这些样本值的期望为 μ,有限方差为 σ^2。

S_n 为这些样本的算术平均值：

$$S_n = \frac{x_1 + \cdots + x_n}{n}$$

注意

在一般情况下，$n \geqslant 30$，而 μ 是 S_n 的极限。

随着 n 的增大，$\sqrt{n}(S_n - \mu)$ 的分布逐渐近似于均值为 0、方差是 σ^2 的高斯分布，即：

$$\sqrt{n}(S_n - \mu) \xrightarrow{d} N(0,\ \sigma^2)$$

也就是说，无论 x_i 的自身分布是什么，随着 n 变大，这些样本平均值经过标准化处理后的分布，都会逐渐接近高斯分布。

• 一个例子

定理说起来有点抽象，我们来看一个例子就明白了。我们用一个依据均匀概率分布生成数字的生成器，来生成 0 和 100 之间的数字。生成器每次运行都连续生成 N 个数字，将每次运行称为一次"尝试"。

我们让这个生成器连续尝试 500 次，每次尝试后都计算出本次生成的 N 个数字的均值。

最后，将 500 次的统计结果放入二维坐标系，横轴表示一次尝试中 N 个数字的均值，而纵轴表示均值为 x 的尝试出现的次数（观察频次，Observed Frenquncy）。

图 21-6 展示了 $N = 30$、$N = 100$ 和 $N = 250$ 时的 3 种情况。直观可见，分布基本上都是钟形曲线，而且 N 越大，曲线越平滑稳定。

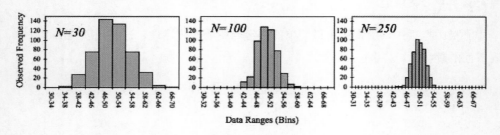

图　21-6

● **另一个例子**

再来看一个抛硬币的例子，这是最早发现的中心极限定理的特例，由法国数学家棣莫弗发表在 1733 年出版的论文里。

一个人掷硬币，每次他都一下子抛出一大把 n 枚硬币，然后统计落地后"头"（Head，印有人头像的一面）朝上硬币出现的个数。

总共抛掷很多次，那么这一系列投掷活动中硬币"头"朝上的可能性（$\text{ProportionOfHeads} = \dfrac{\text{每次正面朝上个数}}{n}$）将形成一条高斯曲线（如图 21-7 所示）。

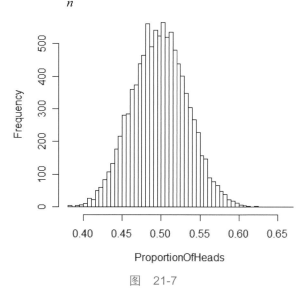

图　21-7

3. 近似为高斯分布

中心极限定理是数理统计学和误差分析的理论基础，指出了大量随机变量近似服从高斯分布的条件。

这一定理的重要性在于：根据它的结论，其他概率分布可以用高斯分布作为近似，例如：

(1) 参数为 n 和 p 的二项分布，在 n 相当大而且 p 接近 0.5 时，近似于 $\mu = np$、$\sigma^2 = np(1-p)$ 的高斯分布；

(2) 参数为 λ 的泊松分布，当取样样本数很大时，近似于 $\mu = \lambda$、$\sigma^2 = \lambda$ 的高斯分布。

这就使得高斯分布在事实上成为一个方便模型。如果对某一变量做定量分析时，其确定的分布情况未知，那么不妨先假设它服从高斯分布。

如此一来，当我们遇到一个问题的时候，只要掌握了大量的观测样本，就可以按照服从高斯分布来处理这些样本了。

21.2.2 GMM

现在我们来把几个混在一起的高斯分布分开。

1. 高斯分布的混合

鉴于高斯分布的广泛应用和独特性质，将它作为概率分布分模型混合出来的模型，用于处理实际问题非常合适。比如我们上一篇举的例子，如图 21-8 所示。

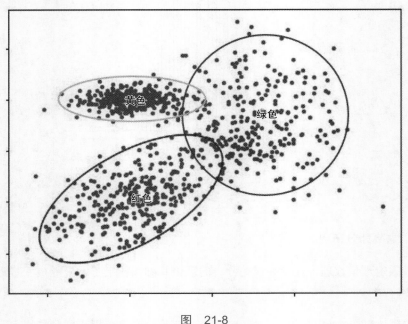

图 21-8

这里面的 3 个混合在一起的簇，无论原本每一簇自身的分布如何，我们都可以用高斯模型来近似表示它们。因此整个混合模型就可以是一个 GMM。我们用高斯密度函数代替上一篇给出的混合模型中的 $\phi_k(\cdot)$，也就是：

$$\phi_k(x \mid \mu_k,\ \sigma_k^2) = \frac{1}{\sqrt{2\pi\sigma_k^2}}\exp\left(-\frac{(x-\mu_k)^2}{2\sigma_k^2}\right)$$

$$\theta_k = (\mu_k,\ \sigma_k^2)$$

则 GMM 的形式化表达为：

$$P(x \mid \theta) = \sum_{k=1}^{K}\alpha_k \cdot \phi_k(x \mid \theta_k) = \sum_{k=1}^{K}\frac{\alpha_k}{\sqrt{2\pi\sigma_k^2}}\exp\left(-\frac{(x-\mu_k)^2}{2\sigma_k^2}\right)$$

其中，α_k 是系数，$\alpha_k \geqslant 0$，$\sum_{k=1}^{K}\alpha_k = 1$。

2. GMM 的对数似然函数

混合模型的学习目标为：

$$\mathrm{argmin}LL(\Theta \mid X,\ Z)$$

套用前一篇已经给出的对数似然函数的形式，GMM 的对数似然函数为：

$$LL(\Theta \mid X,\ Z) = \log P(X,\ Z \mid \Theta)$$

$$= \sum_{k=1}^{K}[n_k\log\alpha_k + \sum_{i=1}^{N}z_{ik}\log(\phi_k(x^{(i)} \mid \theta_k))]$$

$$= \sum_{k=1}^{K}[n_k\log\alpha_k + \sum_{i=1}^{N}z_{ik}[\log(\frac{1}{\sqrt{2\pi}}) - \frac{1}{2}\log\sigma_k^2 - \frac{1}{2\sigma_k^2}(x^{(i)}-\mu_k)^2]]$$

其中，$\Theta = [\theta_k]$，$X = [x_i]$，$Z = [z_{ik}]$。对于 z_{ik}，有：

$$z_{ik} = \begin{cases} 1, & \text{第}i\text{个样本}x^{(i)}\text{来自第}k\text{个分模型} \\ 0, & \text{否则} \end{cases}$$

其中 $i = 1,\ 2,\ \cdots,\ N$；$k = 1,\ 2,\ \cdots,\ K$，并有 $n_k = \sum_{i=1}^{N}z_{ik}$；$\sum_{k=1}^{K}n_k = N$。

在目前的对数似然函数中，$x^{(i)}$ 是已经观测到的样本观测数据，它是已知的，z_{ik} 却是未知的。训练样本是"不完整的"，有没被观测到的隐变量（hidden variable）存在，这样的对数似然函数需要用之前学过的 EM 算法来优化。

21.2.3 用 EM 算法学习 GMM 的参数

现在轮到 EM 算法上场了，它可以帮我们估计 GMM 中的参数。

1. 将 EM 算法应用于 GMM

最优化 GMM 目标函数的过程就是一个典型的 EM 算法，一共分为 4 步：

(1) 各参数取初始值开始迭代；

(2) E 步；

(3) M 步；

(4) 重复 E 步和 M 步，直到收敛。

过程清晰明确，关键就是 E 步和 M 步的细节。

2. GMM 的 E 步

E 步的任务是求 $Q(\Theta, \Theta^t)$。

按照 EM 算法的描述：

$$Q(\Theta, \Theta^t) = E_{Z|X,\Theta^t} LL(\Theta | X, Z) = E_{Z|X,\Theta^t}[\log P(X, Z | \Theta)]$$

其中 Z 为隐变量。在 GMM 中，隐变量为 $Z = [z_{ik}]$，$i = 1, 2, \cdots, N$；$k = 1, 2, \cdots, K$。

因此：

$$Q(\Theta, \Theta^t)$$

$$= E_{Z|X,\Theta^t}[\log P(X, Z | \Theta)]$$

$$= E_{Z|X,\Theta^t} \{\sum_{k=1}^{K}[n_k \log \alpha_k + \sum_{i=1}^{N} z_{ik} \log(\phi_k(x^{(i)} | \theta_k))]\}$$

$$= E_{Z|X,\Theta^t} \{\sum_{k=1}^{K}[n_k \log \alpha_k + \sum_{i=1}^{N} z_{ik}[\log(\frac{1}{\sqrt{2\pi}}) - \log \sigma_k - \frac{1}{2\sigma_k^2}(x^{(i)} - \mu_k)^2]]\}$$

$$= \sum_{k=1}^{K}[\sum_{i=1}^{n} E(z_{ik} | X, \Theta^t) \log \alpha_k + \sum_{i=1}^{N} E(z_{ik} | X, \Theta^t)[\log(\frac{1}{\sqrt{2\pi}}) - \log \sigma_k - \frac{1}{2\sigma_k^2}(x^{(i)} - \mu_k)^2]]$$

$E(z_{ik} \mid X, \Theta^t)$ 是当前模型参数 Θ^t 下第 i 个观测数据 $x^{(i)}$，来自第 k 个分类的概率期望。它又叫作分模型 k 对观测数据 $x^{(i)}$ 的影响度。这里需要计算它，为了方便表示，记作 $\widehat{z_{ik}}$。于是有：

$$\widehat{z_{ik}} = P(z_{ik} = 1 \mid X, \Theta^t)$$

$$= \frac{P(z_{ik} = 1, x^{(i)} \mid \Theta^t)}{\sum_{k=1}^{K} P(z_{ik} = 1, x^{(i)} \mid \Theta^t)}$$

$$= \frac{P(x^{(i)} \mid z_{ik} = 1, \Theta^t) P(z_{ik} = 1 \mid \Theta^t)}{\sum_{k=1}^{K} P(x^{(i)} \mid z_{ik} = 1, \Theta^t) P(z_{ik} = 1 \mid \Theta^t)}$$

$$= \frac{\alpha_k^t \phi(x^{(i)} \mid \theta_k^t)}{\sum_{k=1}^{K} \alpha_k^t \phi(x^{(i)} \mid \theta_k^t)}$$

其中，$i = 1, 2, \cdots, N$；$k = 1, 2, \cdots, K$。这里的 $x^{(i)}$ 是样本观测值，α_k^t 和 θ_k^t 是上一个迭代的 M 步计算出来的参数估计值，它们都是已知的，因此可以直接求解 $\widehat{z_{ik}}$ 的值。

求出 $\widehat{z_{ik}}$ 的值后，再将 $\widehat{z_{ik}} = E(z_{ik} \mid X, \Theta^t)$ 和 $n_k = \sum_{i=1}^{N} E(z_{ik} \mid X, \Theta^t)$ 代回到 $Q(\Theta, \Theta^t)$ 式子里，得到：

$$Q(\Theta, \Theta^t) = \sum_{k=1}^{K} \{n_k \log \alpha_k + \sum_{i=1}^{N} \widehat{z_{ik}} [\log(\frac{1}{\sqrt{2\pi}}) - \log \sigma_k - \frac{1}{2\sigma_k^2}(x^{(i)} - \mu_k)^2]\}$$

至此 $Q(\Theta, \Theta^t)$ 成了关于 α_k 和 $\theta_k = (\mu_k, \sigma_k^2)$ 的函数，其中 $k = 1, 2, \cdots, K$。

3. GMM 的 M 步

M 步的任务是：$\mathrm{argmax}_{\Theta} Q(\Theta, \Theta^t)$。

根据上一步得出的结果，我们看到 $Q(\Theta, \Theta^t)$ 里面含有未知的参数 α_k、μ_k、σ_k^2，其中 $k = 1, 2, \cdots, K$。

我们可以把这一步的任务看作是极大化一个包含着若干自变量的函数，于是用常用的办法：分别对各个自变量求偏导，再令导数为 0，求取各自变量的极值，然后再带回到函数中去求整体的极值。

注意

采用这种办法要注意，对 μ_k 和 σ_k^2 直接求偏导并令其为 0 即可。

α_k 是在 $\sum_{k=1}^{K}\alpha_k = 1$ 的条件下求偏导，此处可用拉格朗日乘子法。

最后得出表示 Θ_{t+1} 的各参数的结果为：

$$\mu_k^{t+1} = \frac{\sum_{i=1}^{N}\widehat{z_{ik}}x^{(i)}}{\sum_{i=1}^{N}\widehat{z_{ik}}}, \quad k = 1, \ 2, \ \cdots, \ K$$

$$\sigma_k^{2t+1} = \frac{\sum_{i=1}^{N}\widehat{z_{ik}}(x^{(i)} - \mu_k^{t+1})^2}{\sum_{i=1}^{N}\widehat{z_{ik}}}, \quad k = 1, \ 2, \ \cdots, \ K$$

$$\alpha_k^{t+1} = \frac{n_k}{N} = \frac{\sum_{i=1}^{N}\widehat{z_{ik}}}{N}, \quad k = 1, \ 2, \ \cdots, \ K$$

21.2.4　GMM 实例

下面我们来看一个 GMM 的例子：

```python
from matplotlib.pylab import array,diag
import matplotlib.pyplot as plt
import matplotlib as mpl
import pypr.clustering.gmm as gmm
import numpy as np
from scipy import linalg

from sklearn import mixture

# 将样本点显示在二维坐标中
def plot_results(X, Y_, means, covariances, colors, eclipsed, index, title):
    splot = plt.subplot(2, 1, 1 + index)
    for i, (mean, covar, color) in enumerate(zip(
            means, covariances, colors)):
        v, w = linalg.eigh(covar)
        v = 2. * np.sqrt(2.) * np.sqrt(v)
        u = w[0] / linalg.norm(w[0])
```

```
            # as the DP will not use every component it has access to
            # unless it needs it, we shouldn't plot the redundant
            # components.
            if not np.any(Y_ == i):
                continue
            plt.scatter(X[Y_ == i, 0], X[Y_ == i, 1], .8, color=color)

            if eclipsed:
                # Plot an ellipse to show the Gaussian component
                angle = np.arctan(u[1] / u[0])
                angle = 180. * angle / np.pi  # convert to degrees
                ell = mpl.patches.Ellipse(mean, v[0], v[1], 180. + angle, color=color)
                ell.set_clip_box(splot.bbox)
                ell.set_alpha(0.5)
                splot.add_artist(ell)
    plt.xticks(())
    plt.yticks(())
    plt.title(title)

# 创建样本数据，一共 3 个簇
mc = [0.4, 0.4, 0.2]
centroids = [ array([0,0]), array([3,3]), array([0,4]) ]
ccov = [ array([[1,0.4],[0.4,1]]), diag((1,2)), diag((0.4,0.1)) ]

X = gmm.sample_gaussian_mixture(centroids, ccov, mc, samples=1000)

# 用 plot_results 函数显示未经聚类的样本数据
gmm = mixture.GaussianMixture(n_components=1, covariance_type='full').fit(X)
    plot_results(X, gmm.predict(X), gmm.means_, gmm.covariances_, ['grey'],
    False, 0, "Sample data")

# 用 EM 算法的 GMM 将样本分为 3 个簇，并按不同颜色显示在二维坐标系中
gmm = mixture.GaussianMixture(n_components=3, covariance_type='full').fit(X)
    plot_results(X, gmm.predict(X), gmm.means_, gmm.covariances_, ['red', 'blue',
    'green'], True, 1, "GMM clustered data")

plt.show()
```

最后的显示结果如图 21-9 所示。

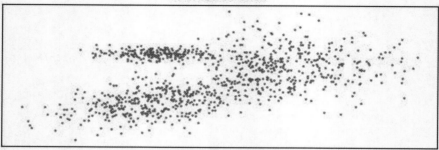

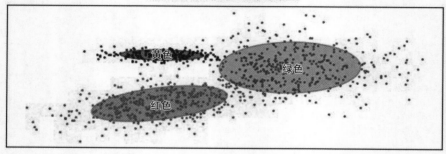

图　21-9

> **注意**
>
> 　　上面代码中用到了 PyPR 聚类包，该包基于 Python 2 实现。使用命令 `pip3 install pypr` 可以对其进行安装，但如果在 Python 3 环境中调用该命令，需手动修改 gmm.py 文件中的代码，使其符合 Python 3 语法。你可以尝试自己修改 gmm.py。
>
> 　　如果你使用的是 pypr-0.1.1，可以用以下网址中下载的 gmm.py 文件替换该目录（...\Python36\Lib\site-packages\pypr\clustering\gmm.py）下的 gmm.py：
>
> 　　　https://github.com/juliali/MachineLearning101/blob/master/pypr-0.1.1-python3-update/gmm.py

第 22 章

PCA

PCA（principal component analysis，主成份分析）是一种简化数据集的方法。简单而言就是利用数学手段降低样本数据的维度，仅保留那些对最终结果影响大的特征。

22.1 利用数学工具提取主要特征

利用数学工具可以自动化地提取数据中的主要特征。PCA 就是这样的工具之一。

22.1.1 泛滥成灾的特征维度

训练机器学习模型的数据量越大，消耗的计算资源也就越多。有些时候，训练数据的维度过高，就会造成灾难。

1. 维度灾难

维数灾难（Curse of Dimensionality，也可以直接翻译为"维度诅咒"）是一种在分析或组织高维（通常是几百维或者更高维度）数据时会遇到的现象。既然叫灾难或者诅咒，可见不是好现象。

这个说法，最早是由美国应用数学家理查德·贝尔曼（Richard E. Bellman）提出来的，同时他也是动态规划算法的创始人。他在思考动态优化的过程中发现：当数据维度增加时，由于向量空间体积呈指数级增加，会遇到许多在低维数据中很难出现的问题。

100 个平均分布的点能把一个一维的单位区间平均分为 100 份，也就是说 100 个均匀分布的采样点就可以在一维的单位空间里形成精度为 0.01 的采样。

而要在二维的单位空间里形成同样密度的采样，就需要 10 000 个点；三维空间需要 1 000 000 个点；十维空间则需要 10^{20} 个采样点……

那要是 1000 维呢？所需采样数根本就是天文数字，在现实中，我们怎么可能去找那么多样本数据？

以上是当年理查德·贝尔曼举的例子。

2. 数据稀疏

其实这个问题反过来想更直接。

在现实生活中，无论我们是做统计分析还是机器学习，能获得的样本的数量（至少是量级）是相对固定的，毕竟现实数据都有其获取成本。

同样数量的样本，如果我们只选取一维特征，那么这些样本在特征空间中的密度肯定会比在二维、三维或者更高维度空间中大得多。

图 22-1 所示的这个例子显示了 20 个样本分别在一维空间、二维空间和三维空间中的分布。如果 20 个样本到了真正的高维，将稀疏到什么程度，可以想象。

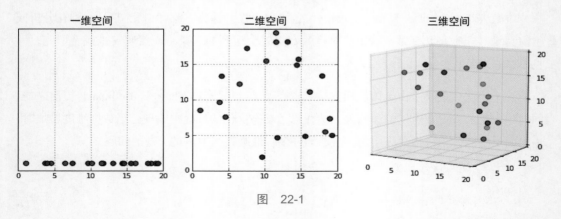

图 22-1

数据稀疏对于任何要求有统计学意义的方法而言都是一个问题。一般为了获得在统计学上可靠的结果，用来支撑这一结果的数据量随着特征维数的提高而呈指数级增长。

3. 数据稀疏对机器学习的影响

数据稀疏对于机器学习的影响尤其大。

(1) 机器学习本身就是建立在统计学习之上的。
(2) 在机器学习中，有大量模型依据样本之间的相似度来进行判断，而样本的相似度往往由其在特征空间的相互距离决定，这就使得样本密度直接影响了样本属性。
(3) 维度的增多还直接导致了对于计算能力需求的增大，从而在实践中对机器学习算法造成影响。

在机器学习中，有时会出现这样的情况：在训练样本固定的情况下，特征维数增加到某一个临界点后，继续增加反而会导致模型的预测能力减弱——这叫作休斯现象。

22.1.2 降低数据维度

将高维空间的向量映射到低维空间，数据的维度降低了，做同样计算的算力消耗也就相应减小了。

1. 降低维度的可能

虽然很多时候，"维数灾难"会被研究人员当作不处理高维数据的借口，但学术界一直在针对这一问题进行研究。

由于本征维度的存在，众多降维方法的有效性得到了证明。也就是说，应用这些降维方法处理过的数据，虽然特征维度下降了，却没有丢失主要的属性信息。

> **注意**
>
> 本征维度（intrinsic dimension）原本是信号处理中的概念。
>
> 信号的本征维度描述了需要用来表示信号的变量数量。对于含有 N 个变量的信号而言，它的本征维度为 M，M 满足 $0 \leq M \leq N$。
>
> 本征维度指出，许多高维数据集可以通过削减维度降至低维空间，而不必丢失重要信息。

2. 降维度方法

机器学习领域里讲的降维是指：采用某种映射方法，将原本高维空间中的数据样本映射到低维空间中。

降维的本质是学习一个映射函数 $y = f(x)$，其中 x 表示原始的高维数据，y 表示映射后的低维数据。

之所以降维后的数据能够不丧失主要信息，是因为原本的高维数据中包含了冗余信息和噪声，通过降维，我们减少了冗余，过滤了噪声，从而保留了有效的特征属性，甚至是提高了数据的精度——这当然是我们希望的情况。

降维算法多种多样，比较常用的有：PCA、LDA（linear discriminant analysis，线性判别分析）、LLE（locally linear embedding，局部线性嵌入）、LE（laplacian eigenmaps，拉普拉斯特征映射）等。

还有一些机器学习模型和方法，比如随机森林、决策树、聚类等，也可以用作降维的手段。

今天我们只讲其中最常用的一种——PCA。

22.1.3 PCA 的原则

PCA 是一种统计学中用于分析、简化数据集的技术，经常用来减少数据的维度数。

PCA 由英国数学家卡尔·皮尔逊在 1901 年发明。在统计学领域，PCA 是最简单的用特征分析进行多元统计分布的方法。

我们对于所有降维方法的预期都是：将原始高维空间的样本数据转变为低维"子空间"中的数据，使得子空间中样本密度得以提高，样本间距离计算变得容易，同时又不丧失主要特征信息，至少是不丧失与学习任务有密切关系的那些特征信息。

向量空间都有对应的超平面，而超平面的维度低于其所在空间。

如果我们能把一个空间中的样本点映射到它的超平面上去，那么映射后的结果不就只存在于超平面空间（也就是原空间的子空间）了吗？这样，我们就获得了降维的结果。

怎么能够保证超平面中的点不丧失对应原始点的"主成分"呢?

首先,至少要尽量使原空间中的样本点投影到超平面之后不重叠。否则,有一些样本就"消失"了,这显然不符合我们的预期。

其次,既然做了投影,就一定会丢失一部分信息。直接丢失掉的,就是原空间中样本到达超平面的距离。因此,我们还要尽量使得这个超平面靠近原空间样本点。如果样本点到超平面的距离只有很小的一段,那么映射后它丢失的信息量相应地也会很小。

基于这种想法,我们理想的超平面需要具备以下两个性质。

(1) 最大可分性:样本点到这个超平面上的投影尽量能够分开。
(2) 最近重构性:样本点到这个超平面的距离尽量近。

22.1.4　PCA 的优化目标

既然已经知道,我们要做的是将一个向量空间中的样本投影到具备上述两个性质的超平面上,那么根据之前的经验,下一步就是把我们要做的事情转化为形式化优化目标。

我们的优化目标很清晰,就是最大可分性和最近重构性。形式化表达就是用数学式子来表达它(们)。

假设我们有 n 个样本数据,这些样本原本属于一个 d 维空间。

我们先对样本数据进行数据中心化,使得 $\sum_i \boldsymbol{x}^{(i)} = 0$。

> **注意**
>
> 　　数据中心化就是将一个个样本以整体均值为中心移动至原点。比如图 22-2 所示的这样。

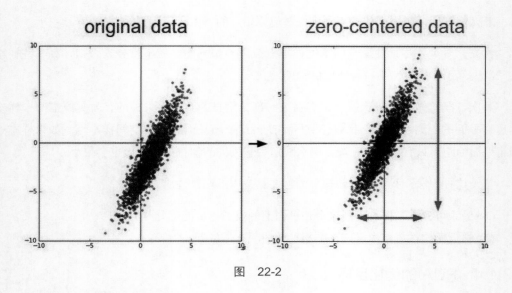

图　22-2

原空间里的第 i 个样本可以表示为：

$$\boldsymbol{x}^{(i)} = \begin{bmatrix} x_1^{(i)} \\ x_2^{(i)} \\ \vdots \\ x_d^{(i)} \end{bmatrix}$$

我们要将它们投影到一个 d' 维的空间，有 $d' < d$。第 i 样本投射到低维空间后表示为：

$$\boldsymbol{z}^{(i)} = \begin{bmatrix} z_1^{(i)} \\ z_2^{(i)} \\ \vdots \\ z_{d'}^{(i)} \end{bmatrix}$$

从 $\boldsymbol{x}^{(i)}$ 到 $\boldsymbol{z}^{(i)}$ 的转换表示为：

$$z_j^{(i)} = \boldsymbol{w}_j^{\mathrm{T}} \boldsymbol{x}^{(i)}, \quad i = 1, 2, \cdots, n, \quad j = 1, 2, \cdots, d'$$

上式中，$z_j^{(i)}$ 表示 $\boldsymbol{x}^{(i)}$ 在低维坐标系下第 j 维的坐标。

w_j 是一个 d 维的权重向量，$\boldsymbol{w}_j = \begin{bmatrix} w_{j1} \\ w_{j2} \\ \vdots \\ w_{jd} \end{bmatrix}$。

如果基于 $\boldsymbol{z}^{(i)}$ 来重构 $\boldsymbol{x}^{(i)}$，令：$\hat{\boldsymbol{x}}^{(i)} = \sum\limits_{j=1}^{d'} z_j^{(i)} \boldsymbol{w}_j$。$\hat{\boldsymbol{x}}^{(i)}$ 就是原本 d 维空间中的样本点 $\boldsymbol{x}^{(i)}$ 投影到新的 d' 维空间后，形成的新样本点在原本 d 维空间中的位置。

比如下面这个最简单的例子（如图 22-3 所示），原空间是一个二维空间（$d = 2$），把样本 x 映射到一个一维空间里面去，对应的映射点在二维空间中的坐标为 $\hat{x}$，那么 x 和 $\hat{x}$ 之间的距离当然就是 $\| \hat{x} - x \|_2^2$。

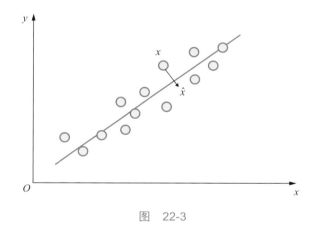

图　22-3

1. 基于最近重构性的优化目标

根据前面说的最近重构性原则，我们要的是所有 n 个样本分别与其基于投影重构的样本点间的距离整体最小。

整体距离为：

$$\sum_{i=1}^{n} \| \hat{\boldsymbol{x}}^{(i)} - \boldsymbol{x}^{(i)} \|_2^2$$

我们的目标就是最小化整体距离，即：

$$\min \sum_{i=1}^{n} \| \hat{\boldsymbol{x}}^{(i)} - \boldsymbol{x}^{(i)} \|_2^2$$

因为：

$$\sum_{i=1}^{n} \| \hat{\boldsymbol{x}}^{(i)} - \boldsymbol{x}^{(i)} \|_2^2$$

$$= \sum_{i=1}^{n} \| \sum_{j=1}^{d'} z_j^{(i)} \boldsymbol{w}_j - \boldsymbol{x}^{(i)} \|_2^2$$

$$= \sum_{i=1}^{n} \boldsymbol{z}^{(i)\mathrm{T}} \boldsymbol{z}^{(i)} - 2\sum_{i=1}^{n} \boldsymbol{z}^{(i)\mathrm{T}} \boldsymbol{W}^{\mathrm{T}} \boldsymbol{x}^{(i)} + C$$

其中，C 为常数。

$\boldsymbol{W}$ 是一个 $d \times d'$ 的变换矩阵：

$$\boldsymbol{W} = [\boldsymbol{w}_{kj} = \boldsymbol{w}_{jk}] , \quad j = 1, 2, \cdots, d' , \quad k = 1, 2, \cdots, d$$

它一共有 d' 列，每一列都是一个 d 维的向量 $\boldsymbol{w}_j$。换言之，$\boldsymbol{z}^{(i)}$ 是原空间中的样本 $\boldsymbol{x}^{(i)}$ 在新的坐标系 $\boldsymbol{W} = [\boldsymbol{w}_1, \boldsymbol{w}_2, \cdots, \boldsymbol{w}_{d'}]$ 中的坐标向量，于是有：$\boldsymbol{z}^{(i)} = \boldsymbol{W}^{\mathrm{T}} \boldsymbol{x}^{(i)}$。

既然要用 $\boldsymbol{W}$ 来表示坐标系，样本从原空间到新空间又是不同维度空间中点的线性变换。那么我们大可以从一开始就要求 $\boldsymbol{w}_j$ 是标准正交基，也就是有 $\| \boldsymbol{w}_j \|_2 = 1$，且 $\boldsymbol{w}_j^{\mathrm{T}} \boldsymbol{w}_l = 0$，其中 $j = 1, 2, \cdots, d'$，$l = 1, 2, \cdots, d'$，$j \neq l$。

回到上面的式子：

$$\sum_{i=1}^{n} \boldsymbol{z}^{(i)\mathrm{T}} \boldsymbol{z}^{(i)} - 2\sum_{i=1}^{n} \boldsymbol{z}^{(i)\mathrm{T}} \boldsymbol{W}^{\mathrm{T}} \boldsymbol{x}^{(i)} \propto -\mathbf{tr}(\boldsymbol{W}^{\mathrm{T}} (\sum_{i=1}^{n} \boldsymbol{x}^{(i)} \boldsymbol{x}^{(i)\mathrm{T}}) \boldsymbol{W})$$

> **注意**
>
> $\mathbf{tr}(\boldsymbol{M})$ 表示方阵 $\boldsymbol{M}$ 的迹，方形矩阵 $\boldsymbol{M}$ 的对角线元素之和称为 $\boldsymbol{M}$ 的迹。
>
> 而 $\sum_{i=1}^{n} \boldsymbol{x}^{(i)} \boldsymbol{x}^{(i)\mathrm{T}}$ 是 $d \times d$ 的协方差矩阵。

令：$X = [\boldsymbol{x}^{(1)}, \boldsymbol{x}^{(2)}, \cdots, \boldsymbol{x}^{(n)}]$

则：$-\mathbf{tr}(\boldsymbol{W}^{\mathrm{T}}(\sum_{i=1}^{n}\boldsymbol{x}^{(i)}\boldsymbol{x}^{(i)\mathrm{T}})\boldsymbol{W}) = -\mathbf{tr}(\boldsymbol{W}^{\mathrm{T}}\boldsymbol{X}\boldsymbol{X}^{\mathrm{T}}\boldsymbol{W})$

于是，我们的优化目标就变成了：

$$\mathrm{argmin}_{\boldsymbol{W}} - \mathbf{tr}(\boldsymbol{W}^{\mathrm{T}}\boldsymbol{X}\boldsymbol{X}^{\mathrm{T}}\boldsymbol{W})$$

$$\text{s.t.} \quad \boldsymbol{W}^{\mathrm{T}}\boldsymbol{W} = \boldsymbol{I}$$

这里的约束条件是根据 $\boldsymbol{W}$ 的列是标准正交基来的。如果没有这个约束条件，那就相当于目标函数可以任意拉伸投影向量的模，这样是无法给出最优解的。

2. 基于最大可分性的优化目标

如果从最大可分性出发，应该怎么设定我们的优化目标呢？

根据上面一小节我们知道，原空间样本点在新空间的投影为：$\boldsymbol{z}^{(i)} = \boldsymbol{W}^{\mathrm{T}}\boldsymbol{x}^{(i)}$。既然要让所有样本点投影后尽量分开，那就应该让新空间中投影点的方差尽量大。比如在图 22-4 中，原始数据（白点）投影到黑点所在超平面就比投影到蓝点所在超平面的方差大。

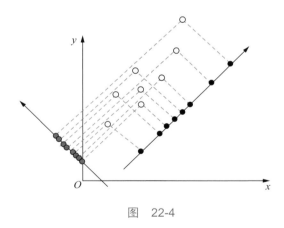

图　22-4

投影点的方差是：$\sum_{i}\boldsymbol{W}^{\mathrm{T}}\boldsymbol{x}^{(i)}\boldsymbol{x}^{(i)\mathrm{T}}\boldsymbol{W}$。于是优化目标为：

$$\mathrm{argmax}_{\boldsymbol{W}}\mathbf{tr}(\boldsymbol{W}^{\mathrm{T}}\boldsymbol{X}\boldsymbol{X}^{\mathrm{T}}\boldsymbol{W})$$

$$\text{s.t.} \quad \boldsymbol{W}^{\mathrm{T}}\boldsymbol{W} = \boldsymbol{I}$$

如果对目标函数求负，则是：

$$\mathrm{argmin}_W \; -\mathbf{tr}(W^{\mathrm{T}}XX^{\mathrm{T}}W)$$

$$\mathrm{s.t.} \quad W^{\mathrm{T}}W = I$$

正好与基于最近重构性原则构建的优化目标一致！

22.2 用 SVD 实现 PCA

用 SVD（奇异值分解）算法，也可以实现 PCA 的效果。

22.2.1 PCA 优化算法

已知 PCA 的目标函数是：

$$\mathrm{argmin}_W \; -\mathbf{tr}(W^{\mathrm{T}}XX^{\mathrm{T}}W)$$

$$\mathrm{s.t.} \quad W^{\mathrm{T}}W = I$$

PCA 的优化算法要做的就是最优化上面这个函数。

算法一

既然优化目标有等式约束条件，那么我们可以使用之前学过的拉格朗日乘子法。令：

$$L(W) = \mathbf{tr}(W^{\mathrm{T}}XX^{\mathrm{T}}W) + \lambda(W^{\mathrm{T}}W - I)$$

然后对 W 求导，并令导函数为 0 可得：$XX^{\mathrm{T}}W = \lambda W$。

这是一个标准的特征方程求解问题，只需要对协方差矩阵 XX^{T} 进行特征值分解，将求得的特征值排序 $\lambda_1 \geq \lambda_2 \geq \cdots \geq \lambda_d$，再取前 d' 个特征值对应的特征向量构成 $W = [w_1, w_2, \cdots, w_{d'}]$ 即可。

这样我们就求出了 W，这就是 PCA 的解！

算法描述如下。

【输入】

(1) d 维空间中 n 个样本数据的集合 $\boldsymbol{D} = \{\boldsymbol{x}^{(1)}, \boldsymbol{x}^{(2)}, \cdots, \boldsymbol{x}^{(n)}\}$；

(2) 低维空间的维数 d'，这个数值通常由用户指定。

【过程】

(1) 对所有原始样本进行中心化：$\boldsymbol{x}^{(i)} = \boldsymbol{x}^{(i)} - \dfrac{1}{n}\sum\limits_{i=1}^{n}\boldsymbol{x}^{(i)}$；

(2) 计算样本的协方差矩阵：$\boldsymbol{XX}^{\mathrm{T}}$；

(3) 对协方差矩阵 $\boldsymbol{XX}^{\mathrm{T}}$ 进行特征值分解；

(4) 取最大的 d' 个特征值对应的特征向量 $\boldsymbol{w}^{(1)}, \boldsymbol{w}^{(2)}, \cdots, \boldsymbol{w}^{(d')}$。

【输出】

$$\boldsymbol{W} = \left[\boldsymbol{w}^{(1)}, \ \boldsymbol{w}^{(2)}, \ \cdots, \ \boldsymbol{w}^{(d')}\right]$$

算法二

上述求解过程可以换一个角度来看。

先对协方差矩阵 $\sum\limits_{i=1}^{n}\boldsymbol{x}^{(i)}\boldsymbol{x}^{(i)\mathrm{T}}$ 做特征值分解，取最大特征值对应的特征向量 $\boldsymbol{w}_1$；再对 $\sum\limits_{i=1}^{n}\boldsymbol{x}^{(i)}\boldsymbol{x}^{(i)\mathrm{T}} - \lambda_1\boldsymbol{w}_1\boldsymbol{w}_1^{\mathrm{T}}$ 做特征值分解，取其最大特征值对应的特征向量 $\boldsymbol{w}_2$；以此类推。

因为 $\boldsymbol{W}$ 的各个分量正交，所以 $\sum\limits_{i=1}^{n}\boldsymbol{x}^{(i)}\boldsymbol{x}^{(i)\mathrm{T}} = \sum\limits_{j=1}^{d}\lambda_j\boldsymbol{w}_j\boldsymbol{w}_j^{\mathrm{T}}$。故而解法二和解法一等价。

22.2.2 PCA 的作用

PCA 将 d 维的原始空间数据转换成了 d' 维的新空间数据，这无疑丧失了部分数据。

根据上面讲的算法我们知道，经过 PCA 后，原样本集的协方差矩阵进行特征值分解后，倒数 $(d - d')$ 个特征值对应的特征向量被舍弃了。

舍弃这部分信息导致的结果是：

(1) 样本的采样密度增大——这是降维的首要动机；

(2) 最小的那部分特征值所对应的特征向量往往与噪声有关，舍弃它们有降噪的效果。

22.2.3 SVD

SVD 是线性代数中一种重要的矩阵分解方法，在信号处理、统计学等领域有重要应用。

1. SVD 的 3 个矩阵

我们先来看看 SVD 方法本身。假设 M 是一个 $m \times n$ 阶实矩阵，如图 22-5 所示，则存在一个分解使得：

$$M_{m \times n} = U_{m \times m} \Sigma_{m \times n} V_{n \times n}^{\mathrm{T}}$$

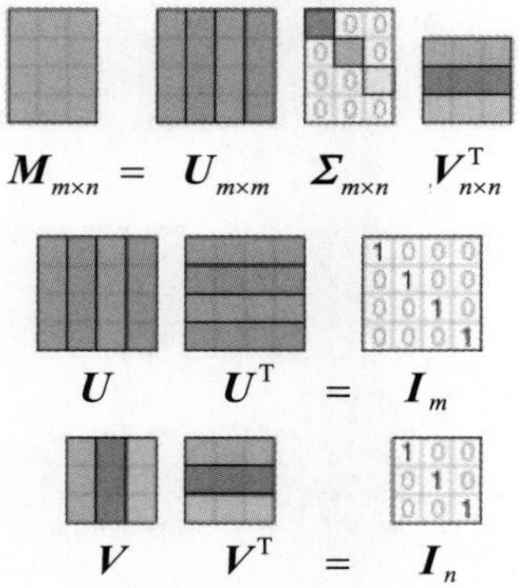

图　22-5

其中，Σ 是一个 $m \times n$ 的非负实数对角矩阵，Σ 对角线上的元素是矩阵 M 的奇异值：

$$\Sigma = \mathrm{diag}(\sigma_i), \quad i = 1, 2, \cdots, \min(m, n)$$

> **注意**
>
> 对于一个非负实数 σ 而言，仅当存在 m 维的单位向量 u 和 n 维的单位向量 v，它们和 M 及 σ 有如下关系时：
>
> $$Mv = \sigma u \text{ 且 } M^{\mathrm{T}} u = \sigma v$$
>
> 我们说 σ 是 M 矩阵的奇异值，向量 u 和 v 分别称为 σ 的左奇异向量和右奇异向量。
>
> 一个 $m \times n$ 的矩阵至多有 $\min(m, n)$ 个不同的奇异值。

U 是一个 $m \times m$ 的酉矩阵，它是一组由 M 的左奇异向量组成的正交基：$U = [u_1, u_2, \cdots, u_m]$。它的每一列 u_i 都是 Σ 中对应序号的对角值 σ_i 关于 M 的左奇异向量。

V 是一个 $n \times n$ 的酉矩阵，它是一组由 M 的右奇异向量组成的正交基：$V = [v_1, v_2, \cdots, v_n]$。它的每一列 v_i 都是 Σ 中对应序号的对角值 σ_i 关于 M 的右奇异向量。

何为酉矩阵？

若一个 $n \times n$ 的实数方阵 U 满足 $U^{\mathrm{T}}U = UU^{\mathrm{T}} = I_n$，则 U 称为酉矩阵。

2. 3 个矩阵间的关系

我们这样来看：

$$M = U\Sigma V^{\mathrm{T}}$$

$$M^{\mathrm{T}} = (U\Sigma V^{\mathrm{T}})^{\mathrm{T}} = V\Sigma^{\mathrm{T}}U^{\mathrm{T}}$$

$$MM^{\mathrm{T}} = U\Sigma V^{\mathrm{T}}V\Sigma^{\mathrm{T}}U^{\mathrm{T}}$$

又因为 U 和 V 都是酉矩阵，所以：

$$MM^{\mathrm{T}} = U(\Sigma\Sigma^{\mathrm{T}})U^{\mathrm{T}}$$

同理：$M^{\mathrm{T}}M = V(\Sigma^{\mathrm{T}}\Sigma)V^{\mathrm{T}}$。

也就是说 U 的列向量是 MM^{T} 的特征向量；V 的列向量是 $M^{\mathrm{T}}M$ 的特征向量；而 Σ 的对角元素是 M 的奇异值，也是 MM^{T} 或者 $M^{\mathrm{T}}M$ 的非零特征值的平方根。

3. SVD 的计算

SVD 的手动计算过程大致如下：

(1) 计算 MM^{T} 和 $M^{\mathrm{T}}M$；

(2) 分别计算 MM^{T} 和 $M^{\mathrm{T}}M$ 的特征向量及其特征值；

(3) 用 MM^{T} 的特征向量组成 U，$M^{\mathrm{T}}M$ 的特征向量组成 V；

(4) 对 MM^{T} 和 $M^{\mathrm{T}}M$ 的非零特征值求平方根，对应上述特征向量的位置，填入 Σ 的对角元。

22.2.4　用 SVD 实现 PCA

所谓降维度，就是按照重要性排列现有特征，舍弃不重要的，保留重要的。

上面讲了 PCA 的算法，很关键的一步就是对协方差矩阵进行特征值分解，不过在实践当中，我们通常用对样本矩阵 X 进行奇异值分解来代替这一步。

X 是原空间的样本矩阵，W 是投影矩阵，而 T 是降维后的新样本矩阵，有 $T = XW$。

我们直接对 X 做 SVD，得到：

$$T = XW = U\Sigma W^{\mathrm{T}}W$$

因为 W 是标准正交基组成的矩阵，所以 $T = U\Sigma W^{\mathrm{T}}W = U\Sigma$。

我们选矩阵 U 的前 d' 列和 Σ 左上角 $d' \times d'$ 区域内的对角值，也就是前 d' 大的奇异值，然后直接降维：

$$T_{d'} = U_{d'}\Sigma_{d'}$$

这样做很容易解释其物理意义：样本数据的特征重要性程度既可以用特征值来表征，也可以用奇异值来表征。

动机也很清楚，当然是成本。直接做特征值分解需要先求出协方差矩阵，当样本或特征量大的时候，计算量很大。而对矩阵 M 进行 SVD 时，直接对 MM^{T} 做特征值分解，要简单得多。

当然 SVD 算法本身也是一个接近 $O(m^3)$（假设 $m > n$）时间复杂度的运算，不过现在 SVD 的并行运算已经被实现，效率也因此提高了不少。

22.2.5　直接用 SVD 降维

除了可以用 SVD 实现 PCA，SVD 还可以直接用来降维。在现实应用中，SVD 也确实被作为降维算法大量使用。有一些应用，直接用眼睛就能看得见。比如：用 SVD 处理图像，减少图片信息量，而又尽量不损失关键信息。

图片是由像素（pixel）构成的，一般彩色图片的单个像素用 3 种颜色（Red、Green、Blue）描述，每一个像素点对应一个 RGB 3 元值。一张图片可以看作是像素的二维点阵，正好可以对应一个矩阵。那么我们用分别对应 RGB 3 种颜色的 3 个实数矩阵，就可以定义一张图片。

设 $\boldsymbol{X}_R$、$\boldsymbol{X}_G$、$\boldsymbol{X}_B$ 是用来表示一张图片的 RGB 数值矩阵，我们对其做 SVD：

$$\boldsymbol{X}_R = \boldsymbol{U}_R \boldsymbol{\Sigma}_R \boldsymbol{V}_R^{\mathrm{T}}$$

然后我们指定一个参数 k，$\boldsymbol{U}_R$ 和 $\boldsymbol{V}_R$ 取前 k 列，形成新的矩阵 $\boldsymbol{U}_R^k$ 和 $\boldsymbol{V}_R^k$，$\boldsymbol{\Sigma}_R$ 取左上 $k \times k$ 的区域，形成新矩阵 $\boldsymbol{\Sigma}_R^k$，然后用它们生成新的矩阵：

$$\boldsymbol{X}_R' = \boldsymbol{U}_R^k \boldsymbol{\Sigma}_R^k (\boldsymbol{V}_R^k)^{\mathrm{T}}$$

对 $\boldsymbol{X}_G$ 和 $\boldsymbol{X}_B$ 做同样的事情，最后形成的 $\boldsymbol{X}_R'$、$\boldsymbol{X}_G'$ 和 $\boldsymbol{X}_B'$ 定义的图片就是压缩了信息量的图片。

> **注意**
>
> 如此处理后的图片尺寸未变，也就是说 $\boldsymbol{X}_R'$、$\boldsymbol{X}_G'$、$\boldsymbol{X}_B'$ 与原本的 $\boldsymbol{X}_R$、$\boldsymbol{X}_G$、$\boldsymbol{X}_B$ 行列数一致，只不过矩阵承载的信息量变小了。
>
> 比如，$\boldsymbol{X}_R$ 是一个 $m \times n$ 矩阵，那么 $\boldsymbol{U}_R$ 是 $m \times m$ 矩阵，$\boldsymbol{\Sigma}_R$ 是 $m \times n$ 矩阵，而 $\boldsymbol{V}_R^{\mathrm{T}}$ 是 $n \times n$ 矩阵，$\boldsymbol{U}_R^k$ 是 $m \times k$ 矩阵，$\boldsymbol{\Sigma}_R^k$ 是 $k \times k$ 矩阵，而 $(\boldsymbol{V}_R^k)^{\mathrm{T}}$ 是 $k \times n$ 矩阵，它们相乘形成的矩阵仍然是 $m \times n$ 矩阵。
>
> 从数学上讲，经过 SVD 重构后的新矩阵，相对于原矩阵，秩下降了。

22.2.6 SVD & PCA 实例

下面我们来看一个压缩图片信息的例子，比如压缩如图 22-6 所示的这张图片。

我们将分别尝试 SVD 和 PCA 两种方法。

1. SVD 压缩图片

我们用 SVD 分解上面这张图片，设不同的 k 值，来看分解后的结果。

图 22-6

图 22-7 中的 4 个结果的 *k* 值分别是：100、50、20 和 5。很明显，*k* 取 100 的时候，损失很小，取 50 的时候还能看见清大致内容，到了 20 就模糊得只能看见轮廓了，到了 5 则完全无法看清。

图　22-7

代码如下：

```python
import os
import threading

import numpy as np
import matplotlib.pyplot as plt
import matplotlib.image as mpimg
import sys

def svdImageMatrix(om, k):
    U, S, Vt = np.linalg.svd(om)
    cmping = np.matrix(U[:, :k]) * np.diag(S[:k]) * np.matrix(Vt[:k,:])
    return cmping

def compressImage(image, k):
    redChannel = image[..., 0]
    greenChannel = image[..., 1]
    blueChannel = image[..., 2]

    cmpRed = svdImageMatrix(redChannel, k)
    cmpGreen = svdImageMatrix(greenChannel, k)
    cmpBlue = svdImageMatrix(blueChannel, k)

    newImage = np.zeros((image.shape[0], image.shape[1], 3), 'uint8')

    newImage[..., 0] = cmpRed
    newImage[..., 1] = cmpGreen
    newImage[..., 2] = cmpBlue
```

```
    return newImage

path = 'liye.jpg'
img = mpimg.imread(path)

title = "Original Image"
plt.title(title)
plt.imshow(img)
plt.show()

weights = [100, 50, 20, 5]

for k in weights:
    newImg = compressImage(img, k)

    title = " Image after =  %s" %k
    plt.title(title)
    plt.imshow(newImg)
    plt.show()

    newname = os.path.splitext(path)[0] + '_comp_' + str(k) + '.jpg'
    mpimg.imsave(newname, newImg)
```

2. PCA 压缩图片

下面用 PCA 压缩同一张图片。

我们使用下面代码即可：

```
from sklearn.decomposition import PCA
```

过程部分，只要将上面 SVD 代码中的 svdImageMatrix() 替换为 pca() 即可：

```
def pca(om, cn):

    ipca = PCA(cn).fit(om)
    img_c = ipca.transform(om)

    print img_c.shape
    print np.sum(ipca.explained_variance_ratio_)

    temp = ipca.inverse_transform(img_c)
    print temp.shape

    return temp
```

cn 对应 sklearn.decomposition.PCA 的 n_components 参数，指的是 PCA 算法中要保留的主成分个数 n，也就是保留下来的特征个数 n。

我们仍然压缩 4 次，具体的 cn 值还是 [100, 50, 20, 5]。

运行的结果如图 22-8 所示，和 SVD 差不多。

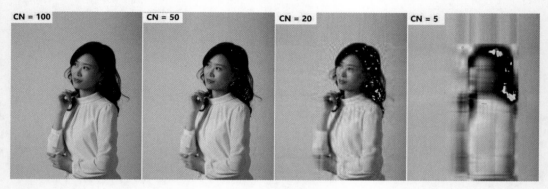

图 22-8

其实好好看看 sklearn.decomposition.PCA 的代码，不难发现，它其实就是用 SVD 实现的。

第六部分

机器学习应用

第 23 章
认识聊天机器人

什么是聊天机器人呢？顾名思义：能聊天的机器人。不过这里的"机器人"并不一定要有人的形状（头颅、躯干、四肢、五官），只要能聊天（有特定硬件或者仅仅是一个计算机软件乃至手机 App）就行。

聊天聊的是"话"，这个"话"就是自然语言。如果使用格式化指令或者程序设计语言，那么就变成编程而不是聊天了。不过，自然语言在现实中可以用文字呈现，也可以用语音呈现。所以，聊天机器人也并不拘泥于某种形式，靠"说"或者靠"写"都可以。

因此，聊天机器人可以定义为：通过文字或语音与人类进行交流的计算机程序。我们在日常生活中经常能碰到聊天机器人，比如各式各样的智能音箱，还有内置在智能手机中的个人助手。

23.1 聊天机器人的基本类型

聊天机器人的分类标准多样，从功能角度而言，大致可以分为两类。

1. 闲聊机器人

专门陪人聊天的程序，比如著名的微软小冰。闲聊机器人的任务是让和它对话的人类产生一直和它聊下去的兴趣，在聊天过程中闲聊机器人需要努力让用户获得良好的用户体验和心理满足感——即增加用户黏性，无须关心用户是否通过聊天增长了知识、见识，或完成了具体任务。

2. 问题解决型机器人

问题解决型机器人实际就是帮人完成任务的对话程序。这类聊天机器人存在的目的是帮用户解决具体问题，例如售前咨询、售后报修、订机票、订酒店等。这类机器人需要向用户提供信息，帮助用户解决问题、完成任务。和闲聊机器人的讨人喜欢不同，它们必须有用。

23.2 世界上第一款聊天机器人

其实，聊天机器人出现得很早，至今已经有超过半个世纪的历史了。

1966 年，在麻省理工学院任职的德裔美国计算机科学家 Joseph Weizenbaum 开发出了世界上第一款聊天机器人程序，名为 ELIZA。通过运行名为 DOCTOR 的脚本，此程序可以用类似心理学家的方式和人类交谈。下面就是一段 ELIZA 和用户的经典对话：

> **User:** Men are all alike.
>
> **ELIZA:** IN WHAT WAY
>
> **User:** They're always bugging us about something or other.
>
> **ELIZA:** CAN YOU THINK OF A SPECIFIC EXAMPLE
>
> **User:** Well, my boyfriend made me come here.
>
> **ELIZA:** YOUR BOYFRIEND MADE YOU COME HERE
>
> **User:** He says I'm depressed much of the time.
>
> **ELIZA:** I AM SORRY TO HEAR YOU ARE DEPRESSED

好暖心的 ELIZA（不是 ELSA），是不是感觉和"她"说话很治愈？

"她"的制造者引入了心理学家罗杰斯提出的个人中心疗法，更多强调对话态度、尊重与同理心。ELIZA 并不主动提供内容，它只是引导用户说话。

那么 ELIZA 背后的计算逻辑是什么样的呢?

简单得叫人想哭,其实就是一条条模式匹配和字符替换规则,下面是其中几条:

```
you are (depressed|sad) * => I AM SORRY TO HEAR YOU ARE \1
all * => IN WHAT WAY
always * => CAN YOU THINK OF A SPECIFIC EXAMPLE
```

用户说失望 / 伤心,ELIZA 就回答"我听到这个消息很伤心";用户用了"所有"这个词,机器人就追问一句"以何种方式";如果用户说"总是"如何如何,程序就引导"你能举个例子吗"……

作为第一款聊天机器人,ELIZA 登场十分惊艳,它的效果让当时的用户非常震惊。Joseph 教授原本希望 ELIZA 能够伪装成人,但没有寄予太高期望,让他没想到的是,这个伪装居然很多次都成功了,而且不容易被拆穿。以至于后来产生一个词语,叫 ELIZA 效应,即人类高估机器人能力的一种心理感觉。

ELIZA 无疑是一款会聊天的机器人——很多程序员真应该和 ELIZA 好好学学:跟人说话的时候经常重复一下对方的话,以显示同理心;经常跟进询问,比如"到底是怎么回事呢?""你能举个例子吗?"以显示对对方的尊重和关注;经常说"好的""是的""你是对的",自然就获得对方的好感了。正是因为如此,很多用户认为 ELIZA 善解人意。

但是这样一款机器人并不能解决任何现实的问题。如果按照上一节的分类,ELIZA 属于前者:闲聊机器人。

当用户需要的不仅仅是一个应声虫的时候,ELIZA 就完全不够用了。

23.3　聊天机器人简史

在 ELIZA 之后,很快又出现了很多机器人。表 23-1 中列出了一部分在技术史上留下名字的聊天机器人。

表 23-1

名　　称	最初发布时间	开发者	描　　述	其　　他
Parry	1972	Kenneth Colby	一款模仿偏执型精神分裂症患者的聊天机器人。在早期版本的图灵测试中，大量经验丰富的精神病医生曾被邀请与 Parry 对话，很多医生都无法区分真正的人类病人和 Parry	比 ELIZA 取巧。因为设定本身就不是正常人，交流对象又是比较"轴"的专业人士，反而更容易混淆视听
Jabberwacky	1981	Rollo Carpenter	一款以幽默的方式娱乐用户的聊天机器人。它是一款早期的试图通过模仿人类的反应并主动引导话题和人类互动的聊天机器人。和此前传统的人工智能程序不同，Jabberwacky 并不是为了完成具体的任务，而仅仅是以娱乐人类为设计目标的	此后一系列闲聊机器人（例如微软小冰）的鼻祖
Dr. Sbaitso	1991	Creative Labs	一款模仿心理医生与用户交流的语音合成程序，经常会问："为什么你会这样感觉呢？"第一个 Loebner Prize 获奖者，这一竞赛采用标准图灵测试来评价参赛的类人类程序	Dr. Sbaitso 的开发者 Creative Labs 是一家音视频设备提供商，最初 Dr. Sbaitso 也是配合着公司的多款声卡发布的。虽然很可能开发它的初衷是推广声卡，但毕竟聊天机器人终于能开口说话了
ALICE	1995	Richard Wallace	开发者从 ELIZA 处获得灵感，构造了这个通过启发式的模式匹配规则与人类进行交互的聊天机器人。虽然 ALICE 并没有通过图灵测试，却是 3 次 Loebner Prize 的获奖者，并被公认为同类程序中的最强者	ALICE 没能通过图灵测试，因为人类对话者即使出于纯粹闲聊的目的，也经常会提出一些需要客观知识才能回答的问题，而不是仅仅"曲意迎合"就可以满足需求的
SmarterChild	2001	Colloquis 原名 ActiveBuddy	一款非常成功的通过即时消息系统发布的聊天机器人，AOL IM 和 MSN Messenger 都曾是它的发布渠道	即时消息系统是聊天机器人的天然"宿主"

（续）

名　　称	最初发布时间	开发者	描　　述	其　　他
Waston	2006	IBM	IBM 推出的基于自然语言对话的专家系统，号称能够协助医生诊断肺癌	从后来的发展来看不是很好，但是 Waston 使得一段时间内式微的问题解决型聊天机器人又重回大众视野。毕竟，除了没事闲聊，我们更希望能够创造一个会干活的机器人
Siri	2010	Apple	Speech In/Speech Out 的个人语音助手	Siri 的出现使得"个人助手"成为各大公司的必备产品
微软小冰	2014	Microsoft	通过微信、微博等网络社交平台发布，至今已拥有超过 1 亿用户的闲聊机器人。除了陪用户聊天，还进行演唱歌曲、创作诗歌、撰写新闻等工作	大概是现今中国最具知名度的聊天机器人了

23.4　聊天机器人的实现技术

从学术研究的角度讲，聊天机器人所需的技术涉及自然语言处理、文本挖掘、知识图谱等众多领域。

在当前的研究和实践中，大量机器学习、深度学习技术被引入。各种炫酷的算法模型跑在谷歌、微软等 IT 巨头的高质量数据上，得到了颇多激动人心的研究成果。

但具体到实践中，在没有那么巨量的人工标注数据和大规模计算资源的情况下，在有限范围内，开发一款真正有用的机器人，更多需要关注的往往不是高深的算法和强健的模型，而是工程细节和用户体验。

此处，我们只是简单介绍几种当前实践中最常用，且相对简单的方法。

方案一：用户问题→标准问题→答案

在此方案下，知识库中存储的是一对对的"问题 – 答案"。这些"问题 – 答案"可以是人工构建的、源于专家系统或者旧有知识库的，也可以是从互联网上爬取的。

现在互联网资源这么丰富，网上到处都是 FAQ、Q&A，直接爬下来就可以导入知识库。以很小的代价就能让机器人上知天文下晓地理。

当用户输入问题后，将其和知识库现有的标准问题进行一一比对，寻找与用户问题最相近的标准问题，然后将与该问题组对的答案返回给用户。

其中，用户问题→标准问题的比对方法可以是关键词匹配（包括正则表达式匹配），也可以是先将用户问题和标准问题都转化为向量，再计算两者之间的距离（余弦距离、欧氏距离、交叉熵、Jaccard 距离等），找到距离最近且距离值低于预设阈值的那个标准问题，作为查找结果。

但关键字匹配的覆盖面太小，而在实践中计算距离得出的距离最近的两句话，可能在语义上毫无关联，甚至相反（比如多了一个否定词）。另外，确认相似度的阈值也很难有一个通用的有效方法，很多时候都是开发者自己拍脑袋定的。

因此，这种方案，很难达到高质高效。

方案二：用户问题→答案

在此方案下，知识库中不是存储"问题－答案"对，而是仅存储答案（文档）。

当接收到用户的问题后，直接拿问题去和知识库中的一篇篇文档比对，找到在内容上关联最紧密的那篇，作为答案返回给用户。

这种方法维护知识库的成本更小，但相对于方案一，准确度更低。

方案三：用户问题→语义理解→知识库查询→查询结果生成答案

此方案会先从用户的问题中识别用户意图，并抽取这个意图针对的实体。

相应地，知识库内存储的知识，除了包含知识内容本身，还应该在结构上能够表示知识之间的关联关系。

聊天机器人在提取了意图和实体后，构造出对知识库的查询语句并实施查询，得出结果后生成回答，回复给用户。

第 24 章
开发一款问题解决型机器人

相比纯粹的闲聊机器人，更多情况下，我们希望聊天机器人能够提供一些有用的信息，也就是我们更需要问题解决型机器人，例如售前咨询、售后报修、订机票、订酒店等。

接下来，我们就来讲解如何开发一款问题解决型机器人。

24.1 回答问题的基础三步

因为问题解决型机器人需要给用户提供信息，所以它需要有自己的知识储备——知识库，其中存储的信息用来提供给用户。

光有知识还不够，还需要至少做到下面两件事。

❑ 理解用户的问题，知道用户在问什么。
❑ 将用户的问题转化为对知识库的查询。

所以我们可以整理出回答问题的基础三步，如图 24-1 所示。

图　24-1

24.2 多轮对话的上下文管理

如果用户的每个问题都是完整的，包含了该问题所需的所有信息，那么上面的基础三步就可以得出答案。

不过人类在聊天的时候有个习惯，经常会把部分信息隐含在上下文中，比如下面这段对话。

> 提问：今天北京多少度啊？
>
> 回答：35 度。
>
> 提问：有雾霾吗？（北京有雾霾吗？）
>
> 回答：空气质量优。
>
> 提问：那上海呢？（上海有雾霾吗？）
>
> 回答：空气质量也是优。

人类理解起来很容易，但是如果要让机器人理解，我们就需要给它添加上一个专门的上下文管理模块，用来记录上下文。

如此一来，支持多轮对话的问题解决型聊天机器人，就需要经历如图 24-2 所示的 4 步来完成。

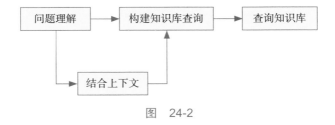

图　24-2

24.3　分层结构

从程序开发的角度，问题解决型聊天机器人分为下面的 3 层，如图 24-3 所示。

❑ 输入输出。
  ▪ 接受、理解用户问题。
  ▪ 生成、返回答案给用户。

- ❑ 中间控制：构建双向关系。
  - ▪ 用户问题→知识库知识。
  - ▪ 知识库知识→机器人答案。
- ❑ 知识存储：存储用于回答用户问题的知识。

图 24-3

24.4 极简版系统架构

问题解决型机器人的极简版系统架构如图 24-4 所示。语言理解模块和答案生成模块加起来就是输入输出层，对话管理模块和上下文管理模块属于中间控制部分。

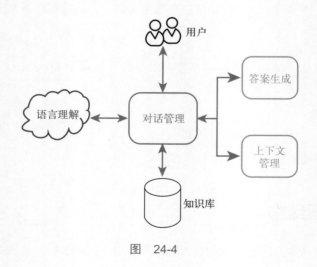

图 24-4

1. 语言理解模块

语言理解模块负责两个子任务：意图识别和实体抽取。

- ❑ 意图识别：用来识别用户所提问题的意图，也就是用户希望做一件什么事。

❑ 实体抽取：用于提取用户对话中所提供的和意图相关的参数（实体），例如时间、地点等。

具体的某个聊天机器人的意图类型和实体类型是其开发者自己定义的。举个例子，小明是一家网店店主，他要为自己的网店开发一款客服机器人，主要回答和商品属性（品牌、价格、邮费、售后等）相关的问题。那么小明可以像下面这样定义意图和实体。

> Case1：有粉色的手机壳吗？
>
> 　　意图：商品推荐。
>
> 　　商品类型实体：手机。
>
> 　　商品颜色属性实体：粉色。
>
> Case2：00183 号商品快递到伊犁邮费多少？
>
> 　　意图：查询邮费。
>
> 　　目的地实体：伊犁。
>
> 　　商品 ID 实体：00183。
>
> Case3：02465 号商品有保修吗？
>
> 　　意图：保修查询。
>
> 　　商品 ID 实体：02465。

或者，换一个定义意图和实体的方式，也没有问题。

> Case2'：00183 号商品快递到伊犁邮费多少？
>
> 　　意图：商品查询。
>
> 　　目的地实体：伊犁。

商品 ID 实体：00183。

商品属性实体：邮费。

Case3'：02465 号商品有保修吗？

意图：商品查询。

商品 ID 实体：02465。

商品属性实体：保修。

具体怎么定义，要与知识库的结构以及中间控件的实现结合起来决定。怎么定义能够使得后面的步骤易于进行，就怎么定义。

2. 上下文管理

同一个对话中不同语句之间共享的信息，就是上下文。

想要机器人具备上下文的记忆、理解功能，而不是把用户的每一个单独语句当作本轮问题的全部信息来源，就需要有一个上下文管理模块来专门负责上下文信息的记录、查询、更新和删除（CRUD）。

每当用户输入新的信息，机器人要先进行语言理解，再结合目前已经存储的上下文信息，更新或读取之前的上下文作为补充信息。可以将意图和几种实体类型对应的实体值存储在上下文中。当新的用户语句输入后，若能从中提取出新的意图或实体值，则用新值更新上下文，否则，读入现有的对应实体值，作为本次语言理解的补充。

上下文的场景针对性非常强，很多时候需要针对不同的意图，记录不同类型的实体值。在不同意图之间切换的时候，也有可能会保留部分原有实体。这些都要针对具体情况来分析。

具体到上下文管理模块中存储什么样的内容，CRUD 策略是什么，都是开发者需要自己决定的。

举个例子，假设用户和机器人之间产生了如下对话。

客户：02366 这款产品可以退换吗？（问题 1）

客服：7 天之内无理由退换。

客户：寄到南昌邮费多少啊？（问题 2）

客服：10 块，亲。

客户：武汉呢？（问题 3）

那么在回答这几个问题的过程中，上下文管理模块是这样工作的。

从问题 1 中读取到了商品查询的意图、商品 ID 实体和商品属性实体"退换"，将它们存入上下文。

从问题 2 中读取到了目的地实体"南昌"，同时还读取到了新的商品属性实体"邮费"，发现它和目前存储的"退换"不同，因此更新上下文中的商品属性实体。

从问题 3 中读取到了新的目的地实体"武汉"，因此更新了目的地，并读取上下文中的意图、商品 ID 和商品属性实体的值，与目的地一起用来构造查询。

在某些情况下，聊天机器人可能需要反问用户若干问题，或者和用户确认之前的某个回答，在这种情况下，就需要有内部流程控制。例如：在商品查询的目标属性为"邮费"时缺失了"目的地"，这时候就需要主动要求用户输入对应的值。

不同场景的需求不同，这样的控制流程很难统一规划，因此需要在具体实践中根据具体需求完成细节，也可以主动提出几个备选问题，请用户选择他们想问的。

24.5　开发流程

开发一款类似淘宝小助手这样的问题解决型聊天机器人，我们需要经过以下几步。

(1) 构建语言理解模块。

(2) 构建数据库。

(3) 写一个主控程序，负责以下内容。

① 调用语言理解模型进行意图和实体的预测。

② 根据语言理解结果构建查询语句。

③ 进行数据库查询。

④ 根据数据库查询结果构造答案。

⑤ 创建并维护上下文。

在完成了上述工作后，一个可以理解人类语言的聊天机器人就可以为顾客服务了。

第 25 章
聊天机器人的语言理解

聊天机器人又可以称为智能对话系统，是一种非常常见的人工智能应用。用户可以直接用自然语言，而不是命令或菜单和聊天机器人交互。之所以能这样，是因为聊天机器人的一个非常重要的模块：语言理解模块。

我们现在讲的语言理解，是指理解人类的自然语言。聊天机器人的语言理解包括两大功能：意图识别和实体抽取。

怎么能够从用户的提问中发现意图和实体呢？

最简单的方法是基于规则：用关键字或正则表达式匹配的方式，来发现自然语言中的意图和实体。相关代码如下：

```
GET_INPUT
    IF "有（.+）吗" in User_Input
        Intent = "商品推荐"
    ELIF "（邮费|邮资|运费|快递费）+" in User_Input
        Intent = "查询邮费"
    ELIF "（保修|维修|修理|售后）+" in User_Input
        Intent = "查询售后"
    ……


FOREACH（Color in Colors）
    IF（Color in User_Input）
        Entity.Type = "ProductColor"
        Entity.Value = Color
        ……
```

这样做的优点显而易见：方便、直接。缺点也很明显：缺乏泛化能力。

当一件事有很多种说法的时候，开发者需要尽量将所有的说法手动添加到白名单里。这样不仅很难面面俱到，而且还会碰到不能够靠匹配关键词解决的问题。比如，有人问"邮费能给免了吗"，有人问"这个商品邮费多少钱"，这两个问题如果都与关键词"邮费"匹配，给出同一个答案，就答非所问了。

这个时候，就需要引入基于模型的方法：使用机器学习模型来进行意图识别和实体抽取。

一般来说，意图识别是一个典型的分类模型（例如逻辑回归、决策树等），而实体抽取则是一个序列预测模型（一般选用 CRF）。

笼统而言，我们需要经历以下步骤。

(1) 收集语料（收集被标注的数据）。
(2) 标注数据。
(3) 划分数据集（将标注数据切分为训练集、验证集和测试集）。
(4) 构建向量空间模型。
(5) 训练意图识别和实体抽取模型（期间要经历多次迭代优化，在验证集上达到最优）。
(6) 测试 (5) 中训练出的模型。

25.1　收集语料

所谓语料，就是语言理解模型的训练数据。因为意图识别和实体抽取都是有监督模型，所以它们需要的训练数据都是标注数据。在数据被标注之前，我们称其为原始语料。

收集语料这一步是两个模型的构造过程中唯一可能共享的。当然，这并不是说两个模型只能用同一套语料。在实践中，两份语料往往是有一部分相同但并不全相同的。

其后的每一步，两个模型就都是自顾自了。

25.2　标注数据

因为分类模型和序列预测模型的训练都属于有监督学习，所以所有的训练数据都是标注数据。因此，在进入训练阶段前，必须经过一个步骤：人工标注。

标注说起来很简单，尤其是对于分类模型的数据。由于要分类的文本都是用户向聊天机器人提的问题，所以我们只需要收集一些问题语句，然后给每个句子打上标签就可以了。

序列预测模型的数据稍微复杂一些，需要找到句子中的实体字符串，把它们"圈出来"，然后再标明每一个字符串对应的标签。比如表 25-1 这样（意图是整句的标签，语料中花括号内的部分对应中括号内的内容标签）。

表 25-1

语　　料	意　　图
[00183] | { 商品 ID} 号商品快递到 [伊犁] | { 目的地 }[邮费] | { 商品属性 } 多少？	商品查询
[02465] | { 商品 ID} 号商品有 [保修] | { 商品属性 } 吗？	商品查询

标注数据的难度在于过程烦琐且工作量颇大。然而只要进行有监督学习，就无法跳过这一步。实践证明确实有效的模型往往是有监督学习模型。因此，如果大家真的在工作中应用机器学习，标注数据就是无法逾越的"脏活累活"，是必经的"痛苦"。

这里需要提醒大家的是：人工标注的过程看似简单，但实际上，标注策略和质量对最终生成模型的质量有直接影响。往往能够决定模型质量的不是高深的算法和精密的模型，而是高质量的标注数据。因此，对标注，切莫小觑。

25.3　划分数据集

我们需要数据，不仅仅是为了训练模型。当我们训练出了一个模型后，为了确定它的质量，还需要用一些已经知道预测结果的数据来对其进行测试。这些用于测试的数据的集合，叫作测试集。一般而言，除了训练集和测试集，还会需要验证集。

❏ 训练集：用来训练数据。
❏ 验证集：用来在训练的过程中优化模型。
❏ 测试集：用来检验最终得出的模型的性能。

训练集必须是独立的，和验证集、测试集都无关。验证集和测试集在个别情况下是重合的，但最好还是分开。这 3 个集合可以从同一份标注数据中随机选取。三者的比例可以是训练集：验证集：测试集 = 2：1：1，也可以是 7：1：2。总之，训练集占大头。

25.4　构建向量空间模型

我们要进行分类和识别的对象是自然语言文本。因此需要一个步骤，把原始文字形式的训练数据转化为数值形式。

为了做到这一点，我们需要构建一个向量空间模型。向量空间模型负责将一个个自然语言文档转化为一个个向量。我们把经过向量空间模型转换的训练数据输入分类模型或序列预测模型的训练程序，进入正式的训练过程，训练输出的结果就是模型，如图 25-1 所示。

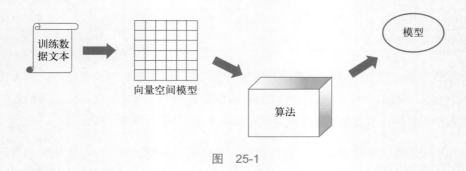

图　25-1

向量空间模型是怎么构造的呢？方法有很多，下面是非常简单且直接的一种。

假设训练集中包含 N 个用户问题，我们把每个问题称为一个文档，你需要把这 N 个文档转换成 N 个与之一一对应的向量。

再假设每个向量包含 M 维。那么当最终全部转换完成后，整个训练集就构成了一个 $N \times M$ 的矩阵，这就是向量空间模型。其中，M 是你的全部训练集文本（N 个文档）中包含的 Term 数。Term 具体是一个字、一个词还是别的什么，实际是由向量空间模型的构建者自己来确定。

对于中文而言，比较常见的 Term 有两种，一个是分词后的单个词语，另一个是用 n-gram 方式提取的 Term。

n-gram 中的 n 和文档个数的 N 无关（此处特别用大小写来区分它们），这个 n 是一个由你确定的值，它指的是最长 Term 中包含的汉字的个数。在一般情况下，我们选 $n = 2$ 就好了。$n = 1$ 时，n-gram 叫作 unigram；$n = 2$ 时，n-gram 叫作 bigram；$n = 3$ 时，n-gram 叫作 trigram。

N 个文档，设其中第 i 个文档的 Term 数为 c_i（i 取值区间为 $[1, N]$）。那么这 N 个文档分别有 $c_1, c_2, \cdots, c_N$ 个 Term。这些 Term 中肯定有些是重复的。我们对所有 Term 进行去重操作，最后得出的无重复 Term 的个数就是 M。

针对每个文档，构建一个 M 维的向量，其中每一维对应 M 个 Term 中的一个。

每一个维度的值都是一个实数（一般在计算机处理中是 `float` 或者 `double` 类型）。在通常情况下，这个实数值取这一维度所对应 Term 在全部训练文档中的 TF-IDF（全称 term frequency-inverse document frequency，是一种用于信息检索与数据挖掘的常用加权技术）。

假设我们一共处理了 10 000 个文档（N = 10 000），总共得出了 20 000 个 Term（M = 20 000）。这样就得到了一个 10 000 × 20 000 的矩阵。其中，每个向量都只有 20 多个维度有非零值，实在是太稀疏了。

这样稀疏的矩阵恐怕也不会有太好的运算效果。而且一些区分度过大的 Term，在经过运算之后往往会拥有过大的权重，导致之后只要一个文档包含这个 Term 就会被归到某一个类。这种情况显然是我们要避免的。

因此，我们最好先对所有 Term 做一个筛选。此处讲两种特别简单和常见的 Term 筛选方法。

第一种是设定文档频率（document frequency，DF）的下限。比如设定了文档频率的阈值为 2，那么如果一个 Term 的文档频率小于该阈值，则将该 Term 弃之不用。

第二种是根据每个 Term 的信息熵对其进行筛选。

一个 Term 的信息熵表现了该 Term 在不同类别中的分布情况。一般来说，一个 Term 的信息熵越大，说明它在各个类中均匀出现的概率就越大，因此区分度就越小；反之，信息熵越小，说明该 Term 的类别区分度越大。我们当然要选用信息熵尽量小的 Term。具体选用多少，可以自己定义一个阈值。

信息熵的阈值可以是一个数字（例如 8000），也可以是一个百分比（例如 40%）。计算了所有 Term 的信息熵之后，将其从小到大排序，选取不大于信息熵的阈值的前若干个 Term 作为最终构建向量空间模型的 Term。

假设所有的训练样本一共被分为 K 类，则信息熵的计算方法如下：

$$\text{entropy}(\text{tx}) = -\sum_{i=1}^{n} P(c_i) \log_2(P(c_i))$$

其中，tx 为某个具体的 Term，i 的取值范围为 $[1, K]$，$P(c_i)$ 表示 tx 在第 i 个类别中出现的概率。

具体计算方法采用 softmax 算法：

$$P(c_i) = \frac{\exp(y(c_i))}{\Sigma_j \exp(y(c_j))}$$

其中 i 的取值范围为 $[1, K]$，$y(c_i)$ 为 tx 在类别 i 中出现的次数。

经过筛选，M 个 Term 缩减为 M' 个，$N \times M'$ 矩阵变得更加精炼有效了。这也就是我们最终的向量空间模型。

25.5　训练模型

作为聊天机器人的语言理解模块，至少要能够提供意图识别和实体抽取这两个功能。相对应地，我们需要训练对应功能的模型。意图识别功能可以用文本分类模型来实现，实体抽取可以用序列预测模型来实现。

1. 分类模型

分类模型是机器学习中最常用的一类模型，我们前面学过的分类模型有朴素贝叶斯、逻辑回归、决策树、SVM 等。其实，大家完全可以自己选择，不过从经验角度来说，推荐大家使用逻辑回归模型，至少可以从逻辑回归开始尝试。

大家知道，逻辑回归是用来做二分类的，我们的意图识别肯定不是只有两个意图啊，怎么能用逻辑回归？

别急，逻辑回归一样可以做多分类，不过就是要做多次。

假设你一共有 n 个 intent（意图），也就是说可能的分类一共有 n 个。那么就构造 n 个逻辑回归分类模型，第一个模型用来区分 intent_1 和 non-intent_1（即所有不属于 intent_1 的都归属到一类），第二个模型用来区分 intent_2 和 non-intent_2，……，第 n 个模型用来区分 intent_n 和 non-intent_n。

使用的时候,每一个输入数据都被这 n 个模型同时预测。最后哪个模型得出了阳性结果,就是该数据最终的结果。

如果有多个模型都得出了阳性结果,那也没有关系,因为逻辑回归模型直接预测的输出不仅是一个标签,还包括该标签正确的概率。那么对比几个阳性结果的概率,选最高的一个就是了。比如有一个数据,第一个模型和第二个模型都给出了阳性结果,不过 intent_1 模型的预测值是 0.95,而 intent_2 的结果是 0.78,那么当然是选高的,结果就是 intent_1。

2. 序列预测模型

序列预测模型在一定程度上也有分类的意味。不同之处在于,其中的每个被分类的片段最终究竟被分为哪个类,除了与其自身相关,还与其前后片段的相互位置有关。

在文本处理当中,线性链 CRF 是最常用的一种序列预测模型。图 25-2 显示了逻辑回归和线性链 CRF 的联系与区别,其中的灰色节点为输入模型的自变量,白色节点是模型输出的结果。

逻辑回归　　　顺序　　　线性链CRF

图　25-2

可见,在逻辑回归中,多个特征输入后得到了唯一的分类结果。而线性链 CRF 中,决定输出的除了和它对应的输入,还有排在它之前的那个输出。

举个例子,对"我要一张从北京到上海的机票"进行逻辑回归(意图识别)的时候,整句话被分为"购买机票"意图。而当对其进行线性链 CRF 判别时,则会将"北京"抽取为出发地,将"上海"抽取为到达地。

直观地看,我们也不难发现,当运行线性链 CRF 时,"从"字在"北京"之前,"到"字在"上海"之前;而且,在判别到达地时,前面已经抽取出了出发地,这些都对当前的判别有所贡献。

我们把用户说的一句话输入识别用户意图的分类模型。模型经过一番运算,"吐出"一个标签,这个标签就是这句话的意图。

再把这句话输入实体抽取模型,模型会"吐出"一个列表,其中每个元素都是一个实体,这个实体包含的信息如下。

❑ 实体名:输入句子中的一个片段。
❑ 实体位置:该片段在输入句子中的位置和长度。
❑ 实体类型:该片段所对应的实体属于什么类型。

25.6 测试模型

在用测试集进行测试时,我们需要一些具体的评价指标来评价结果的优劣。对于分类模型和序列预测模型而言,评价标准可以通用。

前面已经讲过,对于分类模型,最简单也是最常见的验证指标是精确率、召回率以及综合了二者的 F1 分数。大家可以对照前面的介绍来测算模型性能。

第 26 章
应用聚类模型获得聊天机器人语料

要训练语言理解模型首先需要语料，那么这些语料从何而来，又如何筛选呢？本章我们就一起来学习如何从既往的聊天记录中筛选有效语料。

26.1　从用户日志中挖掘训练语料

聊天机器人语言理解模型所需要的原始语料，是人类对聊天机器人说的话，这些话在经过标注后成为训练语料。

语料来源于何处呢？

原始语料一般有两个来源：人工生成和从用户日志中选取。

□ 人工生成。在毫无积累的情况下，只能人为编写，或者借助部分手段（例如基于规则的语言片段替换）半自动生成。如果是冷启动的机器人，相对困难一点。可能需要在最开始的时候主动造一些语料。开发者想象自己是用户，把有可能提问的语句直接记录下来作为下面要用的语料。如果是这样，最好由多个人共同构造语料。一般地，构造语料的人越多，语料与真实环境的收集结果也就越接近。

□ 从用户日志中选取。有些聊天机器人所对应的场景，早已经有人类客服为之工作。在这种情况下，用户日志中就会记载大量之前用户和人类客服之间的对话。这些对话，都有可能作为训练机器人语言理解的语料。

本章要讲的，是后者。

26.2　语料对标注的影响

意图识别是分类模型，因此每一条用于训练的语料都有一个标签，这个标签就是最终该语料被判定的意图。

在进行数据标注的时候，已经确定了都有哪些意图。所有的意图是一个有限集合，且理论上在标注过程中意图集合不应变动（虽然在实际操作中经常会有变动意图集合的情况，但如果发生变动，已标注数据都需要被重新标注）。

这个意图集合是如何产生的？是开发者定义的。开发者可以完全凭空定义吗？当然不是！

一个聊天机器人的意图，直接影响该机器人在获取用户问题后可能产生的回复。因此，意图定义必须和这个聊天机器人在真实应用场景下要回答的用户问题存在直接关联。例如：一个电商的客服机器人经常要处理用户关于快递费用减免的询问，所以在训练它的语言理解模型时，就应定义与之对应的"减免邮费"意图。一个培训学校的客服机器人需要经常提供选课服务，它需要"选择课程"意图。反过来，电商客服机器人不需要"选择课程"意图，培训客服机器人一般也不需要"减免邮费"意图。

有些意图我们可以通过已经掌握的领域知识来直接定义，比如只要是电商客服，一定需要"查询商品"意图。但是，作为程序员，我们不太可能对所有客户的业务领域了如指掌，因此也就不能保证自己拍脑袋想出来的意图集合完备且必要。

在这种情况下，对用户日志进行分析能够帮我们了解用户的日常业务，并进一步为如何定义意图及实体提供意见。

26.3　分析用户日志

拿到用户日志的第一步工作是阅读，通过阅读客服和用户之间既往的交流记录来了解场景、业务，这个工作必不可少。

但是要客观地分析用户数据，对其有一个整体的了解和掌握，仅仅靠直观感性认识还是不够的。我们还需要采取一些数据分析的手段。

知道用户的问题大致能够分为哪些"类",这对之后定义意图的工作有极大帮助。但是,此时我们还不知道如何对日志语料进行分类操作,我们能用的方法是:聚类。

前面讲过,聚类就是利用一系列机器学习算法,把内容相近的语料放到一起,形成"簇"。这里的"簇"不是预先定义的,而是依据各自算法的区分原则,对数据进行处理后自然形成的结果。

现在,我们要做的,就是对用户日志中的用户问题进行聚类。

26.4 对用户日志语料进行聚类

说到聚类,最常见的模型当然是 K-means。

可是使用 K-means 需要指定 K 的值,也就是要在训练前指定最后的结果被分为多少"簇"。然而我们在分析某客户的用户日志时,并不知道 K 是多少,我们希望通过聚类得到 K。

我们还希望聚类形成的若干簇,大小不要差异太大(如果聚类结果中某簇包含了 90% 的语料,其他簇分担 10% 的语料,那么显然这对我们定义意图没有太大帮助)。而 K-means 的结果并不能保证每簇中的个体数量低于某个量值。

因此,K-means 并不符合当前任务的要求。

这时应该用什么模型呢?有一种算法正合适,它就是基于图切割的谱聚类。这一聚类算法不仅高效,而且并不需要在一开始定义最终的簇数,正是合适的选择。

当然,谱聚类仅是分析用户日志的工具之一。除此之外,还有许多手段可以帮助我们了解数据。

❏ 用 Word2Vec 训练词向量模型,然后针对每条语料生成词袋模型,通过拼接词袋中各词向量的方式生成词袋向量;接着计算不同词袋向量之间的相似度,设定相似度阈值,将所有语料分为若干"簇"。

❏ 根据一些基于先验知识的简单规则,对语料做一次基于规则的粗分类,然后计算各语料中非停用词的 TF-IDF 和信息熵,以信息熵为依据进行聚类。

❏ 应用 LDA 模型进行聚类。

……

以上方法可以组合或叠加使用，也可以替换或者组合使用各方法中将自然语言语料转化为向量空间模型的方式。

我分别尝试了谱聚类和上面列出的 3 种聚类方法，最终还是觉得谱聚类的效果最好。这可能和聊天机器人语料的客观特点有关：用户问题一般比较简短，不属于长文档；不同意图的分布不平均，有些意图之间的区分度也不是非常明显……种种原因，最终谱聚类胜出，为定义意图、实体和筛选语料做出了贡献。

考虑到数据标注的人力成本，虽然有几十万条备选语料，最终我们还是采用了简单规则 + 随机的方法，从中抽取了几千条进行标注，最终生成了语言理解模型的训练数据。

第七部分

从机器学习到深度学习

第 27 章
人工智能和神经网络

神经网络又称人工神经网络，是一种模仿生物神经网络结构和功能的数学模型，它在人工智能领域的地位越来越重要。

27.1　人工智能、机器学习和深度学习

人工智能的字面意义就已经解释了它的内在含义，所谓人工智能，包括两个部分：人工和智能。

- 人工：人造的，非天生的（非生物的）。
- 智能：能够独立完成一件事情。

人工智能的载体必须是纯粹由人类设计制造出来的，天生拥有部分智能，经过人类训练加深的情况不算在内。比如狗或者猩猩被训练得能够做一些原本人类才能做的事情，不能叫人工智能。

人工智能独立完成的这件事可能很小，但这件事必须在没有人类干预的情况下独立完成。比如完成听写，那么要能把"听"到的人类语音直接转录为文字，而不需要人类通过输入设备来给出文字。

古代有不少关于能工巧匠制造了具备智能的"机械"的故事和传说，我们今天所说的人工智能，离不开一位天才数学家、逻辑学家和计算机科学家——阿兰·图灵。图灵在 1950 年发表了一篇划时代意义的论文 "Computing Machinery and Intelligence"，其中提出了 Thinking Machine（会思考的机器）的概念。他指出，会思考的机器需要具备两个方面的能力：感知和认知。基本的感知包括听觉和视觉，也就是说这种会思考的机器具备听见和看见人

类能够听见、看见的东西的能力，而不仅仅是接受电波或者脉冲信号的控制。认知则要高级得多，简单来说，就是需要机器理解它感知到的内容——如果它真能做到这点，就可谓是真正的智能了。可惜到了今天，还未能实现人造物体的认知能力。

天妒英才，图灵 1954 年就去世了，未能沿着他的构想创造更多成就。

1956 年一群数学家、计算机科学家、神经学家汇聚在达特茅斯学院，召开了达特茅斯会议。达特茅斯会议的发起人之一 John McCarthy 创造了人工智能（Artificial Intelligence）这个术语。此次会议催生了人工智能这一独立研究领域。因此 1956 年也被称为人工智能元年。

此后，人工智能领域历经 60 余年的发展，直到今天。

人工智能、机器学习，以及深度学习几个词都是今天的热词，而且还经常被同时提起。它们之间到底是什么关系呢？大致可以用图 27-1 来说明。

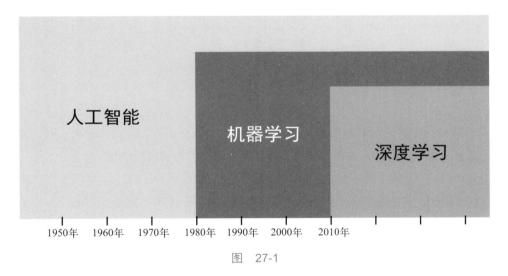

图　27-1

人工智能指的是所有能够让"机器"拥有"智能"的研究与技术的总和，而机器学习是目前阶段达到人工智能目标的主要技术手段。深度学习这个概念目前并没有一个权威的定论，但一般认为它是机器学习的一个分支。

随着研究的发展，深度学习包含的内容越来越多，大多数深度学习模型基于人工神经网络，而深度学习这个概念最早也是伴随着深度神经网络开始流行起来的。

下面我们将以神经网络的发展为引导，来了解深度学习的研究内容和工业实践。

27.2 什么是神经网络

人工神经网络（artificial neural network，ANN）简称神经网络（neural network，NN），是一种模仿生物神经网络的结构和功能的数学模型，用于拟合各种函数。

一个神经网络有两个基本要素：神经元和连接。如图 27-2 所示，灰色圈内就是一个神经元。

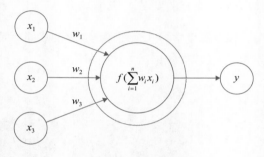

图　27-2

一个神经元有输入（上图中神经元接受输入：x_1、x_2、x_3）和输出（输出：y），并在神经元内部进行操作，将输入映射为输出。神经元内部的操作又包括两步。

(1) 对输入进行线性加权：$\theta(x) = \sum_{i=1}^{n} w_i x_i + w_0$（图 27-2 中 $n = 3$）。

(2) 将线性加权结果经由激活函数映射为输出：$y = f(\theta(x)) = f(\sum_{i=0}^{n} w_i x_i)$，其中 $x_0 = 1$。

神经网络最常用的激活函数是 Sigmoid 函数 $\sigma(x) = \dfrac{1}{1 + e^{-\theta(x)}}$，没错，就是逻辑回归的模型函数！

当然，在现实使用中，激活函数有很多种，表 27-1 中列举了一些常见的激活函数。

表　27-1

名　　称	示　意　图	函数表示
Binary step		$f(x) = \begin{cases} 0, & x < 0 \\ 1, & x \geq 0 \end{cases}$
Logistic (a. k. a Soft step)		$f(x) = \dfrac{1}{1 + e^{-x}}$
Tanh		$f(x) = \tanh(x) = \dfrac{2}{1 + e^{-2x}} - 1$
ArcTan		$f(x) = \tan^{-1}(x)$
Rectified Linear Unit (ReLU)		$f(x) = \begin{cases} 0, & x < 0 \\ x, & x \geq 0 \end{cases}$
Parameteric Rectified Linear Unit (PReLU)		$f(x) = \begin{cases} \alpha x, & x < 0 \\ x, & x \geq 0 \end{cases}$
Exponential Linear Unit (ELU)		$f(x) = \begin{cases} \alpha(e^x - 1), & x < 0 \\ x, & x \geq 0 \end{cases}$
SoftPlus		$f(x) = \log_e(1 + e^x)$

> **注意**
>
> 　　如果神经元的激活函数是线性函数，那么这个神经网络就只能拟合线性函数。但如果激活函数是非线性的，哪怕是非常简单的非线性函数（例如 ReLU），由它构建的神经网络都可以用于拟合非常复杂的线性或非线性函数。
>
> 　　因此在实际使用中，一般都选用非线性函数作为激活函数。

　　所谓连接，就是神经元组织在一起的形式。不同的神经元通过连接结合在一起，形成了一个网络，如图 27-3 所示。

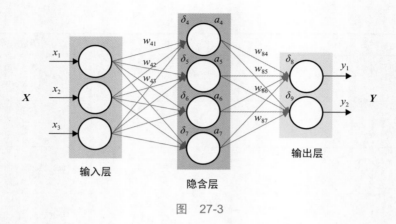

图　27-3

这是一个典型的全连接两层神经网络。其中，全连接是指前一层每一个神经元的输出都连接到后一层所有的神经元。

明明一共有 3 层，为什么说两层？因为最左侧的输入层是不计算到神经网络层数里面的！

一个神经网络的不同层级分为：输入层、隐含层和输出层（最后一层）。除了输入层和输出层，所有的层都叫作隐含层。在图 27-3 的例子中，只有一个隐含层。对于只包含很少（一般是 1~2 层）隐含层的神经网络，我们称为浅层神经网络。

神经网络的层级排列是有方向的，前一层的输出就是后一层的输入。

27.3　神经网络的训练

谈及神经网络的训练过程，简单而言就是通过拟合结果逐步最优化各个神经元参数。

1. 对人类神经系统的模拟

神经网络可以用来做分类，也可以用来做回归，还可以用来聚类，总之这是一个几乎可以做任何事情的模型。它的创造受到了人类中枢神经系统的启发，如图 27-4 所示。

神经网络可以用来拟合任意函数（输入到输出的映射），具备无限的可能性。而不像统计学习模型那样，有一个预设的模型函数，适用范围明确而狭窄。

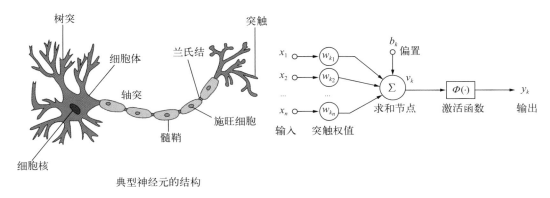

典型神经元的结构

图　27-4

2. 已知和未知

一个神经网络有几层，每层有几个神经元，这些神经元之间的连接是怎样的，以及这些神经元里的激活函数是什么，这些都是由用户指定的。在构建一个神经网络的时候，这些因素就已经被定下来了。

既然这些都是确定的，那训练神经网络模型，又是在训练什么呢？实际上，对于一个典型神经网络而言，就是在训练各个神经元线性加权的权重。

神经网络的学习任务可以是有监督的，也可以是无监督的，但无论如何，它实际输出的代价函数都是可以得到的。对于有监督学习而言，代价就是输出与标签之间的差距；对于无监督学习，代价与模型的具体任务（领域）和先验假设有关。

3. 训练过程

神经网络的训练过程可以用图 27-5 来概括。

图　27-5

神经网络的训练过程是一个迭代的过程，最初初始化可以认为是随机获得各个权值，然后每次进行如下迭代，直至收敛。

(1) 输入样本进入当前神经网络的每一个神经元，用现有的权值加权，然后由激活函数输出给后面连接的神经元。这样一层层递进，最终形成神经网络整体网络的输出。

(2) 本次运行的输出与目标相比对，计算出代价，再通过最小化代价来反向调整网络各层、各个神经元的权值。

上述一次迭代中的两个运算过程，一个从前往后，从输入层算到输出层；一个从后往前，从输出层反推回输入层。这就引出了两个重要的概念：前向传播（forward propagation，FP）和反向传播（back propagation，BP）。

简单而言，前向传播就是从前往后算，反向传播就是从后往前算。

当训练神经网络的时候，我们既需要前向传播，也需要反向传播。但是当一个神经网络训练完成，在进行推断的过程中，就只需要前向传播了，如图 27-6 所示。

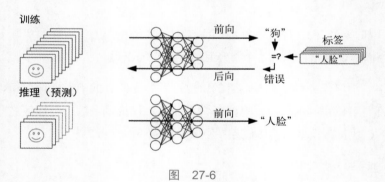

图　27-6

第 28 章
深度学习的兴起和发展

在早期，神经网络是机器学习的一个研究分支。近些年来，随着深度神经网络的发展，逐渐形成了一个和机器学习领域并列的深度学习领域。

28.1 神经网络的历史沿革

神经网络发展至今，经历了一个相当曲折的过程。

1. 缘起

1943 年，神经生理学家和神经元解剖学家 Warren McCulloch 与数学家 Walter Pitts 共同提出了神经元的数学描述和结构，并且证明了只要有足够的简单神经元，就可以在它们互相连接并同步运行的情况下，模拟任何计算函数。

这样开创性的工作被认为是神经网络的起点。

2. 几度兴衰

1958 年，计算机学家 Frank Rosenblatt 提出了一种具有三级结构的神经网络，称为"感知机"。它实际上是一种二元线性分类器，可以被看作一种单层神经网络，如图 28-1 所示。

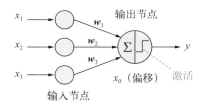

图　28-1

Rosenblatt 还给出了相应的感知机学习算法。尽管感知机的结构简单，但它能够学习并解决相当复杂的问题，在 20 世纪 60 年代掀起了神经网络研究的第一次热潮。很多人认为只要使用成千上万的神经元，他们就能解决一切问题。

这股热潮持续了 10 年，终于因为感知机的作用终归有限（比如它不能处理线性不可分问题），在实践中无法产生实际的价值，导致了神经网络发展的第一次低潮期。

直到 20 世纪 80 年代，神经网络的研究才开始复苏。1986 年，David Rumelhart、Geoffrey Hinton 和 Ronald Williams 将反向传播算法用于多层神经网络的训练，带来了神经网络的第二春。然而，训练神经网络最开始都是随机初始化权值。当神经网络的层数稍多之后，随机的初始值很可能导致反复迭代仍不收敛的问题，根本训练不出可用的神经网络。进一步的研究和实际应用都受阻。

基于统计的学习模型有严格的理论基础，可以在数学上严格地被证明为是凸优化问题。特别是在 SVM/SVR 出现后，用统计学习模型执行复杂任务也能得到不错的结果。而神经网络缺少数学理论支持，它的优化过程不是凸优化，根本不能从数学原理上证明存在最优解。因此就算训练出了结果，也无法解释自己为什么有效，在实际中运用的效果又不够好。

如此种种，神经网络研究进入第二次低谷。此后十几年的时间里，大多数研究人员放弃了神经网络。

Geoffery Hinton 却矢志不渝地坚持着对神经网络的研究。终于在 2006 年迎来了划时代的成果。这一年，他发表了经典论文"Reducing the Dimensionality of Data with Neural Networks"。

这篇论文提出了预训练的方法（可以简单地想象成是"一层一层"地训练），分层初始化，使得 DNN（deep neural network，深度神经网络）的训练变得可能——训练神经网络不必再局限于很少的一两层，四五层甚至八九层都成为可能。

至此，神经网络重新回到大众的视线中，进入了 DNN 时代。

28.2　认识深度学习

现在我们说的深度学习一词，其实在 30 多年前就已经被提出来了。Rina Dechter 在 1986 年的论文中就提到了"Shallow Learning"和"Deep Learning"。不过直到 2000 年，这个说法才被引入神经网络领域。

现在我们说的深度学习是指利用多层串联的非线性处理单元，进行特征选取和转化的机器学习算法，其结构中的不同层级对应于不同程度的数据抽象。DNN 就是一种典型的深度学习模型，CNN、RNN、LSTM 等也属于这一领域。

如今，深度学习被看作通向人工智能的重要一步，也是人工智能实现技术中的热门。说到深度学习的爆发，可谓天时地利人和。

- □ 互联网普及，数据井喷，大数据时代来临，获取、存储和处理数据的技术蓬勃发展。
- □ GPU 被应用到深度学习模型的训练和推断中，极大地提升了运算能力。
- □ Geoffery Hinton 老先生的几篇论文提供了新的算法思路，将研究人员的焦点吸引到了 DNN 等深度学习技术上。

几种因素叠加，使得深度学习技术在许多实践领域（例如语音识别、语音合成、手写识别、人脸识别、图片分类、情感分析等）的自动化准确率大幅提高，从而引起了深度学习的大爆发。

28.3　不同种类的深度学习网络

下面我们将介绍深度学习领域中比较常用的几种网络结构。

这几种结构是深度学习中最基础且最常见的一小部分内容，而且在此仅仅是告诉大家"有什么"，对于它们"是什么"只限于提及，不做展开介绍。

28.3.1　CNN

CNN（convolutional neural network，卷积神经网络）是一种前馈神经网络，通常由一个或多个卷积层和全连接层组成，此外也会包括池化层。

CNN 的结构使它可以很方便地利用输入数据的二维结构。

> **注意**
>
> 前馈神经网络是一种每个神经元只与前一层的神经元相连，数据从前向后单向传播的神经网络，其内部结构不会形成有向环。

每个卷积层由若干卷积单元组成，可以把它想象成经典神经网络的神经元，只不过激活函数变成了卷积运算。

卷积运算有其严格的数学定义。不过在 CNN 的应用中，卷积运算的形式是数学中卷积定义的一个特例，它的目的是提取输入的不同特征。

从直观角度来看，CNN 的卷积运算一般情况下就是图 28-2 这样。左侧的大矩阵表示输入数据，在大矩阵上不断运动的小矩阵叫作卷积核。每次卷积核运动到一个位置，它的每个元素就与其覆盖的输入数据对应元素相乘求积，然后再将整个卷积核内求积的结果累加，把最终结果填到右侧蓝色小矩阵中。

卷积核横向每次平移一列，纵向每次平移一行。最后将输入数据矩阵完全覆盖后，生成的完整的卷积运算结果。

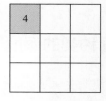

1×1	1×0	1×1	0	0
0×0	1×1	1×0	1	0
0×1	0×0	1×1	1	1
0	0	1	1	0
0	1	1	0	0

图　28-2

CNN 经常被用于处理图像，那么对应的输入数据就是一张图片的像素信息。

对于这样的输入数据，第一层卷积层可能只能提取一些低级的特征，如边缘、线条、角等，更多层的网络再从低级特征中迭代提取更复杂的特征。

CNN 结构相对简单，可以使用反向传播算法进行训练，这使它成为一种颇具吸引力的深度学习网络模型。

除了图像处理，CNN 也会被应用到文本处理、语音处理等领域。

28.3.2 RNN

RNN（recurrent neural network，循环神经网络），也被叫作递归神经网络。从这个名字就可以想到，它的结构中存在着"环"。

确实，RNN 与 DNN 的数据单一方向传递不同，它的神经元接受的输入除了"前辈"的输出，还有自身的状态信息，其状态信息在网络中循环传递。

RNN 的结构用图形勾画出来，是图 28-3 这样的。

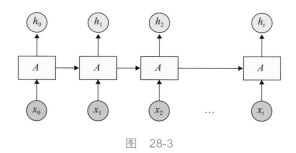

图 28-3

> **注意**
>
> 图 28-3 中的 A 并不是一个神经元，而是一个神经网络块，可以简单理解为神经网络的一个隐含层。

RNN 的这种结构，使得它很适合应用于序列数据（文本、语音、视频）的处理，这类数据的样本间存在顺序关系（往往是时序关系），每个样本和它之前的样本存在关联。

RNN 把所处理的数据序列视作时间序列，在每一个时刻 t，每个 RNN 的神经元接受两个输入：当前时刻的输入样本 x_t 和上一时刻自身的输出 h_{t-1}。

t 时刻的输出为 $h_t = F_\theta\left(h_{t-1}, x_t\right)$，输出值 h_t 又是本神经元下一个时刻的两个输入之一（另一个输入是 x_{t+1}）。

图 28-3 经过进一步简化，将隐含层的自连接重叠，就成了图 28-4。

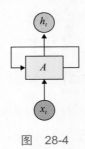

图　28-4

图 28-4 展示的是最简单的 RNN 结构，此外 RNN 还存在很多变种，比如双向 RNN、深度双向 RNN 等。

RNN 的作用最早体现在手写识别上，后来在文本处理和语音处理中也做出了巨大的贡献，近年来也不乏将其应用于图像处理的尝试。

28.3.3 LSTM

LSTM（long short term memory，长短时记忆）可以被简单理解为一种神经元更加复杂的 RNN。在处理时间序列中，当间隔和延迟较长时，LSTM 通常比 RNN 效果好。

相较于构造简单的 RNN 神经元，LSTM 的神经元要复杂得多，每个神经元接受的输入除了当前时刻的样本输入、上一个时刻的输出，还有元胞状态。LSTM 神经元结构如图 28-5 所示。

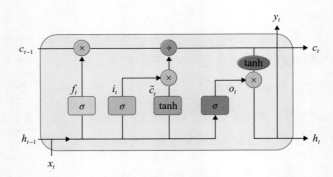

图　28-5

LSTM 神经元中有 3 个门。

❑ 遗忘门（forget gate）：接受 x_t 和 h_{t-1} 为输入，输出一个 $0 \sim 1$ 的值，用于决定在多大程度上保留上一个时刻的元胞状态 c_{t-1}，其中 1 表示全保留，0 表示全抛弃。

$$f_t = \sigma\left(W_f x_t + U_f h_{t-1}\right)$$

❑ 输入门（input gate）：用于决定将哪些信息存储在这个时刻的元胞状态 c_t 中。

$$i_t = \sigma\left(W_i x_t + U_i h_{t-1}\right)$$
$$\tilde{c}_t = \tanh\left(W_c x_t + U_c h_{t-1}\right)$$
$$c_t = f_t \circ c_{t-1} + i_t \circ \tilde{c}_t$$

❑ 输出门（output gate）：用于决定输出哪些信息。

$$o_t = \sigma\left(W_o x_t + U_o h_{t-1}\right)$$
$$y_t = h_t = o_t \circ \tanh\left(c_t\right)$$

所以，虽然从连接上看，LSTM 和 RNN 颇为相似，但两者的神经元却相差巨大，我们可以看一下图 28-6 中的对比。

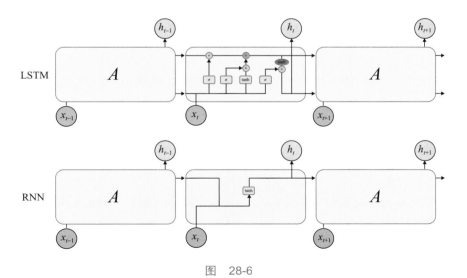

图 28-6

> **注意**
>
> 如果强行把 LSTM 的遗忘门置 0，输入门置 1，输出门置 1，则 LSTM 就变成了标准 RNN。

可见 LSTM 比 RNN 复杂得多，要训练的参数也多得多。

但是，LSTM 在很大程度上缓解了一个在 RNN 训练中非常突出的问题：梯度消失和梯度爆炸。这个问题不是 RNN 独有的，深度学习模型都有可能遇到，但是对于 RNN 而言，特别严重。

梯度消失和梯度爆炸虽然表现出来的结果正好相反，但出现的原因是一样的。因为神经网络的训练中用到了反向传播算法，而这个算法是基于梯度下降的，如此一来就要对激活函数求梯度。又因为 RNN 存在循环结构，所以激活函数的梯度会多次求积，这就导致：

❑ 如果梯度小于 1，那么随着层数增多，梯度更新信息将会以指数形式衰减，即发生梯度消失；

❑ 如果梯度大于 1，那么随着层数增多，梯度更新将以指数形式膨胀，即发生梯度爆炸。

因为 LSTM 神经元有 3 个门，尤其是存在遗忘门，所以 LSTM 在训练时能够控制梯度的收敛性，从而使梯度消失和梯度爆炸的问题得以缓解，同时也能够保持长期的记忆性。

果然，LSTM 在语音处理、机器翻译、图像说明、手写生成、图像生成等领域都表现出了不俗的战绩。

> **注意**
>
> 深度学习领域专门应对梯度消失和梯度爆炸问题的方法和手段有很多，比如引入 ReLU 等激活函数替代 Sigmoid 函数等。而 LSTM 的主要意义在于对 RNN 的改进，并非专门用来解决梯度消失和梯度爆炸问题。

第 29 章
深度学习的愿景、问题和应用

在本书的最后，我们一起来看看深度学习发展的现状和存在的问题。

29.1 深度学习的愿景

和机器学习相比，深度学习的好处非常明显，或者说"看起来"非常明显——用了深度学习，就不需要特征工程啦！

自己动手实践过的同学想必知道，模型、算法都是工具，支持库封装好了，直接调用对应接口就可以了。最难的，恰恰是特征工程。

> **注意**
>
> 特征工程指根据领域知识生成样本特征的过程，一般包括特征选择、特征获取、特征处理等步骤。

在狭义的机器学习领域，特征工程以手工为主。现实的样本属性可能有成百上千个，甚至更多。要从里面选出最具代表性的一部分作为特征，主要依据领域知识和既往经验，其他的工程性方法（如降维）只是起辅助作用。

领域知识和经验与具体业务紧密相关，大多数程序员对这方面不熟悉。这就导致在实践中总是存在着无法完全释放样本数据潜力的问题。

在超参数稍多（比如多于 3 个）的情况下，以何种策略使超参数组合达到最佳，则基本上可以算是一门艺术了。

深度学习出现后,两件让机器学习工程师头疼的任务看起来好像消失了:

(1) 神经网络只有网络结构没有传统意义上的超参数,不需要手工设置模型的超参数;

(2) 神经网络训练的结果就是获得各个神经元的权值,因此也可以说神经网络具备了自动察觉特征重要程度的机制,可以自动完成特征筛选,不再需要特征工程啦!

29.2 深度学习的现实

可惜,现实总是骨感的。

深度学习需要自己搭建网络。用什么类型的网络(或者网络组合),一共有几层,每层有什么类型的单元,如何连接……这些都要用户自己来创建和指定。

虽然具体到某个实际问题,可能有大量的论文提供学术研究出的解决方案,也有很多经典网络,可以直接拿来使用。但是,重现他人的学术研究成果也是一件蛮复杂的工作。毕竟,在现阶段的企业中,能够迅速在工业应用中实现前沿学术成果的人,就已经被尊为算法科学家了。

说到特征选取,虽然理论上神经网络可以接受所有的特征,然后自动选出重要的"委以重任"。也确有将百万甚至更高量级的特征输入神经网络的尝试。但最起码,特征的数字化还是要人类来完成的。

更何况,神经网络筛选特征的能力同样也受限于它自身的结构。

反之,如果有具备雄厚领域知识和经验的专家人工筛选出特征,则不仅能够提升神经网络模型的效果,还可以节约大量资源(运算、数据乃至人力)。

因此,在实际的工作中,神经网络的特征选取也未必全部是自动进行,有时也会人工干预。

29.3 机器学习与深度学习

表 29-1 横向比较了机器学习和深度学习。

表 29-1

	机器学习	深度学习
用户指定	模型类型、超参数	网络结构
特征选取	全人工	半人工 / 自动
可解释性	强	弱
模型的自适应性	弱	强
所需训练数据量	小	大
所需计算能力	小	大

深度学习模型的自适应性强，这自然是一个优点，但这种能力不是白来的，它的代价就是对于训练数据和运算能力的巨量需求。

同样训练一个分类器，用逻辑回归或者 SVM 可能只要几千个样本就能得到一个基本可用的模型，但如果用深度神经网络，有可能 10 倍的样本投入进去，训出的模型效果并不比之前的好。

也许投入 20 倍训练数据后，深度学习模型的性能会显示出优势，但是现实工作要考虑成本收益比。在"有限投入基本可用"与"大量投入优质耐用"的抗衡中，很多时候是前者胜出。

虽然目前深度学习相对于机器学习更加热门，但其实在工业界，深度学习的实际落地点并不是很多。目前机器学习因为模型轻巧易用、对数据需求有限，适用范围更广。

29.4 深度学习的落地点

目前在工业实践中，深度学习都有哪些实际的落地点呢？

最主要的有 3 个：语音处理、图像处理和自然语言处理。

29.4.1 语音处理

语音处理是现阶段深度学习技术成熟度最高的领域。语音处理主要包括两个大的方向：语音识别和语音合成。

❑ 语音识别（speech recognition，SR）又称为自动语音识别（automatic speech recognition，ASR）或者语音转文字（speech to text，STT），指通过自动化手段将语音转化为文本的方法和技术。

❑ 语音合成（speech synthesis，SS）又称为文字转语音（text to speech，TTS），指根据文本用机器模拟人类语音的方法和技术。

这两者一听一说，一进一出。如果有一项产品同时应用了这两项技术，也就做到了 Speech-In/Speech-Out，可以说是允许人类通过语音与其进行交流了。

在深度学习崛起之前，语音处理技术采用以 HMM 为代表的统计学习模型，在语音识别和语音合成上都取得了丰硕的研究成果，只是还不足以产品化。

深度学习崛起后，微软成功将深度学习应用到语音识别系统中，使得单词错误率大幅度下降，并且用 DNN+HMM 彻底改变了语音识别的原有技术框架。

在语音合成方面，DeepMind 公司（后被谷歌收购）推出的 WaveNet 声码器和 Tacotron 框架几乎可以说是利用深度学习技术开创了语音合成的新时代。除了众多科研院所和微软、谷歌这样的国际大公司，国内的讯飞、百度等公司也在将深度学习用于语音处理的研究和应用中取得了很大进步。

在应用层面上，以语音为主要输入/输出的移动终端应用不断融入日常生活。我们使用手机，经常会用到语音助手、语音搜索、短信听写、地图导航等功能，它们都切实地为我们的生活提供了方便。

29.4.2　图像处理

图像处理可谓是深度学习兴起和成为社会热点的急先锋。深度学习的威力为公众所知，就是从图像分类（识别）开始的。但就现状而言，图像领域的产品成熟度在整体上稍逊色于语音领域，有许多方向上的学术成果还远未到实战应用的水准。

不过，有一个方向可谓一枝独秀，不仅已经在现实生活中广泛应用，而且可以说是凭一己之力使得图像处理在应用落地方面与语音处理相抗衡。这个方向就是人脸识别。目前，人脸识别在安防、认证、监控等方面有着巨大的需求。已经有越来越多的资格考试需要先经过人脸识别再进考场；部分小区已经采用了面部识别门禁；而我们每天都在用的智能手机，有很多都是靠人脸识别解锁了。

29.4.3　自然语言处理

自然语言处理（natural language processing，NLP）相比语音处理和图像处理，成熟度要相差不少，甚至我们可以说，当前自然语言处理只是深度学习的"半个"落地点。

人工智能包括感知和认知两方面的能力，语音和图像的处理能力属于感知，而自然语言处理更接近于认知，因为它涉及了对人类语言、文字的理解。

自然语言处理的研究方向众多，有信息抽取、文本摘要、文本生成、自动问答等。可惜的是，其中任何一个方向都还不足以"顶门立户"。

目前，自然语言处理的应用都需要结合具体业务和场景，很难形成像语音识别、语音合成或者人脸识别那样的通用技术产品。

> 技术产品：指那种可以脱离具体业务，通过封装模型，对外提供技术功能的产品，例如语音转录文字、文字合成语音、比较不同人脸的相似度、根据人脸识别性别等。

从我们实际应用的角度来看，各类聊天机器人是自然语言处理主要的用武之地。

语音助手和智能音箱其实都算是聊天机器人，只不过它们是 Speech-in/Speech-out 的聊天机器人，更多的聊天机器人则以文字为输入输出。无论输入输出形式如何，聊天机器人最基本的功能都包括语言理解模块，对于这部分，大多数聊天机器人会采用机器学习模型或者深度学习模型进行开发。

29.5　深度学习的局限

深度学习的局限，其实前面多少已经提到过了。

发展到今天，深度学习仍然缺乏理论基础，模型本身的可解释性差——好的结果和突破性进展来自"尝试"而非"推理"，基本上研究处在经验阶段，未能提升到理论高度，于是业内有一种"深度学习 = 炼丹"的说法。

即使是"炼丹"，也常常因为缺乏"原料"而炼不成。

深度学习对训练数据的需求巨大。特别是目前被证明能有效应用的模型主要是有监督的深度学习模型,其训练数据都需要标注。这就导致在实际应用时,有可能搜集不够用来"喂"模型的样本数据,或者标注数据的巨量工作产生的成本不可承受。

而且,相对于获取知识型数据、讯息型数据的艰难、昂贵,对深度学习来说更加致命的问题是:常识性数据的缺乏。

> 常识:我们在日常生活中日积月累学习到,却没有感觉到在学习的那些"Everyone knows""不言自明""天经地义"的东西。比如一松手东西会掉在地上;一个人的脸暂时被挡住了一部分,但他还是他,没有变成另外一个人;物体 A 无法放到 B 里面是因为 B 比 A 小而不是相反;等等。

人类可以根据已有的常识来理解新观察到的事物,但这些常识无法告知机器。因为,这种常识的量太过巨大,远远大于当前我们所拥有的知识;而且此前人类对于常识实在缺乏研究,如何表示常识都还不清楚。

这些局限固然是问题,是障碍,不过现今世界上最聪明的一群头脑正在投入大量的时间和精力来研究其解决方法。

越来越多的研究资源投入到了无监督的深度学习上,期望能够在无须标注的情况下直接利用数据。对生成对抗网络、半监督学习的研究,都是在往这方面做努力。

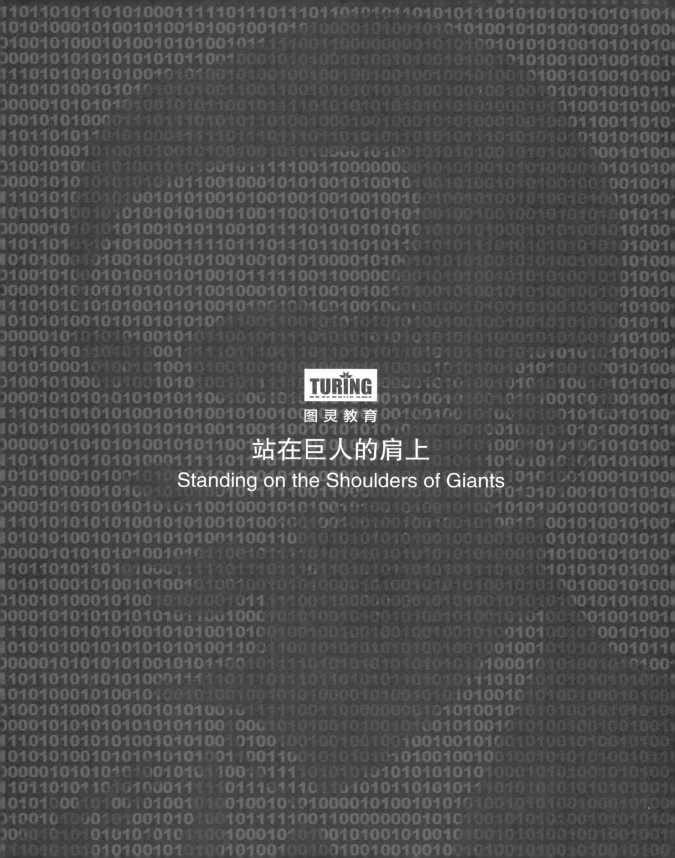

站在巨人的肩上

Standing on the Shoulders of Giants

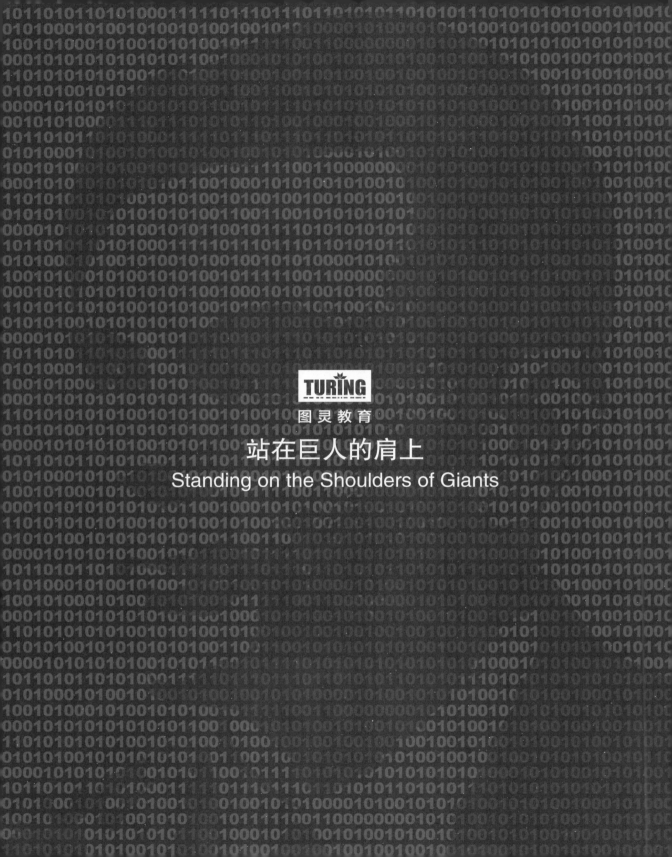

TURING

图灵教育

站在巨人的肩上

Standing on the Shoulders of Giants